"十二五"高职高专体验互动式创新规划教材

机械制造技术

JIXIE ZHIZAO JISHU

主　编　陆龙福

副主编　张知明　高晓琳

编　者　罗进生　寇元哲　耿红正

　　　　鄢　敏　黄常翼

哈尔滨工业大学出版社

内容简介

本书共分 7 个模块，主要内容包括机床与金属切削、车床及其加工方法、铣削加工与机床夹具、磨削加工与其他机床加工、工序尺寸的确定、机械装配工艺、知识拓展。本书将通用夹具的定位、夹紧、调整，刀具的选择，切削用量的选择，切削液的选择，普通机床的运动特点等嵌入到各个零件的加工案例中进行分析讲解。

本书适合作为高等职业技术院校机械制造、数控技术、模具设计与制造、机电一体化等机械类专业的教学用书，也可作为机械专业技术人员的参考用书。

图书在版编目(CIP)数据

机械制造技术 / 陆龙福主编 .—哈尔滨：哈尔滨工业大学出版社，2012.11
 ISBN 978-7-5603-3832-3

Ⅰ.①机… Ⅱ.①陆… Ⅲ.①机械制造工艺—高等职业教育—教材 Ⅳ.①TH16

中国版本图书馆 CIP 数据核字(2012)第 264236 号

责任编辑	李长波
封面设计	唐韵设计
出版发行	哈尔滨工业大学出版社
社　　址	哈尔滨市南岗区复华四道街 10 号　邮编 150006
传　　真	0451-86414749
网　　址	http://hitpress.hit.edu.cn
印　　刷	三河市玉星印刷装订厂
开　　本	850mm×1168mm　1/16　印张 19　字数 558 千字
版　　次	2012 年 11 月第 1 版　2012 年 11 月第 1 次印刷
书　　号	ISBN 978-7-5603-3357-1
定　　价	38.00 元

（如因印装质量问题影响阅读，我社负责调换）

前言

为了适应新形势下高等学校人才培养需求,在总结专业教学实践和工程实践经验的基础上,根据专业教学指导委员会所制定的大纲编写本书。

本书的写作过程中始终贯彻下面基本思想:

写一本容易读的书。在保证知识内容阐述完整严密的条件下,追求叙述直白、易懂。

写一本实用性强的书。"机械制造技术"是与生产实际联系密切的课程,有些内容较为难懂。本书编写力求使教师容易教,学生易懂,便于学生获取实用性强的知识。

本书的主要任务是使学生能对制造技术有一个总体的、全貌的了解与把握,能掌握金属切削过程的基本规律,掌握机械加工的基本知识,能选择加工方法与机床、刀具、夹具及加工参数,具备制订工艺规程的能力和掌握机械加工精度和表面质量的基本理论和基本知识,初步具备分析解决现场工艺问题的能力。

本书以"教、学、做"为主要特点,将理论知识以模块、项目的形式融入教学中,便于教师安排教学,以训练学生普通机床的零件加工技能为目标,将通用夹具的定位、夹紧、调整,刀具的选择,切削用量的选择,切削液的选择,普通机床的运动特点等知识嵌入到各个零件的加工案例中进行分析讲解。

本书内容完整,实例丰富,简明扼要,实用性强,突出强调机械加工工艺规程编写能力培养与训练。特点如下:

(1)课堂操作示范。将切削理论、材料、刀具、夹具等知识融入案例中进行讲解示范。

(2)重点突出,简明精练。突出课程的主线,并加强工艺与设计的配合。全书叙述简明,论述精练。

(3)注重能力,突出实用。针对当今社会人才需求,加强学生的能力培养内容。"机械制造技术"是机械行业的一项重要和主要工程技术。本教材强化了所阐述知识内容的实用性,强化了案例与工程实际的联系,并对部分案例进行了较详细解答。

(4)反映发展,顺应形势。强化了数控加工工艺等反映新技术发展的内容,在教材内容取舍等多方面反映新技术需求变化。新的教育形势发展需要加强教学效果与效率,适应快节奏的生活方式。

全书编写分工如下:模块1、模块2、模块5主要由黄冈职业技术学院陆龙福编写;模块3主要由黄冈职业技术学院张知明、陆龙福编写;模块4主要由黄冈职业技术学陆龙福、陇东学院寇元哲编写;模块6主要由陇东学院寇元哲编写;模块7主要由黄冈职业技术学院罗进生编写。高晓琳、耿红正、鄢敏、黄常翼负责技术资料收集整理工作。全书由陆龙福组织编写,并完成统稿和校稿工作。

由于编者水平有限,书中疏漏和不足之处在所难免,恳请读者不吝指正。

编 者

目录 Contents

▶ 模块1 机床与金属切削

- 知识目标/001
- 技能目标/001
- 课时建议/001
- 课堂随笔/001

1.1 机床设备及选择/002
- 1.1.1 机床的分类/002
- 1.1.2 机床型号的编制/002
- 1.1.3 机床的选择/006

1.2 金属切削原理/007
- 1.2.1 金属切削的基本概念/007
- 1.2.2 刀具几何角度/009
- 1.2.3 金属切削过程/013
- 1.2.4 切削用量的合理选择/020
- 1.2.5 常见工件表面的成形方法/021
- 1.2.6 刀具材料/023

❖ 拓展与实训/026
- ❋ 基础训练/026
- ❋ 技能实训/029

▶ 模块2 车床及其加工方法

- 知识目标/031
- 技能目标/031
- 课时建议/031
- 课堂随笔/031

2.1 车床与车削/032
- 2.1.1 车床/032
- 2.1.2 常用车刀种类及选用/046

2.2 机械加工工艺规程/048
- 2.2.1 生产过程和工艺过程/048
- 2.2.2 工艺规程/052
- 2.2.3 零件的工艺分析/055
- 2.2.4 零件的毛坯选择/058

2.3 轴类零件的加工工艺及其分析/059
- 2.3.1 轴类零件的加工/059
- 2.3.2 减速箱输出轴工艺案例实施/062
- 2.3.3 螺纹轴零件的车削加工/066

2.4 套类零件的加工工艺及其分析/070
- 2.4.1 定位基准的选择/070
- 2.4.2 工艺路线的拟定/073
- 2.4.3 套筒类零件的加工/078
- 2.4.4 轴承套零件的工艺案例实施/079

❖ 拓展与实训/081
- ❋ 基础训练/081
- ❋ 技能实训/084

▶ 模块3 铣削加工与机床夹具

- 知识目标/087
- 技能目标/087
- 课时建议/087
- 课堂随笔/087

3.1 铣床与铣削/088
- 3.1.1 铣床/088
- 3.1.2 铣削加工方法/100

3.2 机床夹具/110
- 3.2.1 机床夹具的概述/111
- 3.2.2 工件的定位原理/113
- 3.2.3 工件定位方法及定位元件/116
- 3.2.4 夹紧机构/128
- 3.2.5 夹具体/137

3.2.6 拓展知识——常见机床夹具及其设计要点、方法和步骤/140

※拓展与实训/150

※基础训练/150

※技能实训/154

▶ 模块4 磨削加工与其他机床加工

☞知识目标/156

☞技能目标/156

☞课时建议/156

☞课堂随笔/156

4.1 磨床及其加工方法/157

4.1.1 磨床/157

4.1.2 磨削加工方法/161

4.2 其他机床加工/169

4.2.1 钻床及其加工/169

4.2.2 镗床及其加工/173

4.2.3 拉削加工/176

4.2.4 刨削加工/178

4.2.5 插削加工/181

4.3 箱体类零件的加工/181

4.3.1 箱体类零件的功用和技术要求/183

4.3.2 箱体类零件孔系的加工/184

4.3.3 箱体类零件平面的加工/189

4.3.4 箱体类零件的工艺案例实施/190

4.4 齿轮类零件的加工/192

4.4.1 齿轮的功用和技术要求/193

4.4.2 齿形的加工方法/195

4.4.3 圆柱齿轮零件的工艺案例实施/205

※拓展与实训/208

※基础训练/208

※技能实训/210

▶ 模块5 工序尺寸的确定

☞知识目标/213

☞技能目标/213

☞课时建议/213

☞课堂随笔/213

5.1 基准重合工序尺寸的确定方法/214

5.1.1 加工余量的确定/214

5.1.2 工序尺寸及其公差的确定/216

5.2 基准不重合工序尺寸的确定方法/218

5.2.1 工艺尺寸链/218

5.2.2 工艺尺寸链的计算公式/220

5.2.3 工艺尺寸链的应用及解算方法/221

※拓展与实训/227

※基础训练/227

※技能实训/229

▶ 模块6 机械装配工艺

☞知识目标/230

☞技能目标/230

☞课时建议/230

☞课堂随笔/230

6.1 装配/231

6.1.1 装配的概念/231

6.1.2 装配精度/233

6.2 装配尺寸链计算/233

6.2.1 装配尺寸链的建立/234

6.2.2 保证装配精度的装配方法及装配尺寸链的计算/236

6.3 装配方法及其选择/236

6.3.1 互换法/237

6.3.2 选配法/238

6.3.3 修配法/239

6.3.4 调整法/241

6.3.5 装配方法的选择/243

6.4 装配工艺规程的制定/243

6.4.1 制定装配工艺规程的基础知识/244

6.4.2 制定装配工艺规程的步骤/244

※拓展与实训/246

※基础训练/246

※技能实训/248

▶ 模块7 知识拓展

- 知识目标/250
- 技能目标/250
- 课时建议/250
- 课堂随笔/250

7.1 机械加工质量分析/251
    7.1.1 机械加工精度/251
    7.1.2 机械加工表面质量/254

7.2 先进制造技术/256
    7.2.1 数控加工基础知识/257
    7.2.2 电火花加工/259
    7.2.3 激光加工/260
    7.2.4 快速成形技术/262
    7.2.5 超精密加工/263

❖ 拓展与实训/267
  ✹ 基础训练/267
  ✹ 技能实训/269

附录1 实训练习/271
附录2 模拟试题/280
参考文献/296

模块 1
机床与金属切削

知识目标
- 掌握机床的型号标记方法。
- 熟悉切削运动和切削用量的含义。
- 掌握刀具前角、后角、主偏角、副偏角及刃倾角的选择方法和选择原则。
- 掌握金属切削过程中切削变形的过程、切屑类型、积屑瘤现象及影响因素。
- 掌握刀具材料类型及选用。

技能目标
- 根据型号标记,能够熟练识别机床类型。
- 分清各种加工方法中主运动和进给运动。
- 能够在实际加工中合理选择刀具前角、后角、主偏角、副偏角及刃倾角。
- 能够在实际加工中合理选择切削用量的大小。

课时建议
14 课时

课堂随笔

1.1 机床设备及选择

引言

普通机床设备中(如车床),其所标的型号 CA6140 各代表着特定的含义。我们常用的机床设备有很多,它们应用于机械加工的各种场合。对于机床型号的识别,参数的了解,应用场合的掌握,有利于我们正确地选择机床,提高工件的加工质量。

知识汇总

- 机床分类、机床型号、标记识别
- 机床选择

1.1.1 机床的分类

金属切削机床的品种和规格繁多。机床的传统分类方法,主要按加工性质和所用刀具进行分类。根据我国制定的机床型号编制方法,目前将机床分为 11 大类:车床、钻床、镗床、磨床、齿轮加工机床、螺纹加工机床、铣床、刨/插床、拉床、锯床及其他机床。每一类机床,按工艺范围、布局形式和结构等分为若干组,每一组细分为若干系列。

同类型机床按应用范围又可分为以下几种:

1. 普通机床

普通机床可用于加工多种零件的不同工序,加工范围较广,通用性较大,但结构比较复杂。这种机床主要适用于单件小批量生产,如卧式车床、万能升降台铣床等。

2. 专门化机床

专门化机床的工艺范围较窄,专门用于加工某一类或几类零件的某一道(或几道)特定工序,如曲轴车床、凸轮轴车床等。

3. 专用机床

专用机床的工艺范围最窄,只能用于加工某一种零件的某一道特定工序,适用于大批量生产。如加工机床主轴箱的专用镗床、加工车床导轨的专用磨床等,各种组合机床也属于专用机床。

此外,同类型机床按工作精度又可分为普通精度机床、精密机床和高精度机床;按自动化程度分为手动、机动、半自动和自动机床;按质量与尺寸分为仪表机床、中型机床、大型机床(质量大于 10 t)、重型机床(质量大于 30 t)和超重机床(质量大于 100 t);按机床主轴或刀架数目,又可分为单轴机床、多轴机床或单刀机床、多刀机床等。

随着机床的发展,其分类方法也将不断发展。现代机床正向数控化方向发展,数控机床的功能日趋多样化,工序更加集中,现代数控机床集中了越来越多的传统机床的功能,使得机床品种不是越分越细,而是趋向综合。

1.1.2 机床型号的编制

机床的型号是赋予每种机床的一个代号,用来简明地表示机床的类型、通用特性和结构特性以及主要技术参数。《金属切削机床型号编制方法》(GB/T 15375—1994)规定我国的机床型号由汉语拼音字母和阿拉伯数字按一定规律组合而成,如图 1.1 所示。

其中:

(1) 有"( )"的代号或数字,当无内容时则不表示,若有内容时则不带括号;

(2) 有"○"符号者,为大写的汉语拼音字母;

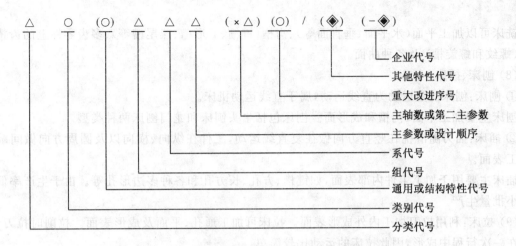

图 1.1　GB/T 15375—1994 机床型号标准

(3) 有"△"符号者,为阿拉伯数字;
(4) 有"◆"符号者,为大写的汉语拼音字母,或阿拉伯数字,或两者兼有之。

在整个型号规定中,最重要的是:类别代号、组代号、主参数以及通用特性代号和结构特性代号。

1. 机床的类别代号

机床类别代号用汉语拼音大写字母表示。若每类有分类,在类别代号前用数字表示,但第一分类不予表示,例如,磨床类分为 M、2M、3M 三类。机床分类及代号见表 1.1。

表 1.1　机床分类及代号

类别	车床	钻床	镗床	磨床			齿轮加工机床	螺纹加工机床	铣床	刨/插床	拉床	锯床	其他机床
代号	C	Z	T	M	2M	3M	Y	S	X	B	L	G	Q
读音	车	钻	镗	磨	二磨	三磨	牙	丝	铣	刨	拉	割	其

(1) 车床:做进给直线运动的车刀对做旋转主运动的工件进行切削加工的机床。

车床加工范围较广,主要有车外圆、车端面、切槽、钻孔、镗孔、车锥面、车螺纹、车成形面、钻中心孔及滚花等。

(2) 钻床:钻床的特点是加工中工件不动,而让刀具移动,将刀具中心对正待加工孔中心,并使刀具转动(主运动)、刀具移动(进给运动)来加工孔。

钻床类机床的主要工作是用孔加工刀具进行各种类型的孔加工。主要用于钻孔和扩孔,也可以用来铰孔、攻螺纹、锪沉头孔及锪凸台端面。

(3) 镗床:镗刀安装在主轴或平旋盘上,工件固定在工作台上并可以随工作台做纵向或横向运动。
镗床主要完成精度高、孔径大的孔或孔系的加工。此外,还可对平面或其他表面进行加工。

(4) 磨床:磨床是用磨具或磨料加工工件各种表面的精密加工机床,使用砂轮的机床称为磨床。
磨床广泛应用于零件的精加工,尤其是淬硬钢件、高硬度特殊材料及非金属材料的精加工。常见的普通磨床有:外圆磨床、内圆磨床和平面磨床等。

(5) 齿轮加工机床:齿轮加工机床是加工各种圆柱齿轮、锥齿轮和其他带齿零件齿部的机床。
齿轮加工机床主要分为圆柱齿轮加工机床和锥齿轮加工机床两大类。圆柱齿轮加工机床主要用于加工各种圆柱齿轮、齿条、蜗轮等。

(6) 螺纹加工机床:螺纹加工机床是一种加工螺纹(包括蜗杆、滚刀等)型面的专门化机床。

(7) 铣床:利用铣刀在工件上加工各种表面的机床。铣刀旋转为主运动,工件或铣刀的移动为进给运动。

铣床可以加工平面(水平面、垂直面等)、沟槽(键槽、T形槽、燕尾槽等)、多齿零件上的齿槽、螺旋形表面(螺纹和螺旋槽)及各种曲面。

(8) 刨床、插床:

① 刨床:刨床的主运动为直线运动,属于直线运动机床。

刨床主要加工平面、沟槽和成形面。刨床包括牛头刨床和龙门刨床两种类型。

② 插床:插刀随滑枕在竖直方向做往复直线运动,工件在纵向、横向以及圆周方向做间歇运动,形成加工表面。

插床主要用于加工工件内部表面,如键槽、方孔、长方孔和各种多边形孔等。由于生产率低,只适合单件小批量生产。

(9) 拉床:利用拉刀加工内外成形表面。拉床可加工通孔、平面及成形表面。拉削时拉刀使被加工表面在一次行程中成形,因此拉床的运动比较简单。

(10) 锯床:以圆锯片、锯带或锯条等为刀具,锯切金属圆料、方料、管料和型材等的机床。

锯床多用于备料车间切断各种棒料、管料等型材。

2. 特性代号

机床的特性代号分为通用特性代号和结构特性代号两类。

(1) 通用特性代号:当某类机床既有普通形式,又有某种通用特性时,则在类别代号后面加通用代号予以区分。通用特性代号有统一固定的含义,机床通用特性代号见表1.2。

表1.2　机床通用特性代号

通用特性	高精度	精密	自动	半自动	数控	加工中心(自动换刀)	仿型	轻型	加重型	简式或经济型	柔性加工单元	数显	高速
代号	G	M	Z	B	K	H	F	Q	C	J	R	X	S
读音	高	密	自	半	控	换	仿	轻	重	简	柔	显	速

(2) 结构特性代号:对主参数相同,但结构、性能不同的机床用结构特性代号(汉语拼音字母)予以区分,如A、D、E等。结构特性代号没有统一的含义,只在同类机床中起区分机床结构、性能的作用。

技术提示:
当机床中有通用特性代号时,结构特性代号应排在通用特性代号之后。

3. 机床的组系代号

(1) 在同一类机床中,主要布局或使用范围基本相同的机床为同一组。

(2) 在同一组机床中,主参数相同、主要结构及布局形式相同的机床为同一系。

机床的组别代号和系别代号均用一位阿拉伯数字(0~9)表示,组别代号位于通用特性、结构特性代号之后,系别代号位于组别代号之后,见表1.3。

表 1.3 通用机床类、组划分表

类别 \ 组别		0	1	2	3	4	5	6	7	8	9
车床 C		仪表车床	单轴自动、半自动车床	多轴自动、半自动车床	回轮、转塔车床	曲轴及凸轮轴车床	立式车床	落地及卧式车床	仿形及多刀车床	轮、轴、辊、锭及铲齿车床	其他车床
钻床 Z		—	坐标镗钻床	深孔钻床	摇臂钻床	台式钻床	立式钻床	卧式钻床	铣钻床	中心孔钻床	—
镗床 T		—	—	深孔镗床	—	坐标镗床	立式镗床	卧式铣镗床	精镗床	汽车、拖拉机修理用镗床	—
磨床	M	仪表磨床	外圆磨床	内圆磨床	砂轮机	坐标磨床	导轨磨床	刀具刃磨床	平面及端面磨床	曲轴、凸轮轴、花键轴及轧辊磨床	工具磨床
	2M	—	超精机	内圆研磨机	外圆及其他研磨机	抛光机	砂带抛光及磨削机床	刀具刃磨及研磨机床	可转位刀片磨床	研磨机	其他磨床
	3M	—	球轴承套圈沟磨床	滚子轴承套圈滚道磨床	轴承套圈超精机床	—	叶片磨削机床	滚子加工机床	钢球加工机床	气门、活塞及活塞环磨削机床	汽车、拖拉机修磨机床
齿轮加工机床 Y		仪表齿轮加工机	—	锥齿轮加工机	滚齿及铣齿机	剃齿及研齿机	插齿机	花键轴铣床	齿轮磨齿机	其他齿轮加工机	齿轮倒角及检查机
螺纹加工机床 S		—	—	套丝机	攻丝机	—	—	螺纹铣床	螺纹磨床	螺纹车床	—
铣床 X		仪表铣床	悬臂及滑枕铣床	龙门铣床	平面铣床	仿形铣床	立式升降台铣床	卧式升降台铣床	床身铣床	工具铣床	其他铣床
刨插床 B		—	悬臂刨床	龙门刨床	—	—	插床	牛头刨床	—	边缘及模具刨床	其他刨床
拉床 L		—	—	侧拉床	卧式外拉床	连续拉床	立式内拉床	卧式内拉床	立式外拉床	键槽及螺纹拉床	其他拉床
锯床 G		—	—	砂轮片锯床	—	卧式带锯床	立式带锯床	圆锯床	弓锯床	锉锯床	—
其他机床 Q		其他仪表机床	管子加工机床	木螺钉加工机	—	刻线机	切断机	—	—	—	—

4. 机床的型号编制举例

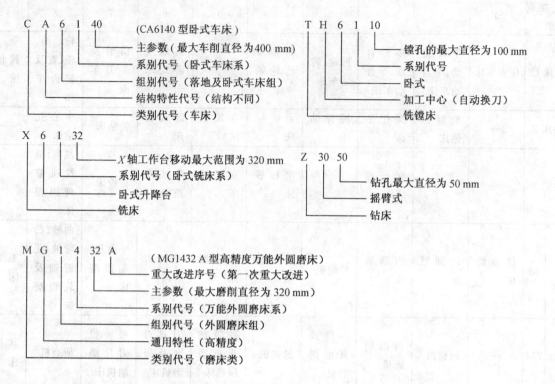

1.1.3 机床的选择

1. 机床选择原则

选择加工机床，首先要保证加工零件的技术要求，能够加工出合格的零件。其次是要有利于提高生产效率，降低生产成本。还应依据加工零件的材料状态、技术要求和工艺复杂程度，选用适宜、经济的机床。

2. 根据被加工零件选择加工设备

选择加工设备时，首先应根据被加工零件的技术要求确定选用具有哪种功能的机床，即确定机床类型，然后还应根据零件加工要求考虑以下几个方面的具体问题：

（1）机床主要规格的尺寸应与工件的轮廓尺寸相适应。即小的工件应当选择小规格的机床加工，而大的工件则选择大规格的机床加工，做到设备的合理使用。

（2）机床的工作精度与工序要求的加工精度相适应。根据零件的加工精度要求选择机床，如精度要求低的粗加工工序，应选择精度低的机床，精度要求高的精加工工序，应选用精度高的机床。

（3）机床的生产率应与加工零件的生产类型相适应。单件小批生产选择通用设备，大批量生产选择高生产率专用设备。

（4）机床的功率与刚度以及机动范围应与工序的性质和最合适的切削用量相适应。如粗加工工序去除的毛坯余量大，切削余量选得大，就要求机床有大的功率和较好的刚度。

（5）装夹方便、夹具结构简单也是选择机床时需要考虑的一个因素。例如：选择采用卧式铣床，还是选择立式铣床，将直接影响所选择的夹具的结构和加工的可靠性。

（6）机床选择还应结合现场的实际情况。例如现有设备的类型、规格、实际精度、负荷情况以及操作者的技术水平等。

1.2 金属切削原理

引言

金属切削过程是机械制造过程的一个重要组成部分。金属切削过程是指将工件上多余的金属层,通过切削加工被刀具切除而形成切屑并获得几何形状、尺寸精度和表面粗糙度都符合要求的零件的过程。在这一过程中,始终存在着刀具切削工件和工件材料抵抗切削的矛盾,从而产生一系列现象,如切削变形、切削力、切削热与切削温度以及有关刀具的磨损与刀具寿命、卷屑与断屑等。对这些现象进行研究,揭示其内在的机理,探索和掌握金属切削过程的基本规律,从而主动地加以有效的控制,对保证加工精度和表面质量、提高切削效率、降低生产成本和劳动强度具有十分重大的意义。

知识汇总

- 切削过程、切削运动、切削用量、切屑种类、影响因素
- 刀具几何角度、刀具材料、刀具磨损

1.2.1 金属切削的基本概念

通过机械设备提供的动力与运动,使具有一定切削性能的刀具与被加工工件之间发生相互作用,并从工件上切去一部分金属,得到符合零件图纸要求的形状、尺寸精度和表面质量的零件产品。

实现这一切削过程必须具备三个条件:工件与刀具之间要有相对运动,即切削运动;刀具材料必须具备一定的切削性能;刀具必须具有适当的几何参数,即切削角度等。

1. 切削表面与切削运动

(1) 切削表面:切削加工过程是一个动态过程,在切削过程中,工件上通常存在着三个不断变化的切削表面。

① 待加工表面:工件上即将被切除的表面。

② 已加工表面:工件上已切去切削层而形成的新表面。

③ 过渡表面(加工表面):工件上正被刀具切削着的表面,介于已加工表面和待加工表面之间。以车削外圆为例,如图1.2所示。

(2) 切削运动:刀具与工件间的相对运动称为切削运动(即表面成形运动)。按作用来分,切削运动可分为主运动和进给运动。图1.2给出了车刀进行普通外圆车削时的切削运动,图中合成运动的切削速度 v_e、主运动速度 v_c 和进给运动速度 v_f 之间的关系。

① 主运动:主运动是刀具与工件之间的相对运动。它使刀具的前刀面能够接近工件,切除工件上的被切削层,使之转变为切屑,从而完成切削加工。一般,主运动速度最高,消耗功率最大,机床通常只有一个主运动。例如,车削加工时,工件的回转运动是主运动。

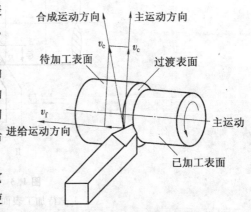

图1.2 切削运动与切削表面

② 进给运动:进给运动是配合主运动实现依次连续不断地切除多余金属层的刀具与工件之间的附加相对运动。进给运动与主运动配合即可完成所需的表面几何形状的加工,根据工件表面形状成形的需要,进给运动可以是多个,也可以是一个;可以是连续的,也可以是间歇的。

③ 合成运动与合成切削速度:当主运动和进给运动同时进行时,刀具切削刃上某一点相对于工件

的运动称为合成切削运动,其大小和方向用合成速度向量 v_e 表示,即

$$v_e = v_c + v_f \tag{1.1}$$

> **技术提示:**
> 在判别切削运动时,一般从"速度"上判别是否为主运动比较直观,即速度最快的运动为主运动,因为主运动只有一个,所以剩下的运动,只要是使刀具能够切除工件多余金属层的运动都为进给运动。

2. 切削用量三要素与切削层参数

(1)切削用量三要素:

①切削速度 v_c:切削速度是刀具切削刃上选定点相对于工件的主运动瞬时线速度。由于切削刃上各点的切削速度可能不同,计算时常用最大切削速度代表刀具的切削速度。当主运动为回转运动时

$$v_c = \frac{\pi d n}{1\,000} \tag{1.2}$$

式中　d——切削刃上选定点的回转直径,mm;
　　　n——主运动的转速,r/s 或 r/min。

②进给速度 v_f、进给量 f:进给速度 v_f 为切削刃上选定点相对于工件的进给运动瞬时速度,单位为 mm/s 或 mm/min。进给量 f 为刀具在进给运动方向上相对于工件的位移量,用刀具或工件每转或每行程的位移量来表述,单位为 mm/r 或 mm/行程。

$$v_f = n f \tag{1.3}$$

③切削深度 a_p:对于车削和刨削加工来说,切削深度 a_p(背吃刀量)是在与主运动和进给运动方向相垂直的方向上度量的已加工表面与待加工表面之间的距离,单位为 mm,如图 1.3 所示。

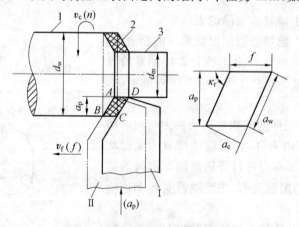

图 1.3　切削用量与切削层参数
1—待加工表面;2—过渡表面;3—已加工表面

(2)切削层参数:如图 1.3 所示,在切削过程中,刀具的切削刃在一次走刀中从工件待加工表面切下的金属层,称为切削层,其各项含义见表 1.4。

表 1.4 切削层参数表示方法

切削层参数	切削层公称厚度 a_c	在过渡表面法线方向测量的切削层尺寸,即相邻两过渡表面之间的距离。a_c 反映了切削刃单位长度上的切削负荷。由图 1.3 得 $$a_c = f\sin\kappa_r$$ 其中:a_c——切削层公称厚度,mm;f——进给量,mm/r;κ_r——车刀主偏角(°)。
	切削层公称宽度 a_w	沿过渡表面测量的切削层尺寸。a_w 反映了切削刃参加切削的工作长度。由图 1.3 得 $$a_w = a_p/\sin\kappa_r$$ 其中:a_w——切削层公称宽度,mm。
	切削层公称横截面积 A_c	切削层公称厚度与切削层公称宽度的乘积。由图 1.3 得 $$A_c = a_c a_w = f\sin\kappa_r \cdot a_p/\sin\kappa_r = fa_p$$ 其中:A_c——切削层公称横截面积,mm²。

1.2.2 刀具几何角度

1. 刀具切削部分的构成要素

如图 1.4 所示,外圆车刀是最基本、最典型的切削刀具,其切削部分(又称刀头)由前面(前刀面)、主后面(主后刀面)、副后面(副后刀面)、主切削刃、副切削刃和刀尖所组成。其定义分别为:

(1) 前面(前刀面):刀具上与切屑接触并相互作用的表面(即切屑流过的表面)。

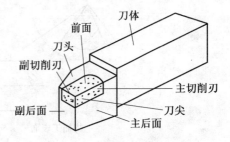

图 1.4 外圆车刀组成部分

(2) 主后面(主后刀面):刀具上与工件过渡表面相对并相互作用的表面。

(3) 副后面(副后刀面):刀具上与已加工表面相对并相互作用的表面。

(4) 主切削刃:前刀面与主后刀面的交线。它完成主要的切削工作。

(5) 副切削刃:前刀面与副后刀面的交线。它配合主切削刃完成切削工作,并最终形成已加工表面。

(6) 刀尖:主切削刃和副切削刃连接处的一段刃。它可以是小的直线段或圆弧。

各部分含义具体参见图 1.2"切削运动与切削表面"和图 1.4"外圆车刀组成部分"。其他各类刀具,如刨刀、钻头、铣刀等,都可以看作车刀的演变和组合。

2. 刀具角度参考系平面

用于定义和规定刀具角度的各基准坐标平面称为刀具角度参考系平面。它分别用于刀具设计、制造、刃磨和测量时定义几何参数的静止参考系和定义刀具切削工作时角度的工作参考系两类。常用的主要有正交平面参考系、法平面参考系和假定工作平面参考系三种,限于篇幅,本节只介绍常用的正交平面参考系,如图 1.5 所示为一正交平面参考系的组成。

(1) 基面 P_r:通过切削刃某一点,垂直于假定主运动方向的平面。

(2) 切削平面 P_s:通过切削刃某一点,与工件加工表面(或与主切削刃)相切的平面。切削平面 P_s 与基面 P_r 垂直。

(3) 主剖面 P_o:通过切削刃某一点,同时垂直于切削平面 P_s 与基面 P_r 的平面。

3. 刀具的标注角度

刀具的标注角度是制造和刃磨刀具所需要的,并在刀具设计图上予以标注的角度。刀具的标注角度主要有五个,以车刀为例,如图 1.6、图 1.7 所示,表示了几个角度的定义。

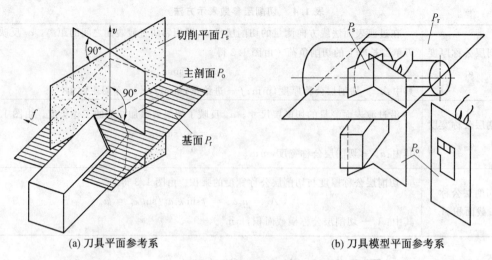

(a) 刀具平面参考系　　　　　　　　　(b) 刀具模型平面参考系

图 1.5　正交平面参考系

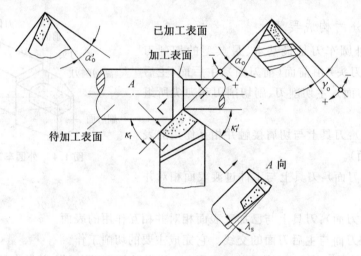

图 1.6　车刀二维角度标注

(1) 在基面 P_r 上刀具标注角度有：

主偏角 κ_r——在过主切削刃选定点的基面内，主切削刃与进给方向间的夹角；

副偏角 κ_r'——在过副切削刃选定点的基面内，副切削刃与进给方向间所夹的锐角。

(2) 在主剖面 P_o 上刀具标注角度有：

前角 γ_o——前面 A_r 与基面 P_r 间的夹角。前角 γ_o 有正负，前角在基面之下为负，在基面之上为正；

后角 α_o——后面与切削平面间的夹角。

(3) 在切削平面 P_s 上刀具标注角度有：

刃倾角 λ_s——主切削刃与基面间的夹角。刃倾角 λ_s 有正负之分，当刀尖处于切削刃最高点时为正，反之为负，如图 1.7 所示为三种形式的刃倾角 λ_s 标注。

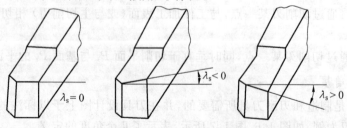

图 1.7　刃倾角 λ_s 标注

> **技术提示：**
> （1）我们常说45°车刀、90°车刀等是指车刀的主偏角；
> （2）前角的大小与前面的倾斜程度有关，后角的大小与后面的倾斜程度有关，刃倾角大小与主切削刃的倾斜程度有关；
> （3）在一般刀具进行刃磨时，主要磨刀具的前面和后面，目的是使刀刃更锋利。

4. 刀具的工作角度

在实际的切削加工中，由于刀具安装位置和进给运动的影响，上述标注角度会发生一定的变化。角度变化的根本原因是切削平面、基面和正交平面位置的改变。以切削过程中实际的切削平面 P_{se}、基面 P_{re} 和主剖面 P_{oe} 为参考平面所确定的刀具角度称为刀具的工作角度，又称实际角度。

（1）刀具安装位置对工作角度的影响：以车刀车外圆为例，若不考虑进给运动，当刀尖安装得高于或低于工件中心时，将引起工作前角 θ_p 和工作后角 α_{pe} 的变化。如图1.8所示，由于车刀刀尖高于工件中心，切削刃选定点 A 处的切削速度方向就不与刀杆底面垂直了，从而使基面和切削平面的位置发生变化，工作前角 θ_p 增大，工作后角 α_{pe} 减小。当车刀刀尖低于工件中心时，角度的变化情况正好相反，工作前角 θ_p 减小，工作后角 α_{pe} 增大。

（2）进给运动对工作角度的影响：以切断车刀为例，如图1.9所示，在不考虑进给运动时，车刀主切削刃选定点相对于工件的运动轨迹为一圆周，切削平面 P_s 为通过切削刃上该点切于圆周的平面，基面 P_r 为平行于刀杆底面同时垂直于 P_s 的平面，γ_o、α_o 为标注前角和后角。当考虑横向进给运动之后，切削刃选定点相对于工件的运动轨迹为一平面阿基米德螺旋线，切削平面变为通过切削刃切于螺旋面的平面 P_{se}，基面也相应倾斜为 P_{re}，角度变化值为 η。工作主剖面 P_{oe} 仍为 P_o 平面。此时，在工作参考系 $[P_{re}, P_{se}, P_{oe}]$ 内的工作角度 γ_{oe} 和 α_{oe} 为

$$\gamma_{oe} = \gamma_o + \eta \tag{1.4}$$

$$\alpha_{oe} = \alpha_o - \eta \tag{1.5}$$

$$\eta = \arctan \frac{f}{\pi d n} \tag{1.6}$$

式中，d 为随着车刀进给而不断变化着的切削刃选定点处工件的旋转直径，说明 η 值是随着切削刃趋近工件中心而增大的；在常用进给量下，当切削刃距离工件中心1 mm时，$\eta = 1°40'$；再靠近中心，η 值急剧增大，工作后角变为负值。

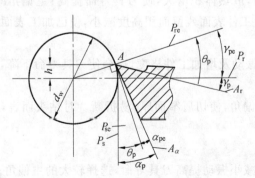

图1.8　刀尖位置高时刀具工作角度

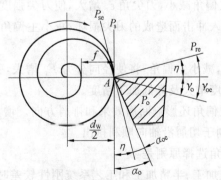

图1.9　横向进给运动对工作角度的影响

5. 刀具几何参数的合理选择

(1) 前角的选择：刀具合理前角通常与工件材料、刀具材料及加工要求有关。

① 当工件材料的强度、硬度大时，为增加刃口强度，降低切削温度，增加散热体积，应选择较小的前角；当材料的塑性较大时，为使变形减小，应选择较大的前角；加工脆性材料，塑性变形很小，切屑为崩碎切屑，切削力集中在刀尖和刀刃附近，为增加刃口强度，宜选用较小的前角。通常加工铸铁 $\gamma_o = 5°\sim 15°$；加工钢材 $\gamma_o = 10°\sim 20°$；加工紫铜 $\gamma_o = 25°\sim 35°$；加工铝 $\gamma_o = 30°\sim 40°$。

② 刀具材料的强度和韧性较高时可选择较大的前角。如高速钢强度高，韧性好；硬质合金脆性大，怕冲击；而陶瓷刀应比硬质合金刀的合理前角还要小些。

③ 粗加工时，为增加刀刃的强度，宜选用较小的前角；加工高强度钢断续切削时，为防止脆性材料的破损，常采用负前角；精加工时，为增加刀具的锋利性，宜选择较大的前角；工艺系统刚性较差和机床功率不足时，为减小切削力、振动、变形，故选择较大的前角。

(2) 后角的选择：刀具后角的作用是减小切削过程中刀具后刀面与工件切削表面之间的摩擦。后角增大，可减小后刀面的摩擦与磨损，刀具楔角减小，刀具变得锋利，可切下很薄的切削层；在相同的磨损标准 VB 时，所磨去的金属体积减小，提高刀具寿命；但是后角太大，楔角减小，刃口强度减小，散热体积减小，α_o 将使刀具寿命减小，故后角不能太大。

刀具合理后角选择的主要依据：

a_c 增大，前刀面上的磨损量加大，为使楔角增大以增加散热体积，提高刀具寿命，后角应小些；a_c 减小，磨损主要在后刀面上，为减小后刀面的磨损和增加切削刃的锋利程度，应使后角增大。

刀具合理后角 α_o 取决于切削条件。一般原则是：

① 材料较软，塑性较大时，应取较大的后角；当工件材料的强度或硬度较高时，应选取较小的后角。

② 切削工艺系统刚性较差时，易出现振动应使后角减小。

③ 对于尺寸精度要求较高的刀具，应取较小的后角。

④ 精加工时，切削厚度较小，刀具磨损主要发生在后面，此时宜取较大的后角。粗加工或刀具承受冲击载荷时，为使刃口强固，应取较小后角。

⑤ 刀具的材料：一般高速钢刀具可比同类型的硬质合金刀具的后角大 $2°\sim 3°$。

⑥ 车刀的副后角一般与主后角数值相等。而有些刀具（如切断刀）由于结构的限制，只能取得很小。

(3) 主偏角的选择：主偏角 κ_r 的大小影响着切削力、切削热和刀具寿命。

① 当切削面积 A_c 改变时，主偏角减小，使切削宽度 a_w 增大，切削厚度 a_c 减小，会使单位长度上切削刃的负荷减小，使刀具寿命增加；

② 主偏角减小，刀尖角 ε_r 增大，使刀尖强度增加，散热体积增大，使刀具寿命提高；主偏角减小，可减少因切入冲击而造成的刀尖损坏；减小主偏角可使工件表面残留面积高度减小，使已加工表面粗糙度减小。

但是，减小主偏角，将使径向分力 F_p 增大，引起振动及增加工件挠度，这会使刀具寿命下降，已加工表面粗糙度增大及降低加工精度。

③ 主偏角还影响断屑效果和排屑方向。增大主偏角，使切屑窄而厚，易折断。对钻头而言，增大主偏角，有利于切屑沿轴向顺利排出。

主偏角选择原则是：

① 粗加工、半精加工和工艺系统刚性较差时，为减小振动提高刀具寿命，选择较大的主偏角；

② 加工很硬的材料时，为提高刀具寿命，选择较小的主偏角；

③ 根据工件已加工表面形状选择主偏角，如加工阶梯轴时，选 $\kappa_r = 90°$；需 $45°$ 倒角时，选 $\kappa_r = 45°$ 等；

④ 有时考虑一刀多用，常选通用性较好的车刀，如 $\kappa_r = 45°$ 或 $\kappa_r = 90°$ 等。

(4) 副偏角的选择：副偏角 κ'_r 的作用是减小副切削刃和副后刀面与工件已加工表面间的摩擦。车刀副切削刃在加工中形成已加工表面，副偏角对刀具耐用度和已加工表面粗糙度都有影响。副偏角减小，会使残留面积高度减小，已加工表面粗糙度减小；同时，副偏角减小，使副后刀面与已加工表面间摩擦增加，径向力增加，易出现振动。但是，副偏角太大，使刀尖强度下降，散热体积减小，刀具寿命减小。

一般选取：

精加工：$\kappa'_r = 5° \sim 10°$；粗加工：$\kappa'_r = 10° \sim 15°$。

有些刀具因受强度及结构限制（如切断车刀），取 $\kappa'_r = 1° \sim 2°$。

(5) 刃倾角的选择：如图 1.10 所示，刃倾角 λ_s 的作用是控制切屑流出的方向、影响刀头强度和切削刃的锋利程度。

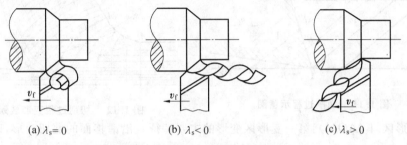

图 1.10 刃倾角对排屑方向的影响

粗加工时宜选负刃倾角，以增加刀具的强度；在断续切削时，负刃倾角有保护刀尖的作用，因此，当 $\lambda_s = 0°$ 时，切削刃全长与工件同时接触，因而冲击较大；当 $\lambda_s > 0°$ 时，刀尖首先接触工件，易崩刀尖；当 $\lambda_s < 0°$ 时，离刀尖较远处的切削刃先接触工件，保护刀尖。当工件刚性较差时，不宜采用负刃倾角，因为负刃倾角将使径向切削力 F_p 增大。精加工时宜选用正刃倾角，可避免切屑流向已加工表面，保证已加工表面不被切屑碰伤。大刃倾角刀具可使排屑平面的实际前角增大，刃口圆弧半径减小，使刀刃锋利，能切下极薄的切削层（微量切削）。

一般加工钢材和铸铁时，粗车取 $\lambda_s = 0° \sim -5°$，精车取 $\lambda_s = 0° \sim 5°$，有冲击负荷时取 $\lambda_s = -5° \sim -15°$。

>>>

技术提示：

在选刀具角度时一般主要从刀具和加工工件两方面考虑，当受力比较大时要考虑刀具的强度和工件的变形问题；当加工工件表面质量要求高时（如精加工），需要考虑刀具的切削刃与工件的接触面积、主切削刃的锋利程度。

1.2.3 金属切削过程

金属切削过程是指将工件上多余的金属层，通过切削加工被刀具切除而形成切屑并获得几何形状、尺寸精度和表面粗糙度都符合要求的零件的过程。在这一过程中，始终存在着刀具切削工件和工件材料抵抗切削的矛盾，从而产生一系列现象，如切削变形、切削力、切削热与切削温度以及有关刀具的磨损与刀具寿命、卷屑与断屑等。

1. 切削变形

(1) 切屑的形成过程：如图 1.11、图 1.12 所示，金属的切削过程与金属的挤压过程很相似。金属材料受到刀具的作用以后,开始产生弹性变形;随着刀具继续切入,金属内部的应力、应变继续加大,当达到材料的屈服点时,开始产生塑性变形,并使金属晶格产生滑移;刀具再继续前进,应力进而达到材料的断裂强度,便会产生挤裂。

(2) 切削过程变形区的划分:大量的实验和理论分析证明,塑性金属切削过程中切屑的形成过程就是切削层金属的变形过程。切削层的金属变形大致划分为三个变形区:第一变形区(剪切滑移)、第二变形区(纤维化)、第三变形区(纤维化与加工硬化),如图1.12所示。

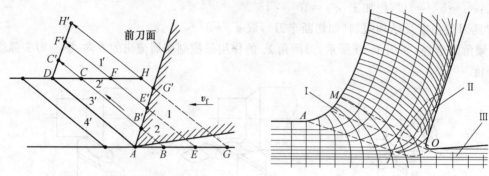

图 1.11 切削过程示意图　　　　图 1.12 切削过程变形区划分

① 第一变形区 Ⅰ(AOM):第一变形区变形的主要特征是沿滑移面的剪切变形,以及随之产生的加工硬化。

② 第二变形区 Ⅱ:切屑底层(与前刀面接触层)在沿前刀面流动过程中受到前刀面的进一步挤压与摩擦,使靠近前刀面处金属纤维化,即产生了第二次变形,变形方向基本上与前刀面平行。

③ 第三变形区 Ⅲ:此变形区位于后刀面与已加工表面之间,切削刃钝圆部分及后刀面对已加工表面进行挤压,使已加工表面产生变形,造成纤维化和加工硬化。

(3) 切屑类型及控制:

① 切屑的类型及其分类:由于工件材料不同,切削过程中的变形程度也就不同,因而产生的切屑种类也就多种多样,如图1.13所示。图中从左至右前三者为切削塑性材料的切屑,最后一种为切削脆性材料的切屑。切屑的类型是由应力-应变特性和塑性变形程度决定的。归纳起来主要有以下四种类型,如图1.13所示。

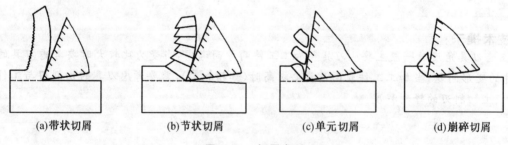

(a) 带状切屑　　(b) 节状切屑　　(c) 单元切屑　　(d) 崩碎切屑

图 1.13 切屑类型

a. 带状切屑:此类切屑底层表面光滑,上层表面毛茸;切削过程较平稳,已加工表面粗糙度值较小。一般情况下,当加工塑性材料,切削厚度较小,切削速度较高,刀具前角较大时,往往会生成此类切屑。

b. 节状切屑:此类切屑底层表面有裂纹,上层表面呈锯齿形。当加工塑性材料,切削速度较低,切削厚度较大,刀具前角较小时,容易得到此类屑型。

c. 单元切屑:当切削塑性材料,剪切面上剪切应力超过工件材料破裂强度时,挤裂切屑便被切离成单元切屑。切削时采用较小的前角或负前角、切削速度较低、进给量较大,易产生此类切屑。

d. 崩碎切屑:在加工铸铁等脆性材料时,由于材料抗拉强度较低,刀具切入后,切削层金属只经受较小的塑性变形就被挤裂,或在拉应力状态下脆断,形成不规则的碎块状切屑。工件材料越脆、切削厚度越大、刀具前角越小,越容易产生这种切屑。

以上是四种典型的切屑,但加工现场获得的切屑,其形状是多种多样的。

② 切屑控制的措施:在现行切削加工中,切削速度与金属切除率达到了很高的水平,切削条件很恶劣,常常产生大量"不可接受"的切屑。

切屑控制(又称切屑处理,工厂中一般简称为"断屑"),是指在切削加工中采取适当的措施来控制切屑的卷曲、流出与折断,使其形成"可接受"的良好屑形。

在实际加工中,应用最广的切屑控制方法是在前刀面上磨制出断屑槽或使用压块式断屑器。

(4) 积屑瘤的形成及其对切削过程的影响:在切削速度不高而又能形成连续切屑的情况下,加工一般钢料或其他塑性材料时,常常在前刀面处粘一块剖面有时呈三角状的硬块,如图 1.14 所示。这块冷焊在前刀面上的金属称为积屑瘤(或刀瘤)。它的硬度很高,通常是工件材料的 2~3 倍,在处于比较稳定的状态时,能够代替刀刃进行切削。

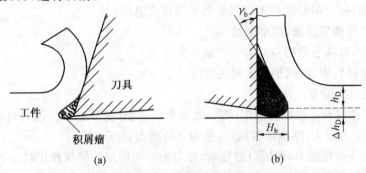

图 1.14　积屑瘤示意图

① 积屑瘤的形成:

a. 切屑对前刀面接触处的摩擦,使前刀面十分洁净。

b. 当两者的接触面达到一定温度同时压力又较高时,会产生黏结现象,即"冷焊"。切屑从粘在刀面的底层上流过,形成"内摩擦"。

c. 如果温度与压力适当,底层上面的金属因内摩擦而变形,也会发生加工硬化,而被阻滞在底层,粘成一体。

d. 这样黏结层就逐步长大,直到该处的温度与压力不足以造成黏附为止。

② 积屑瘤的形成条件:积屑瘤的形成主要决定于切削温度。此外,接触面间的压力、粗糙程度、黏结强度等因素都与形成积屑瘤的条件有关。

一般说来,塑性材料的加工硬化倾向越强,越易产生积屑瘤。温度与压力太低,不会产生积屑瘤;反之,温度太高,产生弱化作用,也不会产生积屑瘤。走刀量保持一定时,积屑瘤高度与切削速度有密切关系,如图 1.15 所示。

③ 积屑瘤对切削过程的影响有如下几个方面:

a. 实际前角增大:它加大了刀具的实际前角,可使切削力减小,对切削过程起积极的作用。积屑瘤越高,实际前角越大。

b. 使加工表面粗糙度增大:积屑瘤的底部相对稳定一些,其顶部很不稳定,容易破裂,一部分黏附于切屑底部而排出,一部分残留在加工表面上,积屑瘤凸出刀刃部分使加工表面切得非常粗糙,因此在精加工时必须设法避免或减小积屑瘤。

c. 对刀具寿命的影响:积屑瘤黏附在前刀面上,在相对稳定时,可代替刀刃切削,有减少刀具磨损、提高刀具使用寿命的作用。但在积屑瘤比较不稳定的情况下使用硬质合金刀具时,积屑瘤的破裂有可

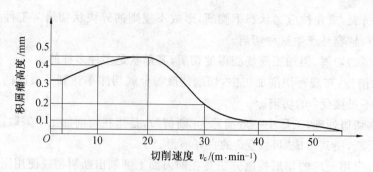

图 1.15 切削速度对积屑瘤高度的影响

能使硬质合金刀具颗粒剥落,反而使磨损加剧。

④ 防止积屑瘤的主要方法:

a. 降低切削速度,使温度较低,黏结现象不易发生;

b. 采用高速切削,使切削温度高于积屑瘤消失的相应温度;

c. 采用润滑性能好的切削液,减小摩擦;

d. 增加刀具前角,以减小切屑与前刀面接触区的压力;

e. 适当提高工件材料硬度,减小加工硬化倾向。

(5) 影响切削变形的因素:

① 工件材料:工件材料的强度和硬度越高,摩擦系数越小,变形越小。因为材料的强度和硬度增大时,前刀面上的法向应力增大,摩擦系数减小,使剪切角增大,变形减小。

② 刀具前角:刀具前角越大,切削刃越锋利,前刀面对切削层的挤压作用越小,则切削变形越小。

③ 切削速度:在切削塑性材料时,切削速度对切削变形的影响比较复杂。在有积屑瘤的切削范围内($v_c \leqslant 400 \text{ m/min}$),切削速度通过积屑瘤来影响切屑变形。在积屑瘤增长阶段,切削速度增大,积屑瘤高度增大,实际前角增大,从而使切削变形减少;在积屑瘤消退阶段中,切削速度增大,积屑瘤高度减小,实际前角减小,切削变形随之增大。积屑瘤最大时切削变形达最小值,积屑瘤消失时切削变形达最大值。

④ 进给量:进给量对切削速度的影响是通过摩擦系数影响的。进给量增加,作用在前刀面上的法向力增大,摩擦系数减小,从而使摩擦角减小,剪切角增大,因此切削变形减小。

2. 切削力与切削功率

(1) 切削力的来源、合力与分力:研究切削力,对进一步弄清切削机理,计算功率消耗,刀具、机床、夹具的设计,制定合理的切削用量,优化刀具几何参数等,都具有非常重要的意义。金属切削时,刀具切入工件,使被加工材料发生变形并成为切屑所需的力,称为切削力。切削力来源于以下三个方面。

① 克服被加工材料对弹性变形的抗力;

② 克服被加工材料对塑性变形的抗力;

③ 克服切屑对前刀面的摩擦力和刀具后刀面对过渡表面与已加工表面之间的摩擦力。

(2) 切削合力及其分解:上述各力的总和形成作用在刀具上的合力 F_r(国标为 F)。为了实际应用,F_r 可分解为相互垂直的 F_x(国标为 F_f)、F_y(国标为 F_p)和 F_z(国标为 F_c)三个分力,如图 1.16 所示。

$F_z(F_c)$——主切削力或切向力。它切于过渡表面并与基面垂直。F_z 是计算车刀强度、设计机床零件、确定机床功率所必需的。

$F_x(F_f)$——进给抗力、轴向力或走刀力。它是处于基面内并与工件轴线平行、与走刀方向相反的力。F_x 是设计进给(走刀)机构、计算车刀进给功率所必需的。

$F_y(F_p)$——切深抗力、背向力、径向力或吃刀力。它是处于基面内并与工件轴线垂直的力。F_y 用来确定与工件加工精度有关的工件挠度,计算机床零件和车刀强度。它与工件在切削过程中产生的振动有关。

合力 F、推力 F_d 与各分力之间的关系为

$$F=\sqrt{F_d^2+F_c^2}=\sqrt{F_c^2+F_p^2+F_f^2} \qquad (1.7)$$

$$F_p=F_d\cos\kappa_r, \quad F_f=F_d\sin\kappa_r \qquad (1.8)$$

(3)切削功率:在切削过程中消耗的功率称为切削功率 P_c,单位为 kW,它是 F_c、F_p、F_f 在切削过程中单位时间内所消耗的功的总和。一般来说,F_p 和 F_f 相对 F_c 所消耗的功率很小,可以略去不计,于是

$$P_c=F_c \cdot v_c \qquad (1.9)$$

式中 v_c——主运动的切削速度。

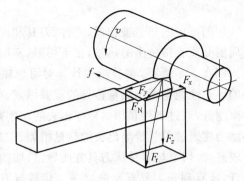

图 1.16 切削时切削合力及其分力

计算切削功率 P_c 是为了核算加工成本和计算能量消耗,并在设计机床时根据它来选择机床电机功率。机床电机的功率 P_e 可按下式计算:

$$P_e=\frac{P_c}{\eta_c} \qquad (1.10)$$

式中 η_c——机床传动效率,一般取 $\eta_c=0.75\sim0.85$。

(4)影响切削力的主要因素:

① 工件材料:工件材料是通过材料的剪切屈服强度、塑性变形程度与刀具间的摩擦条件影响切削力的。一般来说,材料的强度和硬度越高,切削力越大;

② 切削用量:背吃刀量 a_p 和进给量 f 影响较明显。

若 f 不变,当 a_p 增加一倍时,切削厚度 a_c 不变,切削宽度 a_w 增加一倍,因此,刀具上的负荷也增加一倍,即切削力增加约一倍;若 a_p 不变,当 f 增加一倍时,切削宽度 a_w 保持不变,切削厚度 a_c 增加约一倍,在刀具刃圆半径的作用下,切削力只增加 68%~86%。可见在同样切削面积下,采用大的 f 较采用大的 a_p 省力和节能。切削速度 v_c 对切削力的影响不大。

③ 刀具几何参数:在刀具几何参数中刀具的前角 γ_o 和主偏角 κ_r 对切削力的影响较明显。当加工钢时,γ_o 增大,切削变形明显减小,切削力减小得较多。

κ_r 适当增大,使切削厚度 a_c 增加,单位面积上的切削力 F 减小。在切削力不变的情况下,主偏角大小将影响背向力和进给力的分配比例,当 κ_r 增大,背向力 F_p 减小时,进给力 F_f 增加;当 $\kappa_r=90°$ 时,背向力 $F_p=0$,对防止车细长轴类零件弯曲变形和减少振动十分有利。

3. 切削热与切削温度

切削热是切削过程中的重要物理现象之一。切削时所消耗的能量,除了 1%~2% 用以形成新表面和以晶体扭曲等形式形成潜藏能外,有 98%~99% 转换为热能,因此可近似地认为切削时所消耗的能量全部转换为热。切削热和它产生的切削温度是刀具磨损和影响工件质量的重要原因。切削温度过高,会使刀头软化,磨损加剧,寿命下降,工件和刀具受热膨胀,会导致工件尺寸超差,影响加工精度,特别是在加工细长轴、薄壁套时,更应注意热变形的影响。

(1)切削热的产生和传散:在切削加工中,切削变形与摩擦所消耗的能量几乎全部转换为热能,即切削热。切削热通过切屑、刀具、工件和周围介质(空气或切削液)向外传散,同时使切削区域的温度升高。切削区域的温度称为切削温度。

① 切削热的产生:如图 1.17 所示,切削热主要来源于三个方面,一是正在加工的工件表面、已加工表面发生的弹性变形或塑性变形会产生大量的热,是切削热的主要来源;二是切屑与刀具前刀面之间摩擦产生的热;三是工件与刀具后刀面之间摩擦产生的热。

② 切削热的传散:影响热传散的主要因素是工件和刀具材料的热导率、加工方式和周围介质的状

况。

切削区域的热量被切屑、工件、刀具和周围介质传出。向周围介质直接传出的热量,在干切削(不用切削液)时,所占比例在1%以下,在分析和计算时可忽略不计。工件材料的导热性能是影响热量传导的重要因素。工件材料的热导率越低,通过工件和切屑传导出去的切削热量越少,这就必然会使通过刀具传导出去的热量增加。刀具材料的热导率较高时,切削热容易从刀具方面导出,切削区域温度随之降低,这有利于刀具寿命的提高。切屑与刀具接触时间的长短,也影响刀具的切削温度。切屑、工件与刀具的传热比例见表1.5。

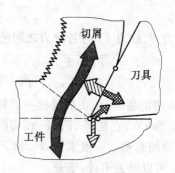

图 1.17 切削热的产生和传导

表 1.5 切屑、工件与刀具的传热比例

加工方法	切屑	工件	刀具
车削	50%～80%	10%～40%	<5%
铣削	70%	<30%	5%
钻、镗削	30%	>50%	15%
磨削	4%	>80%	12%

(2) 切削液:为了降低刀具和工件的温度,不仅要减少切削热的产生,而且要改善散热条件。喷注足量的切削液可以有效地降低切削温度。使用切削液除起冷却作用外,还可以起润滑、清洗和防锈的作用。生产中常用的切削液可以分为水溶液、乳化液和切削油三类。

① 水溶液:它的主要成分是水,并在水中加入一定量的防锈剂,其冷却性能好,润滑性能差,呈透明状,常在磨削中使用。

② 乳化液:它是将乳化油用水稀释而成,呈乳白色。为使油和水混合均匀,常加入一定量的乳化剂(如油酸钠皂等)。乳化液具有良好的冷却和清洗性能,并具有一定的润滑性能,适用于粗加工及磨削。

③ 切削油:它主要是矿物油,特殊情况下也采用动、植物油或复合油,其润滑性能好,但冷却性能差,常用于精加工工序。

粗加工时,主要要求冷却,也希望降低一些切削力及切削功率,一般应选用冷却作用较好的切削液,如低浓度的乳化液等。精加工时,主要希望提高工件的表面质量和减少刀具磨损,一般应选用润滑作用较好的切削液,如高浓度的乳化液或切削油等。

加工一般钢材时,通常选用乳化液或硫化切削油;加工铜合金和有色金属时,一般不宜采用含硫化油的切削液,以免腐蚀工件;加工铸铁、青铜、黄铜等脆性材料时,为避免崩脆切屑进入机床运动部件之间,一般不使用切削液;在低速精加工(如宽刀精刨、精铰、攻螺纹)时,为了提高工件的表面质量,可用煤油作为切削液。

(3) 影响切削温度的主要因素:

① 切削用量:当 v_c、f 和 a_p 增加时,由于切削变形和摩擦所消耗的功增多,故切削温度升高。

a. 切削速度 v_c 影响最大,v_c 增加一倍,切削温度约升高30%。

b. 进给量 f 的影响次之,f 增加一倍,切削温度约升高18%;

c. 背吃刀量 a_p 影响最小,a_p 增加一倍,切削温度约升高7%。

② 工件材料:工件材料主要是通过硬度、强度和导热系数影响切削温度的。

a. 加工低碳钢,材料的强度和硬度低,导热系数大,故产生的切削温度低;

b. 加工高碳钢,材料的强度和硬度高,导热系数小,故产生的切削温度高;

c. 加工脆性金属材料产生的变形和摩擦均较小,故切削时产生的切削温度比45钢低25%。

③ 刀具几何参数：在刀具几何参数中，影响切削温度最明显的因素是前角 γ_o 和主偏角 κ_r，其次是刀尖圆弧半径 ε_r。前角 γ_o 增大，切削变形和摩擦产生的热量均较少，故切削温度下降。但前角 γ_o 过大，散热变差，使切削温度升高。

主偏角 κ_r 减小，使切削变形和摩擦增加，切削热增加，但 κ_r 减小后，因刀头体积增大，切削宽度增大，故散热条件改善。

增大刀尖圆弧半径 ε_r，选用负的刃倾角 λ_s 和磨制负倒棱均能增大散热面积，降低切削温度。

④ 切削液：使用切削液对降低切削温度有明显效果，但切削液对切削温度的影响，与其导热性能、比热、流量、浇注方式以及本身的温度有关。

4. 刀具磨损与刀具寿命

(1) 刀具磨损形式：

① 正常磨损：随着切削时间的增加，逐渐扩大的磨损。

a. 前面磨损；

b. 后面磨损；

c. 前面、后面同时磨损。

刀具磨损后，使工件加工精度降低，表面粗糙度增大，并导致切削力加大、切削温度升高，甚至产生振动，不能继续正常切削。因此，刀具磨损直接影响加工效率、质量和成本。

② 非正常磨损：亦称破坏。

常见形式有脆性破坏（如崩刃、碎断、剥落、裂纹破坏等）和塑性破坏（如塑性流动等）。

非正常磨损的原因主要是由于刀具材料选择不合理，刀具结构、制造工艺不合理，刀具几何参数不合理，切削用量选择不当，刃磨和操作不当等原因造成的。

(2) 刀具磨损的原因：

① 磨粒磨损：在工件材料中含有氧化物、碳化物和氮化物等硬质点，在铸、锻工件表面存在着硬夹杂物，在切屑和工件表面黏附着硬的积屑瘤残片，这些硬质点在切削时似同"磨粒"对刀具表面摩擦和刻划，致使刀具表面磨损。

② 黏结磨损：黏结磨损亦称冷焊磨损。切削塑性材料时，在很大压力和强烈摩擦作用下，切屑、工件与前、后刀面间的吸附膜被挤破，形成新的表面紧密接触，因而发生黏结现象。刀具表面局部强度较低的微粒被切屑和工件带走，这样形成的磨损称为黏结磨损。黏结磨损一般在中等偏低的切削速度下较严重。

③ 扩散磨损：在高温作用下，工件与刀具材料中合金元素相互扩散，改变了原来刀具材料中化学成分的比值，使其性能下降，加快了刀具的磨损。因此，切削加工中选用的刀具材料，应具有高的化学稳定性。

④ 化学磨损：化学磨损亦称氧化磨损。在一定温度下，刀具材料与周围介质起化学作用，在刀具表面形成一层硬度较低的化合物而被切屑带走；或因刀具材料被某种介质腐蚀，造成刀具的化学磨损。

技术提示：

刀具磨损的原因可以从物理因素和化学因素这两个方面来理解，物理因素主要有磨粒磨损和黏结磨损，这方面的磨损温度比较低；而扩散磨损是在高温下发生合金元素相互扩散导致的。

(3) 刀具磨损过程:随着切削时间的延长,刀具磨损增加。根据切削实验,可得如图 1.18 所示的刀具正常磨损过程的典型磨损曲线。该图分别以切削时间和后刀面磨损量 VB(或前刀面月牙洼磨损深度 KT)为横坐标与纵坐标。从图可知,刀具磨损过程可分为三个阶段:

① 初期磨损阶段(OA 段);
② 正常磨损阶段(AB 段);
③ 急剧磨损阶段(BC 段)。

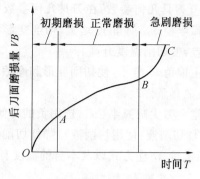

图 1.18 刀具磨损曲线

(4) 刀具的磨钝标准:刀具磨损到一定限度就不能继续使用,这个磨损限度称为磨钝标准。国际标准 ISO 规定以 1/2 背吃刀量处后刀面上测定的磨损带宽度 VB 值作为刀具的磨钝标准。

(5) 刀具寿命:刀具耐用度是指一把新刀从开始切削直到磨损量达到磨钝标准为止总的切削时间,或者说是刀具两次刃磨之间总的切削时间,用 T 表示,单位为 min。刀具总寿命应等于刀具耐用度乘以重磨次数。

(6) 刀具合理寿命的选择:确定刀具合理寿命有两种方法。

① 最高生产率寿命 T_p:它是根据切削一个零件所花时间最少或在单位时间内加工出的零件数最多来确定的。

② 最低生产成本寿命 T_c:是根据加工零件的一道工序成本最低来确定的。

一般来说,刀具寿命越长,刀具磨刀及换刀等费用越少,但因延长刀具寿命需减小切削用量,降低切削效率,使经济效益变差,同时,机动时间过长所需机床折旧费、消耗能量费用也增多。因此,在确定刀具寿命时应考虑生产成本对其的影响。

1.2.4 切削用量的合理选择

切削用量不仅是在机床调整前必须确定的重要参数,而且其数值合理与否对加工质量、加工效率、生产成本等有着非常重要的影响。所谓"合理的"切削用量是指充分利用刀具切削性能和机床动力性能(功率、扭矩),在保证质量的前提下,获得高的生产率和低的加工成本的切削用量。

1. 选择切削用量的原则

能达到零件的质量要求(主要指表面粗糙度和加工精度)并在工艺系统强度和刚性允许下及充分利用机床功率和发挥刀具切削性能的前提下选取一组最大的切削用量。

(1) 切削用量对加工质量的影响:

① a_p 增大,切削力成比例增大,工艺系统变形大、振动大、工件加工精度下降,表面粗糙度增大;
② f 增大,切削力也增大,使表面粗糙度的增大更为显著;
③ v_c 增大,切削变形、切削力、表面粗糙度等均有所减小。

因此,精加工应采用小的 a_p、f,为避免积屑瘤、鳞刺的影响,可用硬质合金刀具高速切削($v_c >$ 80 m/min),或用高速钢刀具低速切削($v_c = 3 \sim 8$ m/min)。

(2) 切削用量对刀具耐用度的影响:根据刀具耐用度计算公式可知,a_p、f、v_c 中任一参数增大,T 都会下降。但其影响程度不一样,v_c 最大,f 次之,a_p 最小。故从刀具耐用度出发选择切削用量时,首先选择大的 a_p,其次选择大的 f,最后再根据已定的 T 确定合理的 v_c 值。

(3) 切削用量对生产率的影响:对于车外圆,不计辅助工时,以切削工时 t_m 计算生产率 p,即

$$p = \frac{1}{t_m}$$

2. 切削用量的确定

粗加工的切削用量,一般以提高生产效率为主,但也应考虑经济性和加工成本。半精加工和精加工的切削用量,应以保证加工质量为前提,并兼顾切削效率、经济性和加工成本。

(1) 背吃刀量 a_p 的合理选择:背吃刀量 a_p 一般根据加工余量确定。

① 粗加工(表面粗糙度 $Ra 50\sim 12.5~\mu m$),一次走刀尽可能切除全部余量,在中等功率机床上,$a_p = 8\sim 10~mm$;如果余量太大或不均匀、工艺系统刚性不足、断续切削时,可分几次走刀。

② 半精加工(表面粗糙度 $Ra 6.3\sim 3.2~\mu m$)时,$a_p = 0.5\sim 2~mm$。

③ 精加工(表面粗糙度 $Ra 1.6\sim 0.8~\mu m$)时,$a_p = 0.1\sim 0.4~mm$。

(2) 进给量 f 的合理选择:

① 粗加工时,对表面质量没有太高的要求,而切削力往往较大,合理的 f 应是工艺系统所能承受的最大进给量。生产中 f 常根据工件材料材质、形状尺寸、刀杆截面尺寸、已定的 a_p,从切削用量手册中查得。

② 精加工时,进给量主要受加工表面粗糙度限制,一般取较小值。但进给量值过小,切削深度太薄,刀尖处应力集中,散热不良,使刀具磨损加快,反而使表面粗糙度加大。所以,进给量也不宜太小。

(3) 切削速度 v_c 的合理选择:

① 粗车时,a_p、f 均较大,故 v_c 较小;精车时 a_p、f 均较小,所以 v_c 较大。

② 工件材料强度、硬度较高时,应选较小的 v_c;反之较高。材料加工性能越差,v_c 较低。易切削钢的 v_c 较同等条件的普通碳钢高。加工灰铸铁 v_c 较碳钢低。加工铝合金、铜合金的 v_c 较加工钢高得多。

③ 刀具材料的性能越好,v_c 也选得越高。

此外,在选择 v_c 时,还应考虑:

① 精加工时,应尽量避免积屑瘤和鳞刺产生的区域。

② 断续切削时,为减小冲击和热应力,应当降低 v_c。

③ 在易发生振动情况下,v_c 应避开自激振动的临界速度。

④ 加工大件、细长件、薄壁件及带硬皮的工件时,应选用较低的 v_c。

3. 切削用量的优化

切削用量的优化,即在一定的预定目标及约束条件下,选择最佳的切削用量。作为常用的优化目标函数有:最低加工成本,最高生产率,最大利润。

在切削用量三要素中,背吃刀量 a_p 主要取决于加工余量,没有多少选择余地,一般都已事先给定,而不参与优化。所以切削用量的优化主要是指切削速度 v_c 与进给量 f 的优化组合。生产中 v_c 和 f 的数值是不能任意选定的,它们要受到机床、工件、刀具及切削条件等方面的限制,根据这些约束条件,可建立一系列约束条件不等式。对所建立的目标函数及约束方程求解,便可很快获得 v_c 和 f 的最优解。

> **技术提示:**
> 在保证刀具强度前提下,切削用量选择总的原则为:
> (1) 粗加工 —— 大的 a_p、适当的 f、小的 v_c(目的:提高效率);
> (2) 精加工 —— 小的 a_p、较小的 f、大的 v_c(目的:提高表面质量)。

1.2.5 常见工件表面的成形方法

就机械加工而言,是根据具体的设计要求选用相应的切削加工方法,即在机床上通过刀具与工件的相对运动,从工件毛坯上切除多余金属,使之形成符合要求的形状、尺寸的表面的过程。因此,机械加工过程是工件表面的形成过程。

1.工件表面的构成

机械零件的表面形状千变万化,但大都是由几种常见的表面组合而成的。这些表面包括平面、圆柱面、圆锥面、球面、螺旋面、圆环面以及成形曲面等,如图1.19所示。

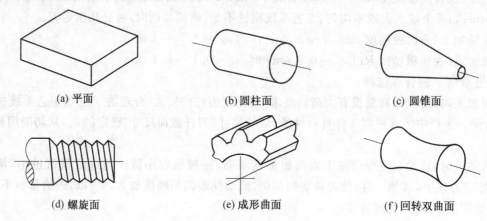

图1.19 常见表面类型

这些表面都可以看成是由一根母线沿着导线运动而形成的。如图1.20表示了零件表面的成形过程。母线和导线统称为发生线。

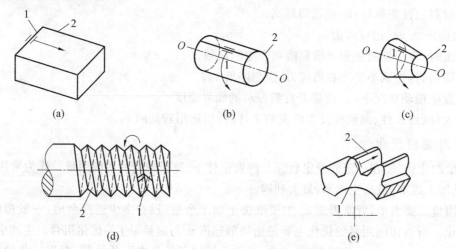

图1.20 零件表面的成形过程
1—母线;2—导线

2.常见工件表面的成形方法

机械加工中,工件表面是由工件与刀具之间的相对运动和刀具切削刃的形状共同实现的。相同的表面,切削刃的不同,工件和刀具之间的相对运动也不相同,这是形成各种加工方法的基础。加工方法有轨迹法、成形法、展成法、相切法等,如图1.21所示。

(1)轨迹法:指的是刀具切削刃与工件表面之间为近似点接触,通过刀具与工件之间的相对运动,由刀具刀尖的运动轨迹实现表面的成形。

(2)成形法:是指刀具切削刃与工件表面之间为线接触,切削刃的形状与形成工件表面的一条发生线完全相同,另一条发生线由刀具与工件的相对运动来实现。

(3)展成法:是指对各种齿形表面进行加工时,刀具的切削刃与工件表面之间为线接触,刀具与工

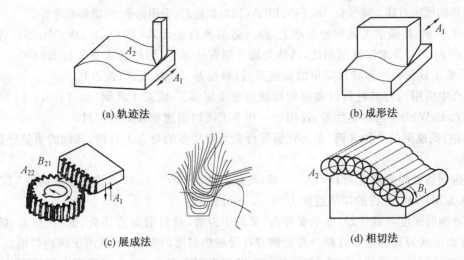

图 1.21 零件表面成形方法

件之间做展成运动(或称啮合运动),齿形表面的母线是切削刃各瞬时位置的包络线。

(4)相切法:利用刀具边旋转边做轨迹运动对工件进行加工的方法。

1.2.6 刀具材料

刀具材料切削性能的优劣直接影响切削加工的生产率和加工表面的质量。刀具新材料的出现,往往能大大提高生产率,成为解决某些难加工材料的加工关键,并促使机床的发展与更新。

1. 对刀具切削部分材料的要求

金属切削过程中,刀具切削部分受到高压、高温和剧烈的摩擦作用;当切削加工余量不均匀或切削断续表面时,刀具还受到冲击。为使刀具能胜任切削工作,刀具切削部分材料应具备以下切削性能:

(1)高硬度和耐磨性:刀具要从工件上切下切屑,其硬度必须大于工件的硬度。在室温下,刀具的硬度应在 HRC60 以上。刀具材料的硬度越高,其耐磨性越好。

(2)足够的强度与韧性:为使刀具能够承受切削过程中的压力和冲击,刀具材料必须具有足够的强度与韧性。

(3)高的耐热性与化学稳定性:耐热性是指刀具材料在高温条件下仍能保持其切削性能的能力。耐热性以耐热温度表示。耐热温度是指基本上能维持刀具切削性能所允许的最高温度。耐热性越好,刀具材料允许的切削温度越高。

化学稳定性是指刀具材料在高温条件下不易与工件材料和周围介质发生化学反应的能力,包括抗氧化和抗黏结能力。化学稳定性越高,刀具受磨损越慢。耐热性和化学稳定性是衡量刀具切削性能的主要指标。

(4)良好的工艺性和经济性:刀具材料除应具有优良的切削性能外,还应具有良好的工艺性和经济性。它们包括:工具钢淬火变形要小,脱碳层要浅和淬硬性要好;高硬材料磨削性能要好;热轧成形的刀具高温塑性要好;需焊接的刀具材料焊接性能要好;所用刀具材料应尽可能是我国资源丰富、价格低廉的。

2. 常用刀具材料

常用刀具材料有工具钢(碳素工具钢、合金工具钢、高速工具钢)、硬质合金、陶瓷材料和超硬材料四类。

(1)碳素工具钢:碳素工具钢($w(C) = 0.7\% \sim 1.4\%$),淬火后具有较高的硬度(HRC61~65),而且价格低廉。但这种材料的耐热性较差(250~300 ℃),并且淬火时容易产生变形和裂纹。常用于制造手工工具和一些形状较简单的低速刀具。牌号有 T8、T10、T10A、T12,如锉刀、手用锯条、丝锥和板牙等。

(2) 合金工具钢:在碳素工具钢的基础上,加入适量的合金元素(如 Cr、Si、W、Mn 等),淬火后的硬度为 HRC61～68。与碳素工具钢相比,其热处理变形有所减少,耐热性也有所提高(350～400 ℃)。常用于制造手工工具和一些形状较简单的低速刀具(如拉刀、丝锥、板牙、铰刀)。

目前,生产中所用的刀具材料以高速钢和硬质合金居多。碳素工具钢(如 T10A、T12A)、合金工具钢(如 9SiCr、CrWMn)因耐热性差,仅用于一些手工或切削速度较低的刀具。

(3) 高速钢:高速钢是一种含钨、钼、铬、钒等合金元素较多的合金工具钢,其碳的质量分数在 1% 左右。

特点:高速钢热处理后硬度为 HRC62～65,耐热温度为 550～600 ℃,抗弯强度约为 3 500 MPa,冲击韧度约为 0.3 MJ/m^2,允许的切削速度为 40 m/min 左右。

应用:高速钢的强度与韧性好,能承受冲击,又易于刃磨,是目前制造钻头、铣刀、拉刀、螺纹刀具和齿轮刀具等复杂形状刀具的主要材料。高速钢刀具受耐热温度的限制,不能用于高速切削。

为了提高高速钢的硬度和耐磨性,常采用如下措施来提高其性能:在高速钢中增添新的元素;用粉末冶金法消除碳化物的偏析并细化晶粒。

高速钢按用途分为通用型高速钢和高性能高速钢;按制造工艺不同分为熔炼高速钢和粉末冶金高速钢。

① 通用型高速钢:

a. 钨系高速钢:牌号为 W18Cr4V。W 的质量分数为 18%、Cr 的质量分数为 4%、V 的质量分数为 1%。有较好的综合性能,在 600 ℃ 时其高温硬度为 HRC48.5,刃磨和热处理工艺控制较方便,可以制造各种复杂刀具。

b. 钨钼系高速钢:牌号为 W6Mo5Cr4V2。W 的质量分数为 6%、Mo 的质量分数为 5%、Cr 的质量分数为 4%、V 的质量分数为 2%。碳化物分布细小、均匀,机械性能良好,抗弯强度比 W18Cr4V 高 10%～15%,韧性高 50%～60%。可做尺寸较大、承受冲击力较大的刀具,热塑性特别好,更适用于制造热轧钻头等,目前各国广为应用。

② 高性能高速钢:在通用型高速钢的基础上再增加一些碳的质量分数、钒的质量分数及添加钴、铝等合金元素。按其耐热性,又称高热稳定性高速钢。在 630～650 ℃ 时仍可保持 HRC60 的硬度,具有更好的切削性能,耐用度较通用型高速钢高 1.3～3 倍。

适合于加工高温合金、钛合金、超高强度钢等难加工材料。

典型牌号有高碳高速钢 9W18Cr4V、高钒高速钢 W6Mo5Cr4V3、钴高速钢 W6MoCr4V2Co8、超硬高速钢 W2Mo9Cr4VCo8 等。

③ 粉末冶金高速钢:粉末冶金高速钢是用高压氩气或纯氮气雾化熔融的高速钢钢水而得到细小的高速钢粉末,然后再热压锻轧制成。

特点:有效地解决了一般熔炼高速钢时铸锭产生粗大碳化物共晶偏析的问题,而得到细小均匀的结晶组织,使之具有良好的机械性能。其强度和韧性分别是熔炼高速钢的 2 倍和 2.5～3 倍;磨削加工性好;物理、机械性能高度各向同性,淬火变形小;耐磨性提高 20%～30%。

适用于制造精密刀具、大尺寸(滚刀、插齿刀)刀具、复杂成形刀具、拉刀等。

(4) 硬质合金:硬质合金是由高硬度、高熔点的金属碳化物[如碳化钨(WC)、碳化钛(TiC)、碳化钽(TaC)、碳化铌(NbC)]粉末和金属黏结剂钴(Co)经粉末冶金法制成。它的常温硬度为 HRC88～93,耐热温度为 800～1 000 ℃,比高速钢硬、耐磨、耐热得多。因此,硬质合金刀具允许的切削速度比高速钢刀具大 5～10 倍。但它的抗弯强度只有高速钢的 1/2～1/4,冲击韧度仅为高速钢的几十分之一。硬质合金性脆,怕冲击和振动。

由于硬质合金刀具可以大大提高生产率,所以不仅绝大多数车刀、刨刀、面铣刀等采用了硬质合金,

而且相当数量的钻头、铰刀、其他铣刀也采用了硬质合金。现在,就连复杂的拉刀、螺纹刀具和齿轮刀具,也逐渐用硬质合金制造了。

我国目前常用的硬质合金有三类:

① 钨钴类硬质合金:由 WC 和 Co 组成,代号为 YG,接近于 ISO 的 K 类,主要用于加工铸铁、有色金属等脆性材料和非金属材料。常用牌号有 YG3、YG6 和 YG8。数字表示 Co 的质量分数,其余为 WC 的质量分数。硬质合金中 Co 起黏结作用,Co 的质量分数越大的硬质合金韧性越好,所以 YG8 适于粗加工和断续切削,YG6 适于半精加工,YG3 适于精加工和连续切削。

② 钨钛钴类硬质合金:由 WC、TiC 和 Co 组成,代号为 YT,接近于 ISO 的 P 类。由于 TiC 比 WC 还要硬、耐磨、耐热,但是还要脆,所以 YT 类比 YG 类硬度和耐热温度更高,不过更不耐冲击和振动。因为加工钢时塑性变形很大,切屑与刀具摩擦很剧烈,切削温度很高;但是切屑呈带状,切削较平稳,所以 YT 类硬质合金适于加工钢料。钨钛钴类硬质合金常用牌号有 YT30、YT15 和 YT5。数字表示 TiC 的质量分数。所以 YT30 适于对钢料的精加工和连续切削,YT15 适于半精加工,YT5 适于粗加工和断续切削。

③ 钨钛钽(铌)类硬质合金:由 YT 类中加入少量的 TaC 或 NbC 组成,代号为 YW,接近于 ISO 的 M 类。YW 类硬质合金的硬度、耐磨性、耐热温度、抗弯强度和冲击韧度均比 YT 类高一些,其后两项指标与 YG 类相仿。因此,YW 类既可加工钢,又可加工铸铁和有色金属,称为通用硬质合金。常用牌号有 YW1 和 YW2,前者用于半精加工和精加工,后者用于粗加工和半精加工。

(5) 陶瓷材料:陶瓷材料的硬度、耐磨性、耐热性和化学稳定性均优于硬质合金,但比硬质合金更脆,目前主要用于精加工。现有的陶瓷刀具材料有氧化铝陶瓷、金属陶瓷、氮化硅陶瓷(Si_3N_4)和 $Si_3N_4 - Al_3O_4$ 复合陶瓷四种。20 世纪 80 年代以来,陶瓷刀具迅速发展,金属陶瓷、氮化硅陶瓷和复合陶瓷的抗弯强度和冲击韧度已接近硬质合金,可用于半精加工以及加切削液的粗加工。

(6) 超硬材料:

① 金刚石:金刚石有天然金刚石和人造金刚石,是碳的同素异形体,是目前已知的最硬物质,有极高的耐磨性,刃口锋利,能切下极薄的切屑;但极脆,与铁系金属有很强的亲和力,不能用于粗加工,不能切削黑色金属。金刚石刀具主要用于有色金属如铝硅合金的精加工、超精加工,高硬度的非金属材料如陶瓷、刚玉、玻璃等的精加工,以及难加工的复合材料的加工。

人造金刚石是在高温高压下,借金属的触媒作用,由石墨转化而成。人造金刚石用于制造金刚石砂轮以及经聚晶后制成以硬质合金为基体的复合人造金刚石刀片作为刀具使用。目前人造金刚石主要用于磨料,磨削硬质合金,也可用于有色金属及其合金的高速精细车削和镗削。

② 立方氮化硼(CBN):立方氮化硼是在高温高压下,由六方晶体氮化硼(又称白石墨)转化为立方晶体而成。立方氮化硼具有仅次于金刚石的极高的硬度和耐磨性,耐热温度高达 1 400～1 500 ℃,与铁系金属在 1 200～1 300 ℃ 时还不起化学反应。但在高温时与水易起化学反应,所以一般用于干切削。立方氮化硼适于精加工淬硬钢、冷硬铸铁、高温合金、热喷涂材料、硬质合金及其他难加工材料。

技术提示:

现在硬质合金刀具上,常采用 TiC、TiN、Al_2O_3 等高硬材料的涂层。涂层硬质合金刀具的寿命比不涂层的提高 2～10 倍。如图 1.22 所示为各种刀具材料切削时耐磨性和切削韧性的比较。

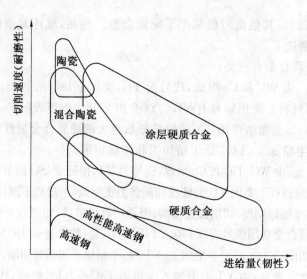

图1.22 各类刀具材料所适应的切削范围

重点串联

机床及金属切削原理
- 机床的认知及选择
  - 机床型号
  - 机床选择
- 金属切削原理
  - 切削表面与切削运动
  - 切削用量三要素与切削层参数
  - 刀具几何角度及选择
  - 积屑瘤的形成及其对切削过程的影响
  - 影响切削变形的因素
  - 切削率与切削效率
  - 切削热与切削温度
  - 刀具磨损与刀具寿命
  - 选择切削用量的原则
  - 工件表面的成形方法
  - 刀具材料

拓展与实训

基础训练

1. 填空题

(1) 车刀的切削部分一般由三个_____、两条_____和一个_____组成。

(2) 切削时，车刀切削部分承受很高的切削温度和很大的切削力，所以作为车刀切削部分的材料必须具备_____、_____、_____，并具有良好的_____。

(3) 切削用量是切削过程中_____、_____、_____的总称。

(4) 切削力可分解为三个互相垂直的切削分力：_____、_____、_____。

(5) 刀具的主偏角是_____和_____之间的夹角。
(6) 在车刀设计、制造、刃磨及测量时必须的主要角度有：_____、_____、_____、_____、_____五个角。
(7) 后角主要作用是减少刀具后刀面与工件表面间的_____，并配合前角改变切削刃的_____与_____。
(8) 刀具前角是在_____面中测量，是_____与_____之间的夹角。
(9) 刀具磨损的三种形式是_____、_____和_____。
(10) 金属切削过程中主要产生_____、_____、_____等物理现象。
(11) 切削液具有_____、_____、_____等作用。
(12) 切削热的传播途径有_____、_____、_____和_____，其中绝大部分的切削热由_____带走。
(13) 切削过程中切削力的来源主要是_____和_____。（变形抗力和摩擦力）
(14) 切削用量对切削力的影响程度由小到大的顺序是_____、_____、_____。
(15) 常用的高速钢牌号有_____、_____。
(16) 常见的硬质合金有 K 类（_____类），主要牌号有_____，用于_____加工；P 类（_____类），主要牌号有_____，用于_____加工；M 类（_____类），主要牌号有_____。
(17) 选用你认为最合适的刀具材料。低速精车用_____；高速铣削平面的端铣刀用_____。
(18) 目前生产中最常用的两种刀具材料是_____和_____，制造形状复杂的刀具时常用_____。

2. 选择题

(1) 在背吃刀量和进给量一定的条件下，切削厚度与切削宽度的比值取决于（　　）。
A. 刀具前角　　B. 刀具后角　　C. 刀具主偏角　　D. 刀具副偏角
(2) 刀具的主偏角是在（　　）平面中测得的。
A. 基面　　B. 切削平面　　C. 正交平面　　D. 进给平面
(3) 刀具的刃倾角在切削中的主要作用是（　　）。
A. 使主切削刃锋利　　B. 减小摩擦　　C. 控制切削力大小　　D. 控制切屑流出方向
(4) 车刀刀尖安装高于工件回转轴线，车外圆时，（　　）。
A. 工作前角变小　　B. 工作前角不变　　C. 工作前角变大　　D. 工作后角变小
(5) 刀具前角为（　　），加工过程中切削力最大。
A. 负值　　B. 零度　　C. 正值
(6) 切削面积相等时，切削宽度越大，切削力越（　　）。
A. 大　　B. 小　　C. 不变　　D. 不确定
(7) 切削区切削温度的高低主要取决于（　　）。
A. 切削热产生的多少　　B. 切屑的种类　　C. 散热条件　　D. 切屑的形状
(8) 车削细长轴时，切削力中三个分力以（　　）对工件的弯曲变形影响最大。
A. 主切削力　　B. 进给抗力　　C. 背向力　　D. 摩擦力
(9) 切削用量中，对刀具耐用度的影响程度由低到高的顺序是（　　）。
A. 切削速度　　B. 进给量　　C. 背吃刀量
(10) 切削过程中对切削温度影响最大的因素是（　　）。
A. 切削速度　　B. 进给量　　C. 背吃刀量
(11) 粗加工中等硬度的钢材时，一般会产生（　　）切屑。
A. 带状　　B. 单元　　C. 节状　　D. 崩碎

(12) 切削脆性材料时,容易产生(　　)切屑。
　　A. 带状　　　　　　B. 单元　　　　　　C. 节状　　　　　　D. 崩碎
(13) 积屑瘤在加工过程中起到好的作用是(　　)。
　　A. 减小刀具前角　　B. 保护刀尖　　　　C. 保证尺寸精度
(14) 下列刀具材料中,强度和韧性最好的是(　　)。
　　A. 高速钢　　　　　B. YG 类硬质合金　　C. YT 类硬质合金　　D. 立方氮化硼
(15) 一般当工件的强度、硬度、塑性越高时,刀具耐用度(　　)。
　　A. 不变　　　　　　B. 有时高,有时低　　C. 越高　　　　　　D. 越低
(16) 磨削加工时一般采用低浓度的乳化液,这主要是因为(　　)。
　　A. 润滑作用强　　　B. 冷却、清洗作用强　C. 防锈作用好　　　D. 成本低
(17) 影响刀头强度和切屑流出方向的刀具角度是(　　)。
　　A. 主偏角　　　　　B. 前角　　　　　　C. 副偏角　　　　　D. 刃倾角
(18) 在刀具方面能使主切削刃的实际工作长度增大的因素是(　　)。
　　A. 减小前角　　　　B. 增大后角　　　　C. 减小主偏角　　　D. 减小副偏角
(19) 选择金属材料的原则,首先应满足(　　)。
　　A. 零件使用性能要求　B. 零件工艺性能要求　C. 材料经济性　　　D. 加工成本
(20) 合金钢的可焊性可依据(　　)大小来估计。
　　A. 钢中碳的质量分数　　　　　　　　B. 钢中合金元素的质量分数
　　C. 钢的碳当量　　　　　　　　　　　D. 钢中杂质元素的质量分数
(21) 切削塑性较好的金属材料,采用较大的前角、较高的切削速度、较小的进给量和吃刀深度时,容易形成(　　)。
　　A. 崩碎切屑　　　　B. 单元切屑　　　　C. 节状切屑　　　　D. 带状切屑

3. 判断题

(1) 所有机床都有主运动和进给运动。　　　　　　　　　　　　　　　　　　　　　(　　)
(2) 车床切断工件时,工作后角变小。　　　　　　　　　　　　　　　　　　　　　(　　)
(3) 一般来说,刀具材料的硬度越高,强度和韧性就越低。　　　　　　　　　　　　(　　)
(4) 高速钢是当前最典型的高速切削刀具材料。　　　　　　　　　　　　　　　　(　　)
(5) 硬质合金是最适合用来制造成型刀具和各种形状复杂刀具的常用材料。　　　　(　　)
(6) 制造成型刀具和形状复杂刀具常用的材料是高速钢。　　　　　　　　　　　　(　　)
(7) 车削细长轴时,应使用 90° 偏刀切削。　　　　　　　　　　　　　　　　　　(　　)
(8) 刀具主偏角的减小有利于改善刀具的散热条件。　　　　　　　　　　　　　　(　　)
(9) 金属切削过程的实质为刀具与工件的互相挤压的过程。　　　　　　　　　　　(　　)
(10) 在其他条件不变时,变形系数越大,切削力越大,切削温度越高,表面越粗糙。　(　　)
(11) 切削用量对切削力的影响程度由大到小的顺序是切削速度、进给量、背吃刀量。(　　)
(12) 当切削热增加时,切削区的温度必然增加。　　　　　　　　　　　　　　　　(　　)
(13) 切削用量中,对刀具耐用度的影响程度由低到高的顺序是切削速度、进给量、背吃刀量。(　　)
(14) 切削用量中对切削力影响最大的因素是背吃刀量。　　　　　　　　　　　　　(　　)
(15) 影响切削力大小的首要因素是工件材料。　　　　　　　　　　　　　　　　　(　　)
(16) 切削过程中,若产生积屑瘤,会对精加工有利,对粗加工有害。　　　　　　　(　　)
(17) 增加刀具前角,可以使加工过程中的切削力减小。　　　　　　　　　　　　　(　　)
(18) 金属材料塑性太大或太小都会使切削加工性变差。　　　　　　　　　　　　　(　　)
(19) 增加进给量比增加背吃刀量有利于改善刀具的散热条件。　　　　　　　　　　(　　)

(20) 对切削力影响比较大的因素是工件材料和切削用量。（　　）

4. 简答题

(1) 试述下列机床型号的含义：
CKA6150N　　×6132　　TH6110　　Z3050

(2) 选择加工设备应符合什么原则？

(3) 切削加工由哪些运动组成？它们各有什么作用？

(4) 切削用量三要素是什么？

(5) 绘制出正交平面参考系下刀具的二维角度，它们是如何定义的？

(6) 刀具的工作角度和标注角度有什么区别？影响刀具工作角度的主要因素有哪些？

(7) 什么是积屑瘤？试述其成因、影响和避免方式。

(8) 金属切削层的三个变形区各有什么特点？

(9) 各切削力对加工过程有何影响？

(10) 切削热是如何产生的？它对切削过程有什么影响？

(11) 刀具磨损的形式有哪些？磨损的原因有哪些？

(12) 什么是刀具的磨钝标准？什么是刀具的耐用度？

(13) 何谓工件材料的切削加工性？它与哪些因素有关？

(14) 试对碳素结构钢中碳的质量分数的大小对切削加工性的影响进行分析。

(15) 说明前角和后角的大小对切削过程的影响。

(16) 说明刃倾角的作用。

(17) 切削液的主要作用是什么？

(18) 如图1.23所示，分别指出序号1、2代表何种运动，3、4、5代表何种加工表面？

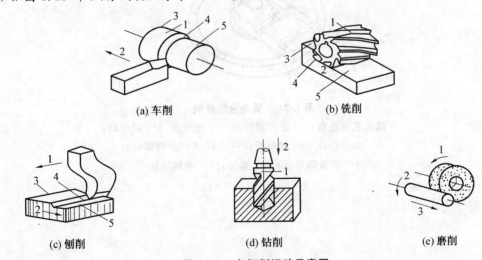

图1.23　各切削运动示意图

技能实训

技能实训1.1　刀具几何角度的测量

1. 训练目的

(1) 通过实际测量，加深对车刀几何角度、参考平面等概念的理解。

(2) 掌握测量车刀几何角度的方法。

2. 训练要求

(1) 见表1.6，把测量刀具角度各数据填写于表格中对应位置。

(2) 根据所测数据绘出车刀在正交平面参考系下的二维角度图。

表 1.6　测量数据

测量角	γ_o	α_o	κ_r	κ_r'	λ_s
测量值					

3. 实训条件

(1) 车刀量角台。

(2) 车刀。

车刀量角台如图 1.24 所示,圆盘底座底盘 1 周边左右各有 $100°$ 刻度,用于测量车刀的主偏角和副偏角,活动底座 3 可绕底座中心在零刻线左右 $100°$ 范围内转动;

通过底座指针 2 读出角度值;定位块 4 可在活动底座上平行滑动,作为车刀的基准;

大指针 5 由前面、底面、侧面三个成正交的平面组成,在测量过程中,根据不同的情况可分别用以代表主剖面、基面、切削平面等。

大扇形板 6 上有正负 $45°$ 的刻度,用于测量前角、后角、刃倾角,通过大指针 5 的指针指出角度值;

立柱 7 上制有螺纹,旋转升降螺母 8 可以调整测量片相对车刀的位置。

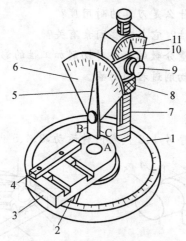

图 1.24　量角台的结构

1—圆盘底座底盘;2—底座指针;3—活动底座;4—定位块;
5—大指针;6—大扇形板;7—立柱;8—升降螺母;
9—锁紧螺母;10—小指针;11—小扇形板

模块 2
车床及其加工方法

知识目标
- ◆ 掌握车床工作原理及其加工范围、特点;
- ◆ 熟悉车刀的选用方法;
- ◆ 熟悉工艺规程内容及制定原则;
- ◆ 掌握基准的选择原则;
- ◆ 掌握轴、套类零件的加工工艺路线及其特点。

技能目标
- ◆ 熟练掌握车床及其附件的使用和操作方法;
- ◆ 掌握工艺规程制定的步骤及其方法;
- ◆ 能够编制一般轴、套类零件加工工艺过程。

课时建议
24 课时

课堂随笔

2.1 车床与车削

引言

常见的车床类型很多,主要用于回转体类工件的加工。了解各种车床的结构及功能以及传动链,有利于我们正确地使用车床。对于车刀和车床夹具的认识,有利于正确地选择刀具和使用夹具,提高零件的加工质量的加工效率。

知识汇总

- 常用车床类型、车床结构、传动链
- 车床夹具
- 车刀种类、车刀选择

2.1.1 车床

车床是完成车削加工必备的加工设备。它为车削加工提供特定的位置(刀具、工件相对位置)环境及所需运动及动力。由于大多数机械零件上都具有回转面,加之机床较广的通用性,所以,车床的应用极为广泛,在金属切削机床中占有比例最大,为机床总数的 20% ~ 35%。

下面将以 CA6140 型卧式车床作为主要典型例子,简要介绍车床各主要组成部件的功用。如图 2.1 所示为 CA6140 型卧式车床外形图。

1. CA6140 型卧式车床的主要组成部件及主要技术性能

(1)CA6140 型卧式车床的主要组成部件:

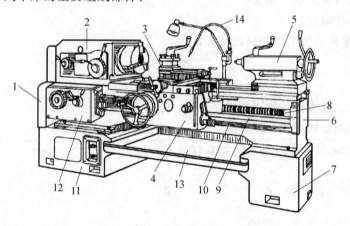

图 2.1 CA6140 型卧式车床外形图

1— 挂轮箱;2— 主轴箱;3— 刀架;4— 溜板箱;5— 尾座;6— 床身导轨;7— 后床脚;
8— 丝杠;9— 光杆;10— 操纵杆;11— 前床脚;12— 进给箱;13— 油盘;14— 冷却装置

① 主轴箱 2:如图 2.2 所示,主轴箱支撑主轴并带动工件做回转运动。箱内装有齿轮、轴等零件,组成变速传动机构。变换箱外手柄位置,可使主轴得到多种不同的转速。

图 2.3 为车螺纹变换操作手柄,车削螺纹时用。

② 进给箱 12:是进给传动系统的变速机构。它把交换齿轮箱传递来的运动,经过变速后传递给丝杆,以实现各种螺纹的车削或机动进给。

③ 交换齿轮箱(挂轮箱)1:用来将主轴的回转运动传递到进给箱。更换箱内的齿轮,配合进给箱变速机构,可以得到车削各种螺距的螺纹的进给运动,并满足车削时对不同纵、横向进给量的需求。

④ 溜板箱 4:如图 2.4 所示,接受光杆传递的运动,驱动床鞍和中、小滑板及刀架实现车刀的纵、横向

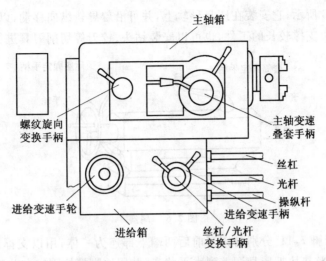

图 2.2 车床主轴箱变速操作手柄

进给运动。溜板箱上装有一些微手柄和按钮,可以方便地操纵车床来选择诸如机动、手动、车螺纹及快速移动等的运动方式。

⑤ 床身导轨 6:床身是车床的大型基础部件,精度要求很高,用来支撑和连接车床的各个部件。床身上面有两条精确的导轨,床鞍和尾座可沿着导轨移动。

⑥ 刀架 3:如图 2.5 所示,刀架部分由床鞍、两层滑板和刀架体共同组成用于装夹车刀并带动车刀做纵向、横向和斜向运动。

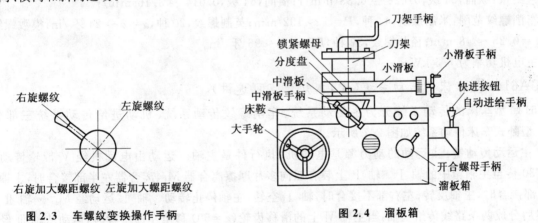

图 2.3 车螺纹变换操作手柄   图 2.4 溜板箱

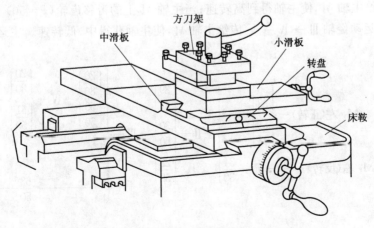

图 2.5 刀架

⑦尾座 5:如图 2.6 所示,它安装在床身导轨上,并可沿着导轨纵向移动,以调整其工作位置。尾座主要用于安装后顶尖,以支撑较长的工件,也可以安装钻头、铰刀等切削刀具进行孔加工。

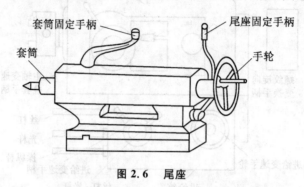

图 2.6 尾座

⑧床身前后两个床脚 7、11:分别与床身前后两端下部连为一体,用以支撑床身及安装在床身上的各个部件。可以通过调整垫块把床身调整到水平状态,并用地脚螺栓固定在此工作场地上。

⑨冷却装置 14:冷却装置主要通过冷却泵将切削液加压后经冷却嘴喷射到切削区域。

(2)机床的主要技术性能:

①床身上最大工件回转直径为 400 mm。

②最大工件长度为 750 mm、1 000 mm、1 500 mm、2 000 mm。

③刀架上最大工件回转直径为 210 mm。

④主轴转速:正转,24 级,10~1 400 r/min;反转,12 级,14~1 580 r/min。

⑤进给量:纵向,64 级,0.028~6.33 mm/r;横向,64 级,0.014~3.16 mm/r。

⑥车削螺纹范围:米制螺纹,44 种,$P=1\sim 192$ mm;英制螺纹,20 种,$a=2\sim 24$ 牙/in;模数螺纹,39 种,$m=0.25\sim 48$ mm;径节螺纹,37 种,$DP=1\sim 96$ 牙/in。

⑦主电机功率为 7.5 kW。

2.CA6140 型车床的传动系统(注:本知识点可选讲)

CA6140 型车床的传动系统分为主传动系统、车削螺纹传动系统、机动进给传动系统三部分,CA6140 型卧式车床传动系统如图 2.7 所示。

(1)主运动传动链:主运动的动力源是电动机,执行件是主轴。运动由电动机经 V 带轮传动副 $\phi 130/\phi 230$ 传至主轴箱中的轴Ⅰ。轴Ⅰ上装有双向多片摩擦离合器 M_1,离合器左半部接合时,主轴正转;右半部接合时,主轴反转;左右都不接合时,轴Ⅰ空转,主轴停止转动。轴Ⅰ运动经 $M_1 \to$ 轴Ⅱ→轴Ⅲ,然后分成两条路线传给主轴:当主轴Ⅵ上的滑移齿轮($z=50$)移至左边位置时,运动从轴Ⅲ经齿轮副 63/50 直接传给主轴Ⅵ,使主轴得到高转速;当主轴Ⅵ上的滑移齿轮($z=50$)向右移,使齿轮式离合器 M_2 接合时,则运动经轴Ⅲ→Ⅳ→Ⅴ传给主轴Ⅵ,使主轴获得中、低转速。主运动传动路线表达如下:

$$电动机 - \frac{\phi 130}{\phi 230} - Ⅰ - \left\{\begin{array}{l} M_1 左(正转) - \left\{\begin{array}{l} \frac{56}{38} \\ \frac{51}{43} \end{array}\right\} \\ M_1 右(反转) - \frac{50}{34} - Ⅶ - \frac{34}{30} \end{array}\right\} - Ⅱ - \left\{\begin{array}{l} \frac{39}{41} \\ \frac{30}{50} \\ \frac{22}{58} \end{array}\right\} - Ⅲ - \left\{\begin{array}{l} \left\{\begin{array}{l} \frac{20}{80} \\ \frac{50}{50} \end{array}\right\} - Ⅳ - \left\{\begin{array}{l} \frac{20}{80} \\ \frac{51}{50} \end{array}\right\} - Ⅴ - M_2 \\ \frac{63}{50} \end{array}\right\} - Ⅵ(主轴)$$

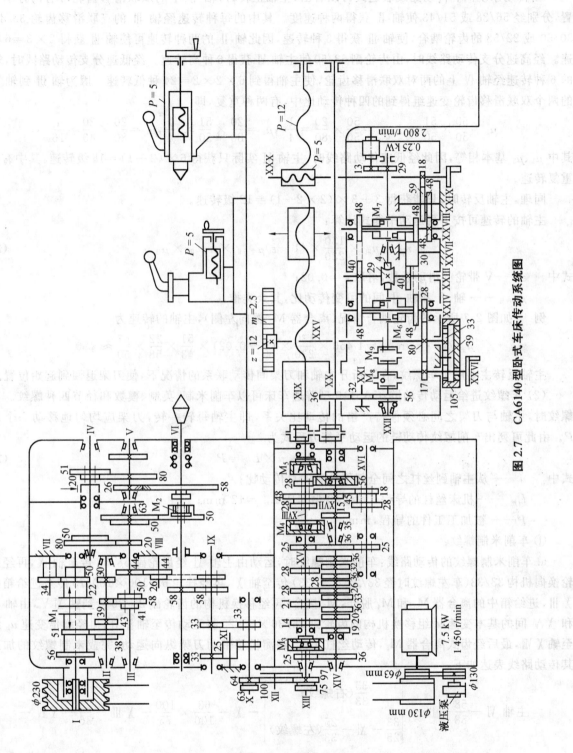

图 2.7 CA6140型卧式车床传动系统图

由传动系统图和传动路线表达式可以看出，主轴正转时，轴Ⅱ上的双联滑移齿轮可有两种啮合位置，分别经 56/38 或 51/43 使轴Ⅱ获得两种速度。其中的每种转速经轴Ⅲ的三联滑移齿轮 39/41 或 30/50 或 22/58 的齿轮啮合，使轴Ⅲ获得 3 种转速，因此轴Ⅱ的两种转速可使轴Ⅲ获得 2×3＝6 种转速。经高速分支传动路线时，由齿轮副 63/50 使主轴Ⅵ获得 6 种高转速。经低速分支传动路线时，轴Ⅲ的 6 种转速经轴Ⅳ上的两对双联滑移齿轮，使主轴得到 6×2×2＝24 种低转速。因为轴Ⅲ到轴Ⅴ间的两个双联滑移齿轮变速组得到的四种传动比中，有两种重复，即

$$\mu_1=\frac{50}{50}\times\frac{51}{50}\approx 1,\ \mu_2=\frac{50}{50}\times\frac{20}{80}=\frac{1}{4},\ \mu_3=\frac{20}{80}\times\frac{51}{50}\approx\frac{1}{4},\ \mu_4=\frac{20}{80}\times\frac{20}{80}=\frac{1}{16}$$

其中 μ_1、μ_3 基本相等，因此经低速传动路线时，主轴Ⅵ实际只获得 6×(2+1)＝18 级转速，其中有 6 种重复转速。

同理，主轴反转时，只能获得 3+3×(2×2－1)＝12 级转速。

主轴的转速可按下列运动平衡式计算：

$$n_{主}=n_{电}\times\frac{130}{230}\times(1-\varepsilon)\mu_{\text{Ⅰ-Ⅱ}}\times\mu_{\text{Ⅱ-Ⅲ}}\times\mu_{\text{Ⅲ-Ⅳ}} \tag{2.1}$$

式中　ε——V 带轮的滑动系数，可取 $\varepsilon=0.02$；

　　　$\mu_{\text{Ⅰ-Ⅱ}}$——轴Ⅰ和轴Ⅱ间的可变传动比，其余类推。

例　如图 2.7 所示的齿轮啮合情况（离合器 M_2 拨向左侧），主轴的转速为

$$n_{主}/(\text{r}\cdot\text{min}^{-1})=1\ 450\times\frac{130}{230}\times(1-0.02)\times\frac{51}{43}\times\frac{22}{58}\times\frac{63}{50}\approx 450$$

主轴反转主要用于车螺纹，在不断开主轴和刀架间传动联系的情况下，使刀架退回到起始位置。

(2)车螺纹进给运动传动链：CA6140 型普通车床可以车削米制、英制、模数和径节四种螺纹。车削螺纹时，主轴与刀架之间必须保持严格的传动比关系，即主轴每转一转，刀架应均匀地移动一个导程 P。由此可列出车削螺纹传动链的运动平衡方程式为

$$1_{(主轴)}\times u\times L_{丝}=P \tag{2.2}$$

式中　u——从主轴到丝杠之间全部传动副的总传动比；

　　　$L_{丝}$——机床丝杠的导程，CA6140 型车床 $L_{丝}=12$ mm；

　　　P——被加工工件的导程，mm。

① 车削米制螺纹：

a. 车削米制螺纹的传动路线：车削米制螺纹时，运动由主轴Ⅵ经齿轮副 58/58 传至轴Ⅸ，再经三星轮换向机构 33/33（车左螺纹时经 33/25×25/33）传至轴Ⅹ，再经挂轮 63/100×100/75 传至进给箱中轴ⅩⅢ，进给箱中的离合器 M_3 和 M_4 脱开，M_5 接合，再经移换机构的齿轮副 25/36 传到轴ⅩⅣ，由轴ⅩⅣ和ⅩⅤ间的基本变速 u_j 组移换机构的齿轮副 25/36×36/25 将运动传至轴ⅩⅥ，再经增倍变速 u_b 组传至轴ⅩⅧ，最后经齿式离合器 M_5，传动丝杠ⅩⅨ，经溜板箱带动刀架纵向运动，完成米制螺纹的加工。其传动路线表达如下：

$$主轴Ⅵ-\frac{58}{58}-Ⅸ-\begin{Bmatrix}\frac{33}{33}(右螺纹)\\ \frac{33}{25}-Ⅺ-\frac{25}{33}(左螺纹)\end{Bmatrix}-Ⅹ-\frac{63}{100}\times\frac{100}{75}-ⅩⅢ-\frac{25}{36}-ⅩⅣ-$$

$$u_j-ⅩⅤ-\frac{25}{36}\times\frac{36}{25}-ⅩⅥ-u_b-ⅩⅧ-M_5(啮合)-ⅩⅨ(丝杠)-刀架$$

b. 车削米制螺纹的运动平衡式：由传动系统图和传动路线表达式，可以列出车削米制螺纹的运动平衡式：

$$P=1_{(主轴)}\times\frac{58}{58}\times\frac{33}{33}\times\frac{63}{100}\times\frac{100}{75}\times\frac{25}{36}\times u_j\times\frac{25}{36}\times\frac{36}{25}\times u_b\times 12\ \text{mm} \tag{2.3}$$

式中　　u_j、u_b——分别为基本变速组传动比和增倍变速组传动比。

将上式化简可得

$$P = 7 u_j u_b \tag{2.4}$$

进给箱中的基本变速组 u_j 为双轴滑移齿轮变速机构，由轴 XIV 上的 8 个固定齿轮和轴 XV 上的四个滑移齿轮组成，每个滑移齿轮可分别与邻近的两个固定齿轮相啮合，共有 8 种不同的传动比：

$$u_{j1} = \frac{26}{28} = \frac{6.5}{7} \quad u_{j2} = \frac{28}{28} = \frac{7}{7} \quad u_{j3} = \frac{32}{28} = \frac{8}{7} \quad u_{j4} = \frac{36}{28} = \frac{9}{7}$$

$$u_{j5} = \frac{19}{14} = \frac{9.5}{7} \quad u_{j6} = \frac{20}{14} = \frac{10}{7} \quad u_{j7} = \frac{33}{21} = \frac{11}{7} \quad u_{j8} = \frac{36}{21} = \frac{12}{7}$$

不难看出，除了 u_{j1} 和 u_{j5} 外，其余的 6 个传动比组成一个等差数列。改变 u_j 的值，就可以车削出按等差数列排列的导程组。

进给箱中的增倍变速组 u_b 由轴 XVI—轴 XVIII 间的三轴滑移齿轮机构组成，可变换 4 种不同的传动比：

$$u_{b1} = \frac{18}{45} \times \frac{15}{48} = \frac{1}{8} \quad u_{b2} = \frac{28}{35} \times \frac{15}{48} = \frac{1}{4}$$

$$u_{b3} = \frac{18}{45} \times \frac{35}{28} = \frac{1}{2} \quad u_{b4} = \frac{28}{35} \times \frac{35}{28} = 1$$

它们之间依次相差 2 倍，改变 u_b 的值，可将基本组的传动比成倍地增加或缩小。

把 u_j、u_b 的值代入式(2.4)，得到 $8 \times 4 = 32$ 种导程值，其中符合标准的有 20 种，见表 2.1。可以看出，表中的每一行都是按等差数列排列的，而行与行之间成倍数关系。

表 2.1　CA6140 型普通车床米制螺纹导程　　　　　　　　　　　　　mm

导程 P ＼ 基本组 u_j ／ 增值组 u_b	$\frac{26}{28}$	$\frac{28}{28}$	$\frac{32}{28}$	$\frac{36}{28}$	$\frac{19}{14}$	$\frac{20}{14}$	$\frac{33}{21}$	$\frac{36}{21}$
$u_{b1} = \frac{18}{45} \times \frac{15}{48} = \frac{1}{8}$	—	—	1	—	—	1.25	—	1.5
$u_{b2} = \frac{28}{35} \times \frac{15}{48} = \frac{1}{4}$	—	1.75	2	2.25	—	2.5	—	3
$u_{b3} = \frac{18}{45} \times \frac{35}{28} = \frac{1}{2}$	—	3.5	4	4.5	—	5	5.5	6
$u_{b4} = \frac{28}{35} \times \frac{35}{28} = 1$	—	7	8	9	—	10	11	12

c. 扩大导程传动路线：从表 2.1 可以看出，此传动路线能加工的最大螺纹导程是 12 mm。如果需车削导程大于 12 mm 的米制螺纹，应扩大导程传动路线。这时，主轴 VI 的运动（此时 M_2 接合，主轴处于低速状态）经斜齿轮传动副 58/26 传至轴 V，经背轮机构 80/20 与 80/20 或 50/50 传至轴 III，再经 44/44、26/58（轴 IX 滑移齿轮 Z58 处于右位与轴 VIII 的 Z26 啮合）传到轴 IX，其传动路线表达式为

$$主轴\ VI - \begin{cases} (扩大导程)\dfrac{58}{26} - V - \begin{cases} \dfrac{80}{20} \\ \dfrac{80}{20} \end{cases} - IV - \begin{cases} \dfrac{50}{50} \\ \\ \end{cases} - III - \dfrac{44}{44} \times \dfrac{26}{58} \\ \\ (正常导程) - \dfrac{58}{58} \end{cases} - IX - (接正常导程传动路线)$$

从传动路线表达式可知,扩大螺纹导程时,主轴Ⅵ到轴Ⅸ的传动比为

当主轴转速为 40～125 r/min 时,$u_1 = \frac{58}{26} \times \frac{80}{20} \times \frac{50}{50} \times \frac{44}{44} \times \frac{26}{58} = 4$

当主轴转速为 10～32 r/min 时,$u_2 = \frac{58}{26} \times \frac{80}{20} \times \frac{80}{20} \times \frac{44}{44} \times \frac{26}{58} = 16$

而正常螺纹导程时,主轴Ⅵ到轴Ⅸ的传动比为

$$u = \frac{58}{58} = 1$$

所以,通过扩大导程传动路线可将正常螺纹导程扩大 4 倍或 16 倍。CA6140 型车床车削大导程米制螺纹时,最大螺纹导程为 $P_{\max} = 12 \times 16 = 192$ mm。

② 车削英制螺纹:英制螺纹是英、美等少数英寸制国家所采用的螺纹标准。我国部分管螺纹也采用英制螺纹。英制螺纹以每英寸长度上的螺纹扣数 a(扣/in) 表示,其标准值也按分段等差数列的规律排列。英制螺纹的导程 $P_a = 1/a$(in)。由于 CA6140 型车床的丝杠是米制螺纹,被加工的英制螺纹也应换算成以毫米为单位的相应导程值,即

$$P_a = \frac{1}{a}\text{in} = \frac{25.4}{a}\text{mm}$$

车削英制螺纹时,对传动路线作如下变动,首先,改变传动链中部分传动副的传动比,使其包含特殊因子 25.4;其次,将基本组两轴的主、被动关系对调,以便使分母为等差级数。其余部分的传动路线与车削米制螺纹时相同。其运动平衡式为

$$P_a = 1_{(主轴)} \times \frac{58}{58} \times \frac{33}{33} \times \frac{63}{100} \times \frac{100}{75} \times \frac{1}{u_j} \times \frac{36}{25} \times u_b \times 12 = \frac{4}{7} \times 25.4 \times \frac{1}{u_j} \times u_b$$

将 $P_a = \frac{25.4}{a}$ 代入上式得

$$a = \frac{7}{4} \times \frac{u_j}{u_b}$$

变换 u_j、u_b 的值,就可得到各种标准的英制螺纹。

③ 车削模数螺纹:模数螺纹主要用在米制蜗杆中,模数螺纹螺距 $P = \pi m$,P 也是分段等差数列。所以模数螺纹的导程为

$$P_m = k\pi m$$

式中 P_m——模数螺纹的导程,mm;
k——螺纹的头数;
m——螺纹模数。

模数螺纹的标准模数 m 也是分段等差数列,车削时的传动路线与车削米制螺纹的传动路线基本相同。由于模数螺纹的螺距中含有 π 因子,因此车削模数螺纹时所用的挂轮与车削米制螺纹时不同,需用 $\frac{64}{100} \times \frac{100}{97}$ 来引入常数 π,其运动平衡式为

$$P_m = 1_{(主轴)} \times \frac{58}{58} \times \frac{33}{33} \times \frac{64}{100} \times \frac{100}{97} \times \frac{25}{36} \times u_j \times \frac{25}{36} \times \frac{36}{25} \times u_b \times 12$$

上式中 $\frac{64}{100} \times \frac{100}{97} \times \frac{25}{36} \approx \frac{7\pi}{48}$,其绝对误差为 0.000 04,相对误差为 0.000 09,这种误差很小,一般可以忽略。将运动平衡方程式整理后得

$$m = \frac{7}{4k}u_j u_b$$

变换 u_j、u_b 的值，就可得到各种不同模数的螺纹。

④ 车削径节螺纹：径节螺纹主要用于同英制蜗轮相配合，即为英制蜗杆，其标准参数为径节，用 DP 表示，其定义为，对于英制蜗轮，将其总齿数折算到每一英寸分度圆直径上所得的齿数值，称为径节。根据径节的定义可得蜗轮齿距(单位为 in)为

$$p = \frac{\pi D}{z} = \frac{\pi}{\frac{z}{D}} = \frac{\pi}{DP}$$

式中　z——蜗轮的齿数；
　　　D——蜗轮的分度圆直径，in。

只有英制蜗杆的轴向齿距 P_{DP} 与蜗轮齿距 $\frac{\pi}{DP}$ 相等才能正确啮合，而公制螺纹的导程为英制蜗杆的轴向齿距，即

$$P_{DP} = \frac{\pi}{DP} \text{in} = \frac{25.4k\pi}{DP} \text{ mm}$$

标准径节的数列也是分段等差数列。径节螺纹的导程排列的规律与英制螺纹相同，只是含有特殊因子 25.4π。车削径节螺纹时，可采用英制螺纹的传动路线，但挂轮需换为 $\frac{64}{100} \times \frac{100}{97}$，其运动平衡式为

$$P_{DP} = 1_{(主轴)} \times \frac{58}{58} \times \frac{33}{33} \times \frac{64}{100} \times \frac{100}{97} \times \frac{1}{u_j} \times \frac{36}{25} \times u_b \times 12$$

上式中 $\frac{64}{100} \times \frac{100}{97} \times \frac{36}{25} \approx \frac{25.4\pi}{84}$，将运动平衡方程式整理后得

$$DP = 7k \frac{u_j}{u_b}$$

变换 u_j、u_b 的值，可得常用的 24 种螺纹径节。

⑤ 车削非标准螺纹和精密螺纹：所谓非标准螺纹是指利用上述传动路线无法得到的螺纹。这时需将进给箱中的齿式离合器 M_1、M_4 和 M_5 全部啮合，被加工螺纹的导程 $L_工$ 依靠调整挂轮的传动比 $\mu_挂$ 来实现。其运动平衡式为

$$L_工 = 1_{(主轴)} \times \frac{58}{58} \times \frac{33}{33} \times \mu_挂 \times 12 \text{ mm}$$

所以，挂轮的换置公式为

$$\mu_挂 = \frac{a}{b} \times \frac{c}{d} = \frac{L_工}{12}$$

适当地选择挂轮 a、b、c 及 d 的齿数，就可车出所需要的非标准螺纹。同时，由于螺纹传动链不再经过进给箱中任何齿轮传动，减少了传动件制造和装配误差对被加工螺纹导程的影响，若选择高精度的齿轮作为挂轮，则可加工精密螺纹。

(3) 机动进给运动传动链：机动进给传动链主要是用来加工圆柱面和端面，为了减少螺纹传动链丝杠及开合螺母磨损，保证螺纹传动链的精度，机动进给是由光杠经溜板箱传动的。

① 纵向机动进给传动链：CA6140 型车床纵向机动进给量有 64 种。当运动由主轴经正常导程的米制螺纹传动路线时，可获得正常进给量，这时的运动平衡式为

$$f_纵 = 1_{主轴} \times \frac{58}{58} \times \frac{33}{33} \times \frac{63}{100} \times \frac{100}{75} \times \frac{25}{36} \times u_j \times \frac{25}{36} \times \frac{36}{25} \times u_b \times \frac{28}{56} \times \frac{36}{32} \times \frac{32}{36} \times$$

$$\frac{4}{29} \times \frac{40}{48} \times \frac{28}{80} \times \pi \times 2.5 \times 12 \text{ mm/r}$$

将上式化简可得

$$f_纵 = 0.711 u_j u_b$$

通过变换 u_j、u_b 的值,可得到32种正常进给量(范围为 $0.08 \sim 1.22$ mm/r),其余32种进给量可分别通过英制螺纹传动路线和扩大导程传动路线得到。

② 横向机动进给传动链:由传动系统图分析可知,当横向机动进给与纵向进给的传动路线一致时,所得到的横向进给量是纵向进给量的一半,横向与纵向进给量的种数相同,都为64种。

③ 刀架快速机动移动:为了缩短辅助时间,提高生产效率,CA6140型卧式车床的刀架可实现快速机动移动。刀架的纵向和横向快速移动由快速移动电动机($P = 0.25$ kW,$n = 2\,800$ r/min)传动,经齿轮副 18/24 使轴 XⅧ 高速转动,再经蜗轮蜗杆副 4/29、溜板箱内的转换机构,使刀架实现纵向或横向的快速移动。快移方向由溜板箱中双向离合器 M_6 和 M_7 控制,其传动路线表达式为

$$\text{快速移动电动机} - \frac{18}{24} - \text{XⅧ} - \frac{4}{29} - \text{XXⅢ} - \begin{cases} M_6 \cdots\cdots \text{纵向} \\ M_7 \cdots\cdots \text{横向} \end{cases}$$

3. 车床附件及安装

为使零件方便地在车床上安装,常用到一些通用夹具及工具,如三爪卡盘、顶尖、花盘、弯板等,它们又往往被称为车床附件。当被加工工件形状不够规则,生产批量又较大时,生产中会采用专用车床夹具来完成工件安装,同时达到高效、稳定质量的目的。

(1) 用三爪卡盘安装:三爪卡盘外形图如图2.8所示,三爪卡盘是一种自动定心的通用夹具,装夹工件方便,(卡爪还可反向安装)在车床上最为常用。但它定心精度不高,夹紧力较小,一般用于截面为圆形、三角形、六方形的轴类、盘类中小型零件的装夹。

(2) 用四爪卡盘安装:四爪卡盘外形图如图2.9所示,卡盘的四爪位置通过四个螺钉分别调整(单动),因此,它不能自动定心,需与划针盘、百分表配合进行工件中心的找正,如图2.10所示。经找正后的工件安装精度高,夹紧可靠。一般用于方形、长方形、椭圆形及各种不规则零件的安装。

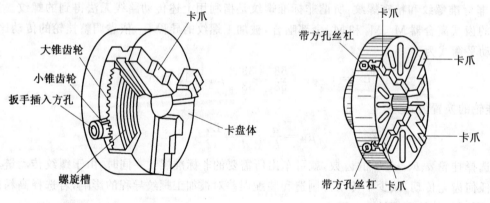

图 2.8 三爪卡盘外形图　　　　图 2.9 四爪卡盘外形图

(3) 用顶尖安装:用于顶夹工件,工件的旋转由安装于主轴上的拨盘带动。顶尖有死顶尖和活顶尖之分。对同轴度要求比较高且需要调头加工的轴类工件,常用双顶尖装夹工件,用顶尖顶夹工件时,应在工件两端用中心钻加工出中心孔。如图2.11所示,其前顶尖为普通顶尖,装在主轴孔内,并随主轴一起转动,后顶尖为活顶尖,装在尾架套筒内。工件利用中心孔被顶在前后顶尖之间,并通过拨盘和拨动鸡心夹头随主轴一起转动。工件亦可采用一夹一顶安装,此时夹紧力较大,但精度不高。

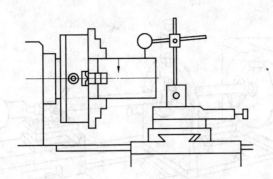

图 2.10 百分表找正安装工件

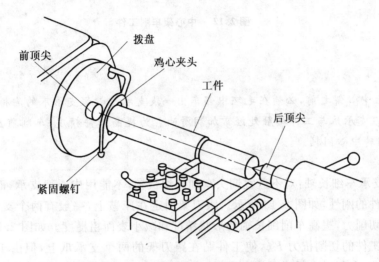

图 2.11 双顶尖、拨盘、鸡心夹头装夹工件

技术提示:

用顶尖安装工件应注意:

(1) 鸡心夹头上的紧固螺钉不能紧固得太紧,以防工件变形。

(2) 由于靠鸡心夹传递扭矩,所以车削工件的切削用量要小。

(3) 钻两端中心孔时,要先用车刀把端面车平,再用中心钻钻中心孔。安装拨盘和工件时,首先要擦净拨盘的内螺纹和主轴端的外螺纹,把拨盘拧在主轴上,再把轴的一端装在鸡心夹上。最后在双顶尖中间安装工件。

(4) 用中心架与跟刀架安装:当工件长度与直径之比大于 25($\frac{L}{d} > 25$)时,由于工件本身的刚性变差,在车削时,工件受切削力、自重和旋转时离心力的作用,会产生弯曲、振动,严重影响其圆柱度和表面粗糙度,同时,在切削过程中,工件受热伸长产生弯曲变形,车削很难进行,严重时会使工件在顶尖间卡住。此时需要用中心架或跟刀架来支承工件。中心架用压板及螺栓紧固在床身导轨上;跟刀架则紧固在刀架滑板上,与刀架一起移动。

① 用中心架支承车细长轴:一般在车削细长轴时,用中心架来增加工件的刚性,当工件可以进行分段切削时,中心架支承在工件中间,如图 2.12 所示。

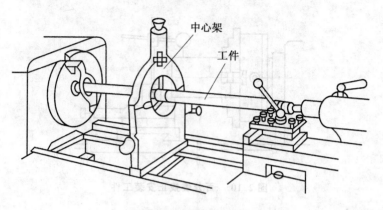

图 2.12 中心架车削工件

>>>

技术提示：
在工件装上中心架之前，必须在毛坯中部车出一段支承中心架支承爪的沟槽，其表面粗糙及圆柱误差要小，并在支承爪与工件接触处经常加润滑油。为提高工件精度，车削前应将工件轴线调整到与机床主轴回转中心同轴。

②用跟刀架支承车细长轴：对不适宜调头车削的细长轴，不能用中心架支承，而要用跟刀架支承进行车削，以增加工件的刚性，如图 2.13 所示。跟刀架固定在床鞍上，一般有两个支承爪，它可以跟随车刀移动，抵消径向切削力，提高车削细长轴的形状精度和减小表面粗糙度。如图 2.14(a) 所示为两爪跟刀架，因为车刀给工件的切削抗力 F'_r，使工件贴在跟刀架的两个支承爪上，但由于工件本身的向下重力，以及偶然的弯曲，车削时会瞬时离开支承爪，接触支承爪时产生振动。所以比较理想的中心架需要用三爪中心架，如图 2.14(b) 所示。此时，由三爪和车刀抵住工件，使之上下、左右都不能移动，车削时稳定，不易产生振动。

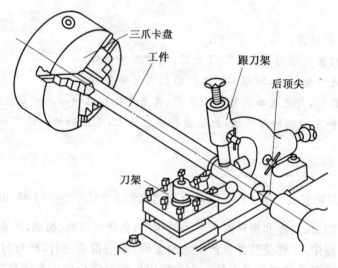

图 2.13 跟刀架车削工件

(5)用花盘与弯板安装：花盘是安装于主轴上的一个端面有许多用来穿压紧螺栓长槽的圆盘，用来安装无法使用三爪和四爪卡盘装夹的形状不规则的工件，如图 2.15、图 2.16 所示。工件可直接装于花盘，也可借助于弯板配合安装。工件的位置需经找正。花盘上安装工件的另一边需加平衡铁平衡，以免转动时产生振动。

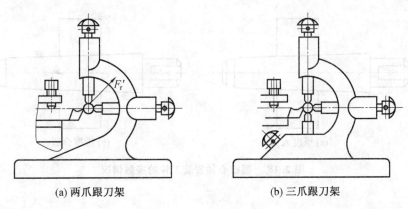

(a) 两爪跟刀架　　　　　　　(b) 三爪跟刀架

图 2.14　跟刀架外形图

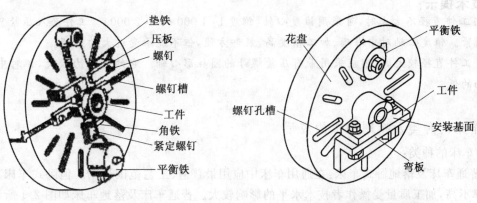

图 2.15　在花盘上安装工件　　　图 2.16　在花盘弯板上安装工件

(6) 用心轴安装工件：以内孔为定位基准，并要保证外圆轴线和内孔轴线的同轴度要求，此时用心轴定位，工件以圆柱孔定位常用圆柱心轴和小锥度心轴；对于带有锥孔、螺纹孔、花键孔的工件定位，常用相应的锥体心轴、螺纹心轴和花键心轴。

圆柱心轴是以外圆柱面定心、端面压紧来装夹工件的，如图 2.17 所示。心轴与工件孔一般用 H7/h6，H7/g6 的间隙配合，所以工件能很方便地套在心轴上。但由于配合间隙较大，一般只能保证同轴度 0.02 mm 左右。

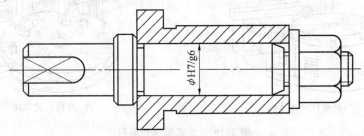

图 2.17　在圆柱心轴上定位

为了消除间隙，提高心轴定位精度，心轴可以做成锥体，但锥体的锥度很小，否则工件在心轴上会产生歪斜，如图 2.18(a) 所示。常用的锥度为 1∶1 000～1∶5 000。定位时，工件楔紧在心轴上，楔紧后孔会产生弹性变形，如图 2.18(b) 所示，从而使工件不致倾斜。

小锥度心轴的优点是靠楔紧产生的摩擦力带动工件，不需要其他夹紧装置，定心精度高，可达 0.005～0.01 mm。缺点是工件的轴向无法定位。

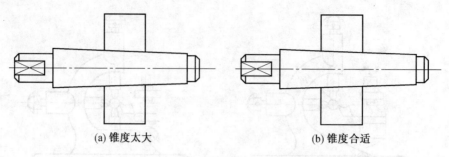

(a) 锥度太大　　　　　　　　(b) 锥度合适

图 2.18　圆锥心轴安装工件的接触情况

> **技术提示：**
> 当工件直径不太大时,可采用锥度心轴(锥度1∶1 000～1∶2 000)。工件套入压紧靠摩擦力与心轴固紧。锥度心轴对中准确、加工精度高、装卸方便,但不能承受过大的力矩。
> 当工件直径较大时,则应采用带有压紧螺母的圆柱形心轴。它的夹紧力较大,但对中精度较锥度心轴的低。

4.车床的种类及车削加工的应用

(1)车床的种类：

①普通车床及落地卧式车床：在通用车床中应用最普遍、工艺范围最广。但卧式车床自动化程度、加工效率不高,加工质量受操作者技术水平的影响较大。普通车床及落地车床如图 2.1 所示。

②立式车床(分单柱式和双柱式)：如图 2.19 所示,一般用于加工直径大、长度短且质量较大的工件。

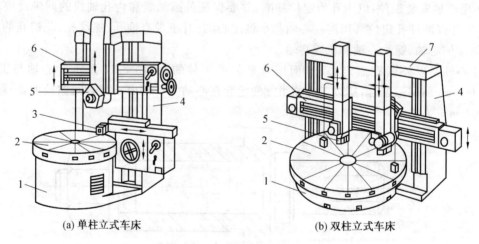

(a) 单柱立式车床　　　　　　　(b) 双柱立式车床

图 2.19　立式车床外形图

1— 底座；2— 工作台；3— 侧刀架；4— 立柱；5— 垂直刀架；6— 横梁；7— 顶梁

立式车床工作台的台面是水平面,主轴的轴心线垂直于台面,工件的找正、装夹比较方便,工件和工作台的质量均匀地作用在工作台下面的圆导轨上。

③转塔式车床：如图 2.20 所示,除了有前刀架外,还有一个转塔刀架。转塔刀架有六个装刀位置,可以沿床身导轨做纵向进给,每个刀位加工完毕后,转塔刀架快速返回,转动 60°。更换到下一个刀位进行加工。

(2)车削加工的应用：车削加工是机械加工方法中应用最广泛的方法之一,主要用于回转体零件上

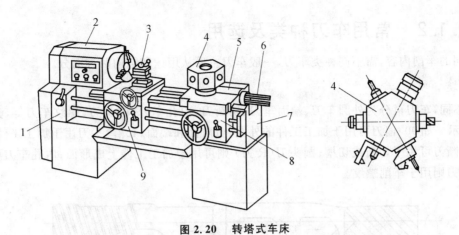

图 2.20 转塔式车床

1—进给箱;2—主轴箱;3—横刀架;4—转塔刀架;5—转塔刀架滑板;
6—定程装置;7—床身;8—转塔刀架溜板箱;9—横刀架溜板箱

回转面的加工,如各轴类、盘套类零件上的内外圆柱面、圆锥面、台阶面及各种成形回转面等。采用特殊的装置或技术后,利用车削还可以加工非圆零件表面,如凸轮、端面螺纹等;借助于标准或专用夹具,在车床上还可完成非回转零件上的回转表面的加工。车削加工的主要工艺类型如图 2.21 所示。

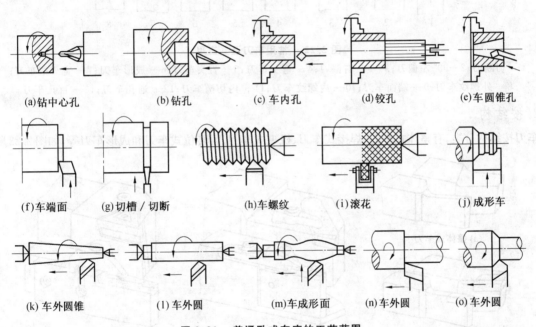

(a)钻中心孔　(b)钻孔　(c)车内孔　(d)铰孔　(e)车圆锥孔

(f)车端面　(g)切槽/切断　(h)车螺纹　(i)滚花　(j)成形车

(k)车外圆锥　(l)车外圆　(m)车成形面　(n)车外圆　(o)车外圆

图 2.21 普通卧式车床的工艺范围

车削加工时,以主轴带动工件的旋转为主运动,以刀具的直线运动为进给运动。车削螺纹表面时,需要机床实现复合运动——螺旋运动。

车削加工是在由车床、车刀、车床夹具和工件共同构成的车削工艺系统中完成的。根据所用机床精度不同、所用刀具材料及其结构参数不同及所采用工艺参数不同,能达到的加工精度及表面粗糙度不同,因此,车削一般可分为粗车、半精车、精车等。如在普通精度的卧式车床上加工外圆柱表面,可达 IT7～IT6 级精度,表面粗糙度达 $Ra1.6～0.8\ \mu m$;在精密和高精密机床上,利用合适的工具及合理的工艺参数,还可完成对高精度零件的超精加工。

2.1.2 常用车刀种类及选用

根据不同的车削内容,需不同种类车刀,一般车刀主要从用途和结构两方面分。

1. 按用途

按用途不同,车刀可分为外圆车刀、端面车刀、切断刀、内孔车刀、圆头刀、螺纹车刀等,其应用状况如图 2.22 所示。如 90°偏刀可用于加工工件的外圆、台阶面和端面;45°弯头刀用于加工工件的外圆、端面和倒角;切断刀可用于切断或切槽;圆头刀(R 刀)则可用于加工工件上成形面;内孔车刀可车削工件内孔;螺纹车刀则用于车削螺纹。

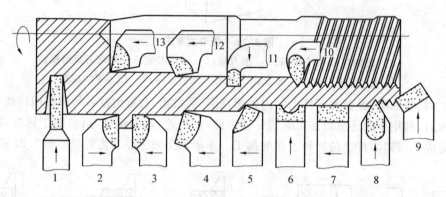

图 2.22 常用车刀及其应用

1— 切断刀;2— 90°左偏刀;3— 90°右偏刀;4— 弯头车刀;5— 直头车刀;6— 成形车刀;7— 宽刃槽车刀;8— 外螺纹车刀;9— 端面车刀;10— 内螺纹车刀;11— 内切槽车刀;12— 通孔车刀;13— 盲孔车刀

2. 按结构

车刀按结构分类,有整体式车刀、焊接式车刀、机夹式车刀、可转位式车刀和成形车刀等,如图 2.23 所示。

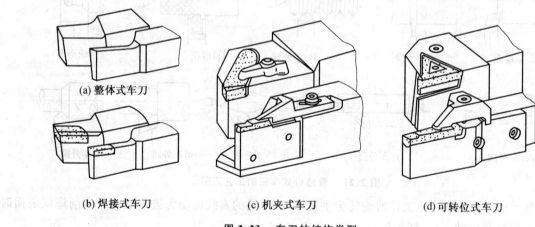

(a) 整体式车刀　　(b) 焊接式车刀　　(c) 机夹式车刀　　(d) 可转位式车刀

图 2.23 车刀的结构类型

(1) 整体式高速钢车刀:如图 2.23(a) 所示,在整体高速钢的一端刃磨出所需的切削部分形状即可。这种车刀刃磨方便,磨损后可多次重磨,较适宜制作各种成形车刀(如切槽刀、螺纹车刀等)。刀杆亦同样是高速钢,会造成刀具材料的浪费。

(2) 硬质合金焊接车刀:如图 2.23(b) 所示,将一定形状的硬质合金刀片焊于刀杆的刀槽内即成。其结构简单,制造刃磨方便,可充分利用刀片材料;但其切削性能要受到工人刃磨水平及刀片焊接质量的限制,刀杆亦不能重复使用。故一般用于中小批量的生产和修配生产。

(3) 机夹式、可转位式车刀:如图 2.23(c)、(d) 所示,采用机械方法将一定形状的刀片安装于刀杆中的刀槽内即成,机夹式车刀又分重磨式和不重磨式(可转位)。其中机夹重磨式车刀通过刀片刃磨安装于倾斜的刀槽形成刀具所需角度,刃口钝化后可重磨。这种车刀可避免由焊接引起的缺陷,刀杆也能反复使用,几何参数的设计、选用均比较灵活。可用于加工外圆、端面、内孔,特别是在车槽刀、螺纹车刀及刨刀方面应用较广。

① 可转位车刀刀片的形状:可转位车刀的刀片按国标(GB 2076—87),大致可分为带圆孔、带沉孔以及无孔三大类,常见的形状有三角形、偏三角形、凸三边形、正方形、五边形、六边形、圆形和菱形等多种,如图 2.24 所示。

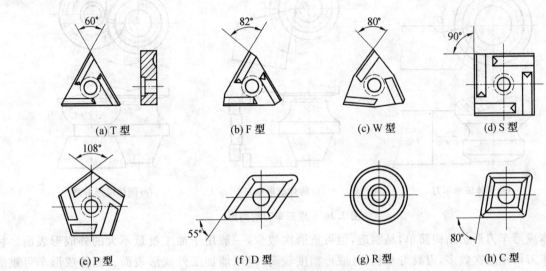

图 2.24 常见可转位车刀刀片形状

② 可转位车刀组成:如图 2.25 所示,机夹可转位车刀由刀片、刀垫、卡簧、杠杆、弹簧、螺钉、刀杆等部分组成。

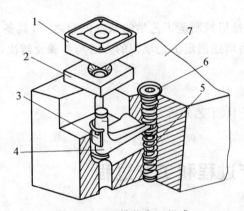

图 2.25 可转位车刀组成

1— 刀片;2— 刀垫;3— 卡簧;4— 杠杆;5— 弹簧;6— 螺钉;7— 刀杆

技术提示:
可转位式车刀经使用钝化后,不需重磨,只需将刀片转过一个位置,可使新的刀刃投入切削,几个刀刃全部钝化后,更换新的刀片。刀片参数稳定、一致性好,刀片切削性能稳定,同时省去了刀具刃磨的时间,生产率高。故很适合大批量生产和数控车床使用。

(4)成形车刀:成形车刀是用刀刃形状直接加工出回转体成形表面的专用刀具。刀刃刃形及其质量决定工件廓形,采用成形车刀加工工件不受操作者水平限制,可获稳定的质量,其加工精度一般可达 IT9~IT10,表面粗糙度达 $Ra0.63$~$3.2~\mu m$。

如图2.26所示,成形车刀按形状结构的不同有平体、棱体和圆体成形车刀三种;按进给方式又有径向、切向、轴向成形车刀之分(生产中径向成形车刀应用最多)。

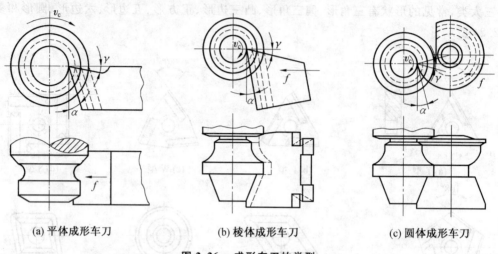

(a) 平体成形车刀　　(b) 棱体成形车刀　　(c) 圆体成形车刀

图 2.26　成形车刀的类型

平体成形车刀形状结构简单,易制造,但可重磨次数少,一般用于加工批量不大的外成形表面。棱体成形车刀可重磨次数多,刀具寿命长,且成形精度较高,但只能加工外成形表面。圆体成形车可重磨次数多,刀具易制造,并可加工内成形表面,生产中应用较多。

2.2　机械加工工艺规程

引言

机械加工工艺规程的制定是机械制造工艺学的基本内容之一,具备制定机械加工工艺规程的能力是本课程的主要任务,本项目将阐述制定工艺规程的方法与步骤及解决的主要问题。

知识汇总

- 工艺过程、工序、工步、走刀
- 工艺规程、工艺卡、工序卡、工艺分析
- 毛坯种类

2.2.1　生产过程和工艺过程

1. 生产过程

在机械产品制造时,将原材料(或半成品)转变为成品的全过程,称为生产过程。

生产过程可以是指整台机器的制造过程,也可以指某一部件或整件的制造过程。一个工厂将进厂的原材料制成该厂的产品的过程即为该厂的生产过程,它又可分为若干个车间的生产过程。某个车间的成品可能是另一个车间的原材料,如毛坯车间的成品是金工车间的原材料,而金工车间的成品又成装配车间的原材料。

2. 生产过程的内容

制造任何一种产品(机器或零件)都有各自的生产过程,对机械制造而言,生产过程主要由以下各部分组成(表2.2):

表 2.2 生产过程组成

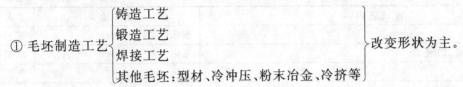

工艺过程:在生产过程中凡直接改变生产对象的尺寸、形状、性能(包括物理性能、化学性能、机械性能等)以及相对位置关系的过程,使其成为成品或半成品的过程。工艺过程是生产过程的主要部分。

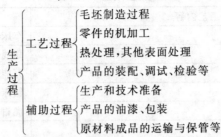

② 热处理工艺:改变性质。
③ 零件机械加工:改变尺寸。
④ 装配工艺:改变位置、外观。

3. 机械加工工艺过程的组成

(1) 机械加工工艺过程:机械加工工艺过程是指利用机械加工的方法,直接改变毛坯的形状、尺寸和表面质量,使其成为成品或半成品的过程。

(2) 机械加工工艺过程的组成:机械加工工艺过程由若干个按一定顺序排列的工序组成,如图 2.27 所示。

① 工序:指一个(或一组)工人,在一个工作地点(或一台机床上),对同一个零件(或一组零件)进行加工所连续完成的那部分工艺过程,它是工艺过程的基本组成单元。如图 2.28 所示一个"固定轴零件"加工工序的划分,表 2.3 和表 2.4 分别为单件生产和批量生产时的加工工艺。

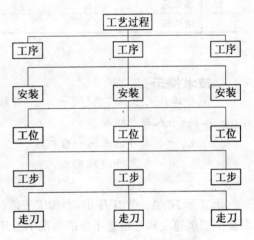

图 2.27 机械加工工艺过程的组成

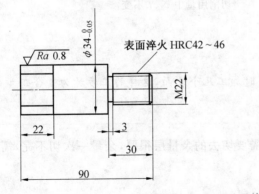
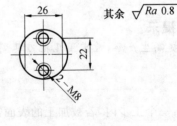

图 2.28 固定轴零件图

表2.3 单件生产工艺表

工序	工艺内容	工作地	工人
1	车外圆及螺纹	车床	车工
2	划线（划2—M8中线）	划线台	钳工
3	铣扁平26	万能铣床	铣工
4	钻2—M8螺孔	钻床	钻床
5	攻2—M8	虎钳	钳工
6	热处理		
7	磨外圆 $\phi34_{-0.05}^{0}$	磨床	磨工

表2.4 大批生产工艺表

工序	工艺内容	工作地	工人
1	车端外圆	车床	车工
2	车另一端外圆、切槽	车床	车工
3	车螺纹	车床	车工
4	钻攻2—M8螺孔	组合机床	钻工
5	热处理	热处理	热处理
6	磨外圆	磨床	磨工

> **技术提示：**
> 划分工序的依据"三'同一'，一'连续'"。
> 人：一个人或一组人。
> 地点：一个工作地或同一台机床。
> 对象：同一个零件连续完成。

② 工步：指在一个工序中，当加工表面（或装配时的连接表面）不变，加工（或装配）工具不变，切削用量中切削速度和进给量不变的情况下所连续完成的那部分工艺过程，简称"三不变一连续"。

一个工序中 { 加工表面不变; 加工刀具不变; 切削用量中 v_c、f 不变 }

> **技术提示：**
> 为了提高生产率，常常用几把刀具同时加工几个表面，这样的工步称为复合工步，如图2.29所示。

③ 走刀：一个工步内，若被加工的表面需要切去的余量层很厚，余量一次切不完，需要分几次切削，每进行一次切削就是一次走刀。

> **技术提示：**
> 一个工步可以一次走刀，也可以多次走刀，如图2.28所示零件在加工M22螺纹的外圆时，由于切深太大，分两次加工。

④ 安装：工件在加工之前，在机床或夹具上先占据一正确位置（定位），然后再予以夹紧的过程。

$$工件在机床或夹具上\begin{cases}定位\\装夹\\夹紧\end{cases}$$

> **技术提示：**
> 一个工序可以有一次安装、多次安装。

⑤ 工位：为了完成一定的工序内容，一次装夹工件后，工件（或装配单元）与夹具或设备的可动部分一起相对刀具或设备固定部分所占据的每个位置。

如图 2.30 所示，在三轴钻床上利用回转工作台，按四个工位连续完成每个工件的装夹、钻孔、扩孔和铰孔。

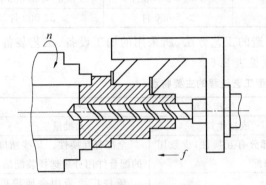

图 2.29　多把刀具同时加工零件

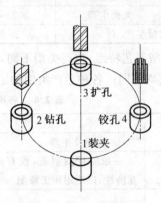

图 2.30　多工位连续加工

4. 生产纲领与生产类型

(1) 生产纲领：生产纲领是指企业在计划期内应当生产的产品产量和进度计划，因计划期常常定为 1 年，所以也称为年产量。年产量计算公式为

$$N = Qn(1+a)(1+b)$$

式中　N——零件的生产纲领，件/年；

　　　Q——产品的年产量，台/年；

　　　n——单台产品该零件的数量，件/年；

　　　a——备品率，以百分数计；

　　　b——废品率，以百分数计。

> **技术提示：**
> 零件的生产纲领要记入备品和废品的数量。

(2) 生产类型：生产类型指企业（车间、工段、班组、工作地）生产专业化程度的分类。一般可分为单件生产、成批生产和大量生产。

① 单件生产：单件生产的基本特点是生产的产品种类很多，每种产品制造一个或少数几个，而且很少重复生产。例如重型机器制造、专用设备制造和新产品试制等。

② 成批生产：成批生产指一年中分批轮流生产几种不同的产品，每种产品均有一定的数量，工作地的加工对象周期性地重复。例如，机床、机车、纺织机械的制造等多属于成批生产。每批制造的相同产

品的数量称为批量,根据批量的大小,成批生产可分为小批生产、中批生产和大批生产。小批生产和单件生产相似,常合称为单件小批量生产;大批生产和大量生产相似,常合称为大批大量生产。中批生产的工艺特点则介于单件小批量生产和大批大量生产之间。

③大量生产:大量生产的产量很大,大多数工作地点长期只进行某一工序的生产。例如,汽车、拖拉机、手表的制造常属于大量生产。

生产类型可根据生产纲领和产品的特点及零件的质量或工作地每月担负的工序数来划分,见表 2.5。

表 2.5 生产类型与生产纲领的关系

生产类型		零件的年生产纲领/(件/年)		
		重型机械	中型机械	小型机械
单件生产		<5 件	<20 件	<100 件
成批生产	小批生产	5～100 件	20～200 件	100～200 件
	中批生产	100～300 件	200～500 件	500～5 000 件
	大批生产	300～1 000 件	500～5 000 件	5 000～50 000 件
大量生产		>1 000 件	>5 000 件	>50 000 件

(3)生产类型工艺特点:生产类型不同,产品制造的工艺方法、所采用的加工设备、工艺装备以及生产组织管理形式均不同。各种生产类型的工艺特点见表 2.6。

表 2.6 各种生产类型工艺过程的主要特点

工艺过程特点	生产类型		
	单件生产	成批生产	大批量生产
工件的互换性	一般是配对制造,没有互换性,广泛用钳工修配	大部分有互换性,少数用钳工修配	全部有互换性。某些精度较高的配合件用分组选择装配法
毛坯的制造方法及加工余量	铸件用木模手工造型;锻件用自由锻。毛坯精度低,加工余量大	部分铸件用金属模;部分锻件用模锻。毛坯精度中等,加工余量中等	铸件广泛采用金属模机器造型,锻件广泛采用模锻,以及其他高生产率的毛坯制造方法。毛坯精度高,加工余量小
机床设备	通用机床、数控机床或加工中心	数控机床加工中心或柔性制造单元。设备条件不够时,也采用部分通用机床、部分专用机床	专用生产线、自动生产线、柔性制造生产线或数控机床
夹具	多用标准附件,极少采用夹具,靠划线及试切法达到精度要求	广泛采用夹具或组合夹具,部分靠加工中心一次安装	广泛采用高生产率夹具,靠夹具及调整法达到精度要求
刀具与量具	采用通用刀具和万能量具	可以采用专用刀具及专用量具或三坐标测量机	广泛采用高生产率刀具和量具,或采用统计分析法保证质量
对工人的要求	需要技术熟练的工人	需要一定熟练程度的工人和编程技术人员	对操作工人的技术要求较低,对生产线维护人员要求有高的素质
工艺规程	有简单的工艺路线卡	有工艺规程,对关键零件有详细的工艺规程	有详细的工艺规程

2.2.2 工艺规程

1. 工艺规程

规定产品或零部件制造工艺过程和操作方法等的工艺文件称为工艺规程。其中,规定零件机械加工工艺过程和操作方法等的工艺文件称为机械加工工艺规程。

它是在具体的生产条件下,用最合理或较合理的工艺过程和操作方法,并按规定的形式书写成工艺文件,经审批后用来指导生产的。工艺规程中包括各个工序的排列顺序,加工尺寸、公差及技术要求,工艺设备及工艺措施,切削用量及工时定额等内容。

2. 工艺规程的作用

(1) 工艺规程是指导生产的主要技术文件。按照工艺规程进行生产,可以保证产品质量和提高生产效率。

(2) 工艺规程是生产组织和管理工作的基本依据。在产品投产前可以根据工艺规程进行原材料和毛坯的供应,机床负荷的调整,专用工艺装备的设计和制造,生产作业计划的编排,劳动力的组织以及生产成本的核算等。

(3) 工艺规程是新建或扩建工厂或车间的基本技术文件。在新建或扩建工厂、车间时,只有根据工艺规程和生产纲领,才能准确确定生产所需机床的种类和数量,工厂或车间的面积,机床的平面布置,生产工人的工种、等级、数量以及各辅助部门的安排等。

(4) 工艺规程是进行技术交流的重要文件。先进的工艺规程起着交流和推广先进经验的作用,能指导同类产品的生产,缩短工厂摸索和试制的过程。

工艺规程是经过逐级审批的,因而也是工厂生产中的工艺纪律,有关人员必须严格执行。但工艺规程也不是一成不变的,它应不断地反映工人的革新创造,及时地吸取国内外先进工艺技术,不断予以改进和完善,以便更好地指导生产。

3. 制定工艺规程的原则、主要依据和步骤

(1) 制定工艺规程的原则:所制定的工艺规程应保证在一定的生产条件下,以最高的生产率、最低的成本,可靠地生产出符合要求的产品。为此,应尽量做到技术上先进,经济上合理,并且有良好的劳动条件。另外,还应该做到正确、统一、完整和清晰,所用的术语、符号、计量单位、编号等都要符合有关的标准。

(2) 制定工艺规程的主要依据(原始资料):

① 产品的成套装配图和零件图;

② 产品验收的质量标准;

③ 产品的生产纲领;

④ 现有生产条件和资料,包括毛坯的生产条件、工艺装备及专用设备的制造能力,有关机械加工车间的设备和工艺装备的条件;

⑤ 国内、外同类产品的有关工艺资料等。

(3) 制定工艺规程的步骤:

① 分析研究产品的装配图和零件图;

② 确定生产类型;

③ 确定毛坯的种类和尺寸;

④ 选择定位基准和主要表面加工方法、拟定零件加工工艺路线;

⑤ 确定工序尺寸及公差;

⑥ 选择机床、工艺装备及确定时间定额;

⑦ 填写工艺文件。

4. 工艺规程的格式

将工艺规程的内容填入一定格式的卡片,成为工艺文件。最常用的工艺文件的基本格式有工艺卡片和工序卡片两种。

(1) 机械加工工艺过程卡片:以工序单位简要说明机械加工过程的一种工艺文件,主要用于单件小

批量生产和中批生产零件,大批大量生产可酌情自定。该卡片是生产管理方面的工艺文件。表2.7是机械加工工艺过程卡片。

表2.7 机械加工工艺过程卡片

工厂		机械加工工艺过程卡片		产品型号		零(部)件图号		共 页
				产品名称		零(部)件名称		第 页
材料牌号		毛坯种类	毛坯外形尺寸		每毛坯件数	每台件数	备注	
工序号	工序名称	工序内容		车间	工段	设备	工艺装备	
标记	处记	更改文件号	更改文件号	签字	日期	编制时间		

(2)机械加工工序卡片:它是在机械加工工艺过程卡片的基础上,按每道工序所编制的一种工艺文件,其主要内容包括工序简图,该工序中每个工步的加工内容、工艺参数、操作要求以及所用的设备和工艺装备等。工序卡片主要用于大量生产中的所有零件、中批生产中的复杂产品的关键零件以及小批量生产中的关键工序。表2.8是机械加工工序卡片。

表2.8 机械加工工序卡片

工厂		机械加工工序卡片		产品型号		零(部)件图号		共 页	
				产品名称		零(部)件名称		第 页	
材料牌号		毛坯种类	毛坯外形尺寸		每坯件数		每台件数	备注	
				车间	工序号	工序名称		材料牌号	
				毛坯种类	毛坯外形尺寸	每坯件数		每台件数	
				设备名称	设备型号	设备编号		同时加工件数	
				夹具编号		夹具名称		冷却液	
								工序工时	
								准终	单件
工步号	工步内容	工艺装备	主轴转速 /(r·min⁻¹)	切削速度 /(m·min⁻¹)	走刀量 /(mm·r⁻¹)	吃刀深度 /mm	走刀次数	定额	
								机动	辅助
			编制日期		审核日期		会签日期		
标记	处记	更改文件号							

> **技术提示：**
> 目前,工艺文件还没有统一的格式。各企业都是按照一些基本的内容,根据具体情况自行确定。

2.2.3 零件的工艺分析

对零件进行工艺分析的目的,一是形成有关零件的全面深入的认识和工艺过程的初步轮廓,做到心中有数;二是从工艺的角度审视零件,扫除工艺上的障碍,为后续各项程序中确定工艺方案奠定基础。

1.分析零件图

由于应用场合和使用要求不同,形成了各种零件在结构特征上的差异。通过零件图了解零件的构形特点、尺寸大小与技术要求,必要时还应研究产品装配图以及查看产品质量验收标准,借以熟悉产品的用途、性能和工作条件,明确零件在产品(或部件)中的功用及各零件间的相互装配关系等。

(1)分析零件的构形:首先,分析组成零件各表面的几何形状,加工零件的过程,实质上形成这些表面的过程,表面不同,其典型的工艺方法不同;其次,分析组成零件的基本表面和特形表面的组合情况。

(2)分析零件的技术要求:零件的技术要求一般包括:各加工表面的加工精度和表面质量,热处理要求,动平衡、去磁等其他技术要求。

分析零件的技术要求,应首先区分零件的主要表面和次要表面。主要表面是指零件与其他零件相配合的表面或直接参与机器工作过程的表面,其余表面称为次要表面。分析零件的技术要求,还要结合零件在产品中的作用、装配关系、结构特点,审查技术要求是否合理,过高的技术要求会使工艺过程复杂,加工困难,影响加工的生产率和经济性。如果发现不妥甚至遗漏或错误之处,应提出修改建议,与设计人员协商解决;如果要求合理,但现有生产条件难以实现,则应提出解决措施。

(3)分析零件的材料:材料不同,工作性能、工艺性能不同,会影响毛坯制造和机械加工工艺过程。如图 2.31 所示的方头销,其上有一孔 $\phi 2H7$ 要求在装配时配作,零件材料为 T8A,要求头部淬火硬度为 HRC55~60。而零件长度只有 15 mm,方头长 4 mm,局部淬火时,全长均被淬硬,配作时,$\phi 2H7$ 孔无法加工。若建议材料改用 20Cr 进行渗碳淬火,便能解决问题。

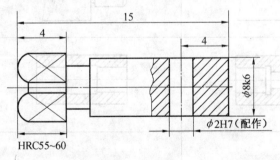

图 2.31 方头销

2.分析零件的结构工艺性

(1)零件结构工艺性的概念:零件的结构工艺性,是指所设计的零件在能满足使用要求的前提下,制造的可行性和经济性。

(2)切削加工对零件结构工艺性的要求:总的要求是使零件安装、加工和测量方便,提高切削效率,减少加工量和易于保证加工质量。

表2.9和表2.10对照列出最常见的零件切削加工工艺性的优劣,供分析时参考。

表2.9 便于安装的零件结构工艺性分析示例

设计准则	结构简图		说明
	改进前	改进后	
改变结构			工件安装在卡盘上车削圆锥面,若用锥面装夹,工件与卡盘呈点接触,无法夹牢;改用圆柱面后,定位、夹紧都可靠
增设方便安装的结构			受机床床身结构限制或考虑外形美观,加工导轨时不好定位。可为满足工艺要求需要而在毛坯上增设工艺凸台,精加工后再将其切除
			车削轴承盖上 $\phi120$ mm 外圆及端面,将毛坯 B 面构形改为 C 面或增加工艺凸台 D,使定位准确,夹紧稳固
减少安装次数			键槽或孔的尺寸、方位应尽量一致,便于在一次走刀中铣出全部键槽或一次安装中钻出全部孔
			轴套两端轴承座孔有较高的相互位置精度要求,最好能在一次装夹中加工出来
有足够的刚性			在满足强度、刚度和使用性能的前提下,零件从结构上应减少壁厚,力求体积小、重量轻,减轻装卸劳动量。必要时可在空心处布置加强筋

表 2.10　便于加工和测量的零件结构工艺性分析示例

设计准则	结构简图		说明
	改进前	改进后	
易于进刀和退刀			留出退刀空间，小齿轮可以插齿加工；有砂轮越程槽后，方便于磨削锥面时清根
			攻内、外螺纹时，其根部应留有退刀槽或保留足够的退刀长度，使刀具能正常地工作
减少加工困难			斜面钻孔时，钻头易引偏和折断。只要零件结构允许，应在钻头进出表面上预留平台
便于采用标准刀具			各结构要素的尺寸规格相差不大时，应尽量采取统一数值并标准化，以便减少刀具种类和换刀时间，便于采用标准刀具进行加工和数控加工
			加工表面的结构形状尽量与标准刀具的结构形状相适应，使加工表面在加工中自然形成，减少专用刀具的设计和制造工作量
			凸缘上的孔要留出足够的加工空间，当孔的轴线与侧壁面距离 S 小于钻夹头外径的一半时，难以采用标准刀具进行加工

零件的结构工艺性与发展着的先进工艺方法相适应,特别是数控加工和特种加工的发展应用,对零件工艺性发生了许多变化。例如,对于数控机床,特别是加工中心,具有功能多、柔性大的优点,能实现工序高度集中,在工件一次装夹中能完成多个工序、多个表面加工,而且加工精度高。原来被认为工艺性不好的零件,如有曲线、曲面、多方向的孔和平面或者有位置精度要求很高的孔和平面的零件,在数控机床上加工并不困难。

技术提示:

对于常规切削加工而言,方孔、小孔、弯孔、窄缝等被认为是工艺性很"坏"的典型,对工艺、设计人员是非常"忌讳"的,有的甚至是"禁区"。随着特种加工技术在生产中日益广泛的应用,则改变了这种现象,采用电火花穿孔成型加工或电火花线切割加工等特种加工方法,加工方孔和加工圆孔的难易程度是一样的。过去,淬火前漏钻定位销孔、铣槽等工序,淬火后即成废品,现在则大可不必,可安排电火花打孔、切槽等工序进行补救。因此,工程技术人员应注意及时进行知识更新,据实衡量零件的结构工艺性。

2.2.4 零件的毛坯选择

毛坯种类的选择不仅影响毛坯的制造工艺及费用,而且也与零件的机械加工工艺和加工质量密切相关。为此需要毛坯制造和机械加工两方面的工艺人员密切配合,合理地确定毛坯的种类、结构形状,并绘出毛坯图。

1. 常见的毛坯种类

毛坯的种类很多,同一毛坯又有多种制造方法。机械制造中常见的毛坯有以下几种:

(1)铸件:对形状较复杂的毛坯。一般可用铸造制造。目前大多数铸件采用砂型铸造,对尺寸精度要求较高的小型铸件,可采用特种铸造,如永久铸造、精密铸造、压力铸造、熔模铸造和离心铸造等。

(2)锻件:毛坯经过锻造可得到连续和均匀的金属纤维组织。因此锻件的力学性能较好,常用于受力复杂的重要钢质零件。其中自由锻件的精度和生产率较低,主要用于小批量生产和大型锻件的制造。模型锻造件的尺寸精度和生产率较高,主要用于产量较大的中小型锻件。

(3)型材:主要有板材、棒材、线材等。常用截面形状有圆形、方形和特殊界面形状。就其制造方法,又可分为热轧和冷拉两大类。热轧型材尺寸较大,精度较低,用于一般的机械零件。冷拉型材尺寸较小,精度较高,主要用于毛坯精度要求较高的中小型零件。

(4)焊接件:主要用于单件小批生产和大型零件及样机试制。其优点是制造简单、生产周期短、节省材料、减轻重量。但其抗震性差,存在内应力,变形大,需经时效处理后才能进行机械加工。

(5)冲压件:尺寸精度高,可以不再进行加工或只进行精加工,生产效率高。适用于批量较大而零件厚度较小的中小零件。

(6)冷挤压件:毛坯精度高,表面粗糙度小,生产效率高。但要求材料塑性好,适用于大批量生产中制造形状简单的小型零件。

(7)粉末冶金:以金属粉末为原材料,在压力机上通过模具压制成形后经高温烧结而成。生产效率高,零件的精度高,表面粗糙度小,一般可以不再进行精加工,但金属粉末成本较高,适用于大批大量生产中压制形状较为简单的小型零件。

2. 毛坯的选择原则

选择毛坯时应该考虑如下几个方面的因素:

(1)零件的生产纲领:大量生产的零件应选择精度和生产率高的毛坯制造方法,用于毛坯制造的昂贵费用可由材料消耗的减少和机械加工费用的降低来补偿。如铸件采用金属模机器造型和精密铸造;锻件采用模锻、精锻;选用冷拉和冷轧型材。单件小批生产的零件应选择精度和生产效率低的毛坯制造方法。

(2)零件材料的工艺性:材料为铸铁或青铜等的零件应选择铸造毛坯;钢质零件当形状不复杂,力学性能要求又不太高时,可选用型材;重要的钢质零件,为保证其力学性能,应选用锻造毛坯。

(3)零件的结构形状和尺寸:形状复杂的毛坯,一般采用铸造方法制造,薄壁零件不宜用砂型铸造。一般用途的阶梯轴,如果各段直径相差不大,可选用圆棒料;反之,为减少材料消耗和机械加工的劳动量,则宜采用锻造毛坯。尺寸大的零件一般选用铸造或自由锻造,中小型零件可考虑选用模锻件。

(4)现有的生产条件:选择毛坯时,还要考虑本企业的毛坯制造水平、设备条件以及外协的可能性和经济性等。

表2.11概括了各类毛坯的情况,可供参考。

表2.11 各类毛坯的特点及适用范围

毛坯种类	制造精度(IT)	加工余量	原材料	工件尺寸	工件形状	适应生产类型	适应生产成本
型材		大	各种材料	大	简单	各类型	低
焊接件		一般	钢材	大、中	较复杂	单件	低
砂型铸造	13~16	大	铸铁、青铜	各种尺寸	复杂	各类型	较低
自由锻造	13~16	大	钢材为主	各种尺寸	较简单	单件小批	较低
普通模锻	11~14	一般	钢、铸铝、铜	中、小	一般	中、大批	一般
精密锻造	8~11	较小	钢材、锻铝	小	较复杂	大批	较高
钢模铸造	10~12	较小	铸铝为主	中、小	较复杂	中、大批	一般
压力铸造	8~11	小	铸铁、铸钢、青铜	中、小	复杂	中、大批	较高
熔模铸造	7~10	很小	铸铁、铸钢、青铜	小	复杂	中、大批	高

2.3 轴类零件的加工工艺及其分析

引言

轴是机械加工中常见的典型零件之一。它在机械中主要用于支承齿轮、带轮、凸轮以及连杆等传动件,以传递扭矩。轴类零件的加工工艺过程随着结构形状、技术要求、材料种类、生产批量等因素而有所差异。在所有轴类零件中,阶梯传动轴应用较广,其加工工艺能较全面地反映轴类零件的加工规律和共性。下面将以某"减速箱输出轴"为例,进行相关知识点讲解和分析其加工工艺过程。

知识汇总

- 轴类零件、技术要求
- 典型轴类零件加工工艺

案例1

如图2.32所示为一"减速箱输出轴"零件,其生产类型为小批量生产,试编写出其加工工艺过程。(要求:有简要的工序简图)

2.3.1 轴类零件的加工

1.轴类零件及其特点

(1)轴类零件的功用和结构特点:

①功用:它在机械中主要用于支承齿轮、带轮、凸轮以及连杆等传动件,以传递扭矩,以及保证装在主轴上的工件或刀具具有一定的回转精度。

②结构特点:轴类零件属旋转体零件,主要由圆柱面、圆锥面、螺纹及键槽等表面构成,其长度大于

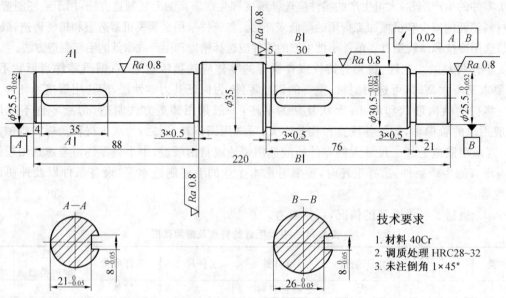

图 2.32 减速箱输出轴

直径。根据其结构形状又可分为光轴、空心轴、半轴、阶梯轴、异型轴(十字轴、偏心轴、曲轴、凸轮轴)等,如图 2.33 所示。

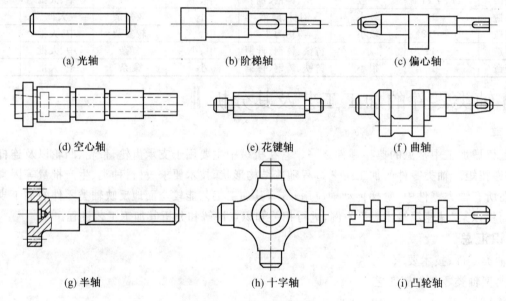

图 2.33 轴类零件类型

(2)技术要求:根据轴类零件的功用和工作条件,其技术要求主要在以下方面:

① 尺寸精度:轴类零件的主要表面常为两类:一类是与轴承的内圈配合的外圆轴颈,即支承轴颈,用于确定轴的位置并支承轴,尺寸精度要求较高,通常为 IT5~IT7;另一类为与各类传动件配合的轴颈,即配合轴颈,其精度稍低,常为 IT6~IT9。

② 几何形状精度:主要指轴颈表面、外圆锥面、锥孔等重要表面的圆度、圆柱度。其误差一般应限制在尺寸公差范围内,对于精密轴,需在零件图上另行规定其几何形状精度。

③ 相互位置精度:包括内、外表面、重要轴面的同轴度、圆的径向跳动、重要端面对轴心线的垂直度、端面间的平行度等。

④ 表面粗糙度:轴的加工表面都有粗糙度的要求,一般根据加工的可能性和经济性来确定。支承

轴颈常为 $Ra0.2\sim1.6~\mu m$,传动件配合轴颈为 $Ra0.4\sim3.2~\mu m$。

⑤ 其他:热处理、倒角、倒棱及外观修饰等要求。

(3) 轴类零件的材料与热处理:

① 一般轴类零件:常用中碳钢,如 $45\#$ 钢,经正火、调质及部分表面淬火等热处理,得到所要求的强度、韧性和硬度。

② 中等精度而转速较高的轴类零件:一般选用合金钢(如 40Cr 等),经过调质和表面淬火处理,使其具有较高的综合力学性能。

③ 高转速、重载荷等条件下工作的轴类零件:可选用 20CrMnTi、20Mn2B、20Cr 等低碳合金钢,经渗碳淬火处理后,具有很高的表面硬度,心部则获得较高的强度和韧性。

> **技术提示:**
>
> 轴类零件热处理顺序安排可以归纳为:
>
> (1) 锻造毛坯在加工前,均需安排正火或退火处理,使钢材内部晶粒细化,消除锻造应力,降低材料硬度,改善切削加工性能。
>
> (2) 调质一般安排在粗车之后、半精车之前,以获得良好的物理力学性能。表面淬火一般安排在精加工之前,这样可以纠正因淬火引起的局部变形。此外精度要求高的轴,在局部淬火或粗磨之后,还需进行低温时效处理。

④ 高精度和高转速的轴:可选用 38CrMoAl 钢,其热处理变形较小,经调质和表面渗氮处理,达到很高的心部强度和表面硬度,从而获得优良的耐磨性和耐疲劳性。

(4) 轴类零件的毛坯:常采用棒料、锻件和铸件等毛坯形式。

一般光轴或外圆直径相差不大的阶梯轴采用棒料,对外圆直径相差较大或较重要的轴常采用锻件,对某些大型的或结构复杂的轴(如曲轴)可采用铸件。

2. 轴类零件的加工工艺

(1) 外圆柱面的加工:轴类零件的加工一般属于外圆柱表面的加工,轴类零件的加工工艺过程随着结构形状、技术要求等因素而有所差异,表 2.12 为外圆柱面各种加工方法。

表 2.12 外圆柱面的加工方法

序号	加工方法	经济精度 (公差等级表示)	经济粗糙度 $Ra/\mu m$	适用范围
1	粗车	IT11～IT13	12.5～50	适用于淬火钢以外的各种金属
2	粗车-半精车	IT8～IT10	3.2～6.3	
3	粗车-半精车-精车	IT7～IT8	0.8～1.6	
4	粗车-半精车-精车-滚压(或抛光)	IT7～IT8	0.025～0.2	
5	粗车-半精车-磨削	IT7～IT8	0.4～0.8	主要用于淬火钢,也可用于未淬火钢,但不宜加工有色金属
6	粗车-半精车-粗磨-精磨	IT6～IT7	0.1～0.4	
7	粗车-半精车-粗磨-精磨-超精加工	IT5	0.12～0.1	
8	粗车-半精车-精车-精细车(金刚石车)	IT6～IT7	0.025～0.4	主要用于要求较高的有色金属加工
9	粗车-半精车-粗磨-精磨-超精磨(或镜面磨)	IT5 以上	0.006～0.025	极高精度的外圆加工
10	粗车-半精车-粗磨-精磨-研磨	IT5 以上	0.006～0.1	

(2) 轴类零件的典型工艺路线：对于 7 级精度、表面粗糙度 $Ra0.8 \sim 0.4~\mu m$ 的一般传动轴，其典型工艺路线是：

毛坯准备 — 正火 — 车端面钻中心孔 — 粗车各表面 — 去毛刺 — 中间检验 — 调质 — 半精车各表面 — 铣花键、键槽 — 表面淬火 — 修研中心孔 — 粗磨外圆 — 精磨外圆 — 检验。

2.3.2 减速箱输出轴工艺案例实施

1. 输出轴的工艺性分析

(1) 材料：40Cr。切削加工性良好，无特殊加工问题，故加工中不需采取特殊工艺措施。刀具材料选择范围较大，高速钢或 YT 类硬质合金均能胜任。刀具几何参数可根据不同刀具类型通过相关表格查取。

(2) 零件组成表面：两端面，外圆及其台阶面，键槽，倒角。

(3) 主要表面分析：$\phi 25.5_{-0.052}^{~~~0}$、$\phi 30.5_{-0.054}^{-0.025}$ 外圆表面用于支承传动件，为零件的配合面及工作面。

(4) 主要技术条件：输出轴的支承轴颈 $\phi 25.5_{-0.052}^{~~~0}$ 是主轴的装配基准，它的制造精度直接影响到主轴部件的旋转精度，故对它提出很高的技术要求：外圆 $\phi 30.5_{-0.054}^{-0.025}$ 对外圆柱 A、B 轴心线的径向跳动为 $0.02~mm$，为达到这一要求，需上双顶尖加工。

2. 毛坯选择

按零件特点，可选棒料。根据标准，比较接近并能满足加工余量要求，可选 $\phi 38~mm \times 230~mm$。

3. 零件各表面终加工方法及加工路线

(1) 主要表面可能采用的终加工方法：按 IT7 级精度，$Ra0.8~\mu m$，应为精车或磨削。

(2) 选择确定：按零件材料、批量大小、现场条件等因素，并对照各加工方法特点及适应范围确定采用磨削。

(3) 其他表面终加工方法：结合主要表面加工及表面形状特点，各回转面采用半精车，键槽采用铣削。

(4) 各表面加工路线确定：$\phi 25.5_{-0.052}^{~~~0}$、$\phi 30.5_{-0.054}^{-0.025}$ 外圆：粗车 — 半精车 — 磨削；其余回转面：粗车 — 精车；键槽：铣削。

4. 零件加工路线设计

(1) 注意把握工艺设计总原则：加工阶段可划分为粗、半精、精加工三个阶段。

(2) 以机加工艺路线作主体：以主要表面加工路线为主线，穿插次要表面加工。

(3) 穿插热处理：考虑热处理变形等因素，将调质处理安排于粗加工之后进行。

(4) 安排辅助工序：热处理前安排中间检验。检验前去毛刺。

(5) 输出轴的加工工艺路线：毛坯准备 — 车端面钻中心孔 — 粗车各表面 — 去毛刺 — 中间检验 — 调质 — 半精车各表面 — 铣键槽 — 修研中心孔 — 磨外圆 — 检验。

5. 选择设备、工装

(1) 设备选择：车削采用卧式车床；铣削采用立式铣床；磨削采用外圆磨床。

(2) 工装选择：零件粗加工采用一顶一夹安装，半精、精加工采用对顶安装，铣键槽采用 V 形架安装。夹具主要有三爪卡盘、顶尖(拨盘)、V 形架等。刀具有 90°偏刀，中心钻。

6. 填写工艺文件(表2.13)

表2.13 减速器输出轴零件加工工艺过程

工序号	工种	工序内容	加工简图	所用设备
1	下料	$\phi 40 \times 230$ mm		
2	粗车	(1) 车端面,平整。 (2) 钻中心孔。 (3) 上顶尖,采用一夹一顶,分别粗车外圆 $\phi 30.5_{-0.054}^{-0.025} \times 97$ mm,$\phi 25.5_{-0.052}^{0} \times 21$ mm,径向留余量 0.5 mm/边,长度留余量 0.5 mm。 (1) 调头车端面,取总长 220 mm。 (2) 钻中心孔。 (3) 上顶尖,采用一夹一顶,分别粗车外圆 $\phi 35$ mm,$\phi 25.5_{-0.052}^{0} \times 88$ mm。径向留余量 0.5 mm/边,长度留余量 0.5 mm。		卧式车床 卧式车床
3	钳工	去毛刺、锐边		
4	检验	中间检验		
5	热处理	调质处理 HRC28~32		
6	钳工	修研两端中心孔		
7	半精车	(1) 上双顶尖、拨盘,分别车外圆 $\phi 30.5_{-0.054}^{-0.025} \times 76$ mm,$\phi 25.5_{-0.052}^{0} \times 21$ mm。径向留余量 0.2 mm/边,长度留余量 0.2 mm。 (2) 车两处退刀槽至尺寸 3×0.7 mm。 (3) 倒角至尺寸。 (1) 调头上双顶尖、拨盘,车外圆 $\phi 35$ mm 至尺寸,$\phi 25.5_{-0.052}^{0} \times 21$ mm 径向留余量 0.2 mm/边,长度留余量 0.2 mm。 (2) 车退刀槽至尺寸 3×0.7 mm。 (3) 倒角至尺寸。		卧式车床 卧式车床
8	钳工	划键槽线		
9	铣	上铣床,分别铣两键槽,宽度至尺寸 $8_{-0.05}^{0}$ mm,深度分别铣至尺寸 $21.2_{-0.05}^{0}$ mm,$26.2_{-0.05}^{0}$ mm。		立式铣床

续表 2.13

工序号	工种	工序内容	加工简图	所用设备
10	钳工	修研两端中心孔。		
11	磨	(1) 磨外圆并靠台阶面 $\phi 30.5_{-0.054}^{-0.025} \times 76$ mm，$\phi 25.5_{-0.052}^{0} \times 21$ mm 至尺寸。 (2) 磨外圆并靠台阶面 $\phi 25.5_{-0.052}^{0} \times 88$ mm 至尺寸。		外圆磨床
12	检验			

技术提示：
(1) 铣键槽时，深度尺寸需考虑留磨余量。
(2) "输出轴"外圆 $\phi 35$ mm 轴肩为齿轮轴向定位基准，故磨削加工时，需利用砂轮端面靠台阶磨削。
(3) 精加工方法采用磨削，以保证零件主要表面精度、粗糙度要求。

知识拓展

1. 轴类零件的安装及定位

轴类零件的安装方式主要有以下三种：

(1) 采用两中心孔定位装夹：一般以重要的外圆面作为粗基准定位，加工出中心孔，再以轴两端的中心孔为定位基准；尽可能做到基准统一、基准重合、互为基准，并实现一次安装加工多个表面。中心孔是工件加工统一的定位基准和检验基准，其自身质量非常重要，准备工作也相对复杂，常常以支承轴颈定位，车(钻)中心锥孔；再以中心孔定位，精车外圆；以外圆定位，粗磨锥孔；以中心孔定位，精磨外圆；最后以支承轴颈外圆定位，精磨(刮研或研磨)锥孔，使锥孔的各项精度达到要求。

(2) 用外圆表面定位装夹：对于空心轴或短小轴等不可能用中心孔定位的情况，可用轴的外圆面定位、夹紧并传递扭矩。一般采用三爪卡盘、四爪卡盘等通用夹具，或各种高精度的自动定心专用夹具，如液性塑料薄壁定心夹具、膜片卡盘等。

(3) 用各种堵头或拉杆心轴定位装夹：加工空心轴的外圆表面时，常用带中心孔的各种堵头或拉杆心轴来安装工件。小锥孔时常用堵头；大锥孔时常用带堵头的拉杆心轴，如图 2.34 所示。

技术提示：
对于通孔直径较小的轴，可直接在孔口倒出宽度不大于 2 mm 的 60° 锥面，代替中心孔。当主轴锥孔的锥度较小时，就常用锥堵，当锥度较大时，可用带拉杆的锥堵心轴。

2. 修研中心孔(顶尖孔)

作为定位基面的中心孔的形状误差(如多边形、椭圆等)会反映到加工表面上去，中心孔与顶尖的接触精度也将直接影响加工误差，因此，对于精密轴类零件，在拟定工艺过程时必须保证中心孔具有较

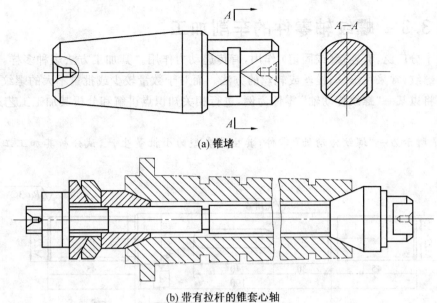

(a) 锥堵

(b) 带有拉杆的锥套心轴

图 2.34 锥堵与锥套心轴

高的加工精度。

(1) 钻／打中心孔的方法：

① 单件小批生产时，中心孔主要是在卧式车床或钻床上钻出。

② 大批量生产时，均用铣端面打中心孔机床来加工中心孔，不但生产率高，而且能保证两端中心孔在同一轴线上和保证一批工件两端中心孔间距相等。

(2) 修研中心孔的方法：中心孔经过多次使用后可能磨损或拉毛，或者因热处理和内应力而使表面产生氧化皮或发生位置变动，因此在各个加工阶段（特别是热处理后）必须修研中心孔，甚至重新钻中心孔。

① 用油石或橡胶砂轮修研：修研时将圆柱形的油石或橡胶砂轮夹在车床的卡盘上，用装在刀架上的金刚石笔将它前端修成顶尖形状，然后将工件顶在油石和车床后顶尖之间，加入少量的润滑油，高速开动车床使油石转动进行修研；同时，手持工件断续转动，以达到均匀修整的目的，如图 2.35 所示。这种方法油石或砂轮的损耗量大，不适合大批量生产。

② 用铸铁顶尖修研：与第一种方法基本相同，只是用铸铁顶尖代替油石顶尖，顶尖转速略低一些，而且修研时要加研磨剂。

③ 用硬质合金顶尖修研：修研用的工具为硬质合金顶尖，它的结构是在 60°锥面上磨出六角形，并留有 $f=0.2\sim 0.5$ mm 的等宽刃带，如图 2.36 所示。这种方法生产率高，但修研质量稍差，多用于普通轴中心孔的修研，或作为精密轴中心孔的粗研。

④ 用中心孔专用磨床磨削：这种方法精度和效率都较高，表面粗糙度可达 $Ra0.32\ \mu m$，圆度达 0.8 μm。

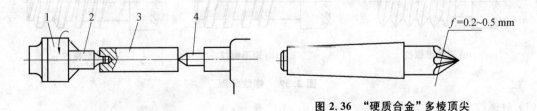

图 2.35 磨中心孔　　　　　　　　　　图 2.36 "硬质合金"多棱顶尖

1— 三爪自定心卡盘；2— 砂轮；3— 工件；4— 尾顶尖孔

2.3.3 螺纹轴零件的车削加工

螺纹用途十分广泛,有连接(或固定)作用,有传递动力作用。其加工方法多种多样,大规模生产直径较小的三角螺纹,常采用滚丝、搓丝或轧丝的方法。而对于数量较少或批量不大的螺纹工件常用车削的方法。下面将以某一"螺纹传动轴"零件为例,进行相关知识点讲解和分析其加工工艺过程。

案例 2

如图 2.37 所示为一"螺纹传动轴"零件,其生产类型为小批量生产,试分析其加工工艺过程并填写工艺卡片。

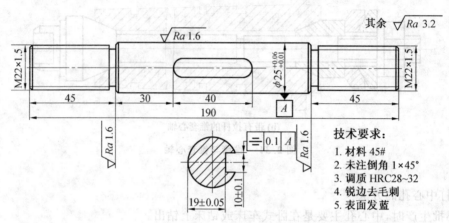

图 2.37 螺纹传动轴

1. 螺纹车削加工基础知识

将工件表面车削成螺纹的方法称为车螺纹,可进行内螺纹和外螺纹的车削,如图 2.38 所示。螺纹按牙型分有三角螺纹、梯形螺纹、方牙螺纹等,如图 2.39 所示。其中普通公制三角螺纹应用最广。

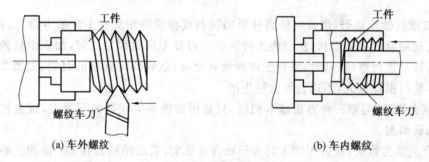

图 2.38 螺纹车削

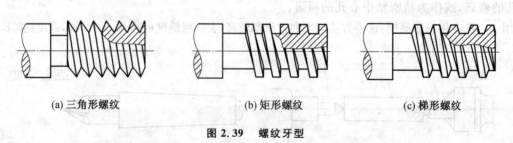

图 2.39 螺纹牙型

(1)对螺纹车刀的要求及安装:

① 车刀的刀尖角等于螺纹牙型角 $\alpha = 60°$;

② 其前角 $\gamma_0 = 0°$ 才能保证工件螺纹的牙型角，否则牙型角将产生误差；只有粗加工时或螺纹精度要求不高时，其前角可取 $\gamma_0 = 5° \sim 20°$；

③ 安装螺纹车刀时刀尖对准工件中心，并用样板对刀，以保证刀尖角的角平分线与工件的轴线相垂直，车出的牙型角才不会偏斜，如图 2.40 所示。

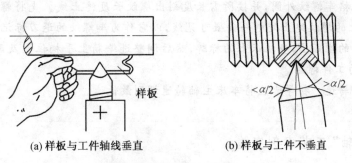

(a) 样板与工件轴线垂直　　(b) 样板与工件不垂直

图 2.40　螺纹车刀安装

(2) 车螺纹的方法和步骤。

① 确定车螺纹切削深度的起始位置，将中滑板刻度调到零位：开车，使刀尖轻微接触工件表面，然后迅速将中滑板刻度调至零位，以便于进刀记数。向右推出车刀，如图 2.41(a) 所示。

② 试切第一条螺旋线并检查螺距：将床鞍摇至离工件端面 8~10 牙处，横向进刀 0.05 mm 左右。开车，合上开合螺母，在工件表面车出一条螺旋线，至螺纹终止线处退出车刀，开反车把车刀退到工件右端；停车，用钢尺检查螺距是否正确，如图 2.41(b)、图 2.41(c) 所示。

③ 用刻度盘调整背吃刀量：开车切削，螺纹的总背吃刀量 a_p 与螺距的关系按经验公式 $a_p \approx 0.65P$，每次的背吃刀量约 0.5 mm 左右，如图 2.41(d) 所示。

④ 车刀将至终点时，应做好退刀停车准备，先快速退出车刀，然后开反车退出刀架，如图 2.41(e) 所示。

⑤ 再次横向进刀，继续切削至车出正确的牙型，如图 2.41(f) 所示。

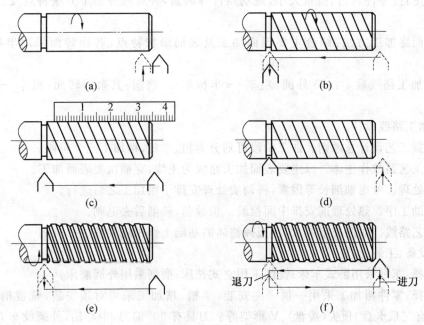

图 2.41　螺纹车削步骤

技术提示：

车削前应先进行以下准备工作：

(1) 按螺纹规格车螺纹外圆,并按所需长度刻出螺纹长度终止线。先将螺纹外径车至尺寸,然后用刀尖在工件上的螺纹终止处刻一条微可见线,以它作为车螺纹的退刀标记。

(2) 根据工件的螺距 P,查机床上的标牌,然后调整进给箱上手柄位置及配换挂轮箱齿轮的齿数以获得所需要的工件螺距。

(3) 确定主轴转速。初学者应将车床主轴转速调到最低速。

2."螺纹传动轴"工艺案例实施

(1) 工艺分析。

① 零件材料:45# 钢。切削加工性良好,无特殊加工问题,故加工中不需采取特殊工艺措施。刀具材料选择范围较大,高速钢或 YT 类硬质合金均能胜任。刀具几何参数可根据不同刀具类型通过相关表格查取。

② 零件组成表面:两端面,外圆及其台阶面,两端三角螺纹,键槽,倒角。

③ 主要表面分析:$\phi 25$ 外圆表面用于支承传动件,为零件的配合面及工作面。

④ 主要技术条件:$\phi 25$ 外圆精度要求 IT7;粗糙度要求 $Ra\,1.6\,\mu m$。它是零件上主要的基准,两端螺纹应与之保持基本的同轴关系,键槽亦与之对称。

(2) 毛坯选择:按零件特点,可选棒料。根据标准,比较接近并能满足加工余量要求,可选 $\phi 28\,mm \times 200\,mm$。

(3) 零件各表面终加工方法及加工路线。

① 主要表面可能采用的终加工方法:按 IT7 级精度,$Ra\,1.6\,\mu m$,应为精车或磨削。

② 选择确定:按零件材料、批量大小、现场条件等因素,并对照各加工方法特点及适应范围确定采用磨削。

③ 其他表面终加工方法:结合主要表面加工及表面形状特点,各回转面采用半精车,键槽采用铣削。

④ 各表面加工路线确定:$\phi 25$ 外圆:粗车 — 半精车 — 磨削;其余回转面:粗车 — 半精车;键槽:铣削。

(4) 零件加工路线设计。

① 注意把握工艺设计总原则。加工阶段可划分为粗、半精、精加工三个阶段。

② 以机加工艺路线作主体。以主要表面加工路线为主线,穿插次要表面加工。

③ 穿插热处理。考虑轴细长等因素,将调质处理安排于粗加工之后进行。

④ 安排辅助工序。热处理前安排中间检验。检验前,铣削后去毛刺。

⑤ 调整工艺路线。对照技术要求,在把握整体的基础上作相应调整。

(5) 选择设备、工装。

① 设备选择:车削采用卧式车床;铣削采用立式铣床;磨削采用外圆磨床。

② 工装选择:零件粗加工采用一顶一夹安装,半精、精加工采用对顶安装,铣键槽采用 V 形架安装。夹具主要有三爪卡盘、顶尖(拨盘)、V 形架等。刀具有 90° 偏刀,中心钻,外螺纹车刀,键槽铣刀,麻花钻,硬质合金顶尖,砂轮等。量具选用有外径千分尺,游标卡尺,螺纹环规等。

(6) 填写工艺文件(工艺过程卡见表 2.14)。

模块 2 | 车床及其加工方法

表 2.14 螺纹传动轴工艺过程卡

工艺过程卡					产品名称	零件名称	零件号	共1页
						螺纹传动轴		第1页
材料	硬度	毛坯类型	数量	序号	工序或工步内容		设备	工装
45#	HRC28～32	棒料	50	1	下料 $\phi28$ mm×200 mm。		锯床	
				2	粗车 (1) 车端面，平整。 (2) 钻中心孔。 (3) 粗车外圆 $\phi25$ mm、M22外径及台阶面，留余量0.5 mm/边。		车床	中心钻 $90°$ 偏刀
				3	(1) 调头粗车另一端面，平整取总长190 mm。 (2) 钻中心孔。 (3) 粗车M22外径及台阶面，留余量0.5 mm/边。			
				4	钳工：去毛刺。			
				5	检验：中间检验。			
				6	热处理：调质 HRC28～32。			
				7	研磨中心孔。		车床	
				8	(1) 半精车外圆 $\phi25$ mm 留0.15 mm/边磨余量。 (2) 精车左右两端M22外径及台阶面尺寸，符合图纸要求。		车床	螺纹车刀
				9	钳工：划线，键槽位置。			
				10	铣键槽，尺寸符合图纸要求。		铣床	铣刀
				11	磨： (1) 修研顶尖孔。 (2) 外圆 $\phi25^{+0.06}_{+0.01}$ mm，尺寸符合图纸要求。		磨床	砂轮
				12	检验。			
				13	表面处理：发蓝。			

技术要求：
1. 材料45#
2. 未注倒角 1×45°
3. 调质 HRC28-32
4. 锐边去毛刺
5. 表面发蓝

工艺员：_____ 日期：_____
校　对：_____ 日期：_____
审　核：_____ 日期：_____

更改标记	处记	更改文件号	签字	日期

2.4 套类零件的加工工艺及其分析

引言

套类零件是机械加工中经常碰到的一类零件,其应用范围很广。套类零件通常起支承和导向作用。套类零件结构上有共同的特点:零件的主要表面为同轴度要求较高的内外回转面;零件的壁厚较薄易变形;长径比 $L/D>1$ 等。下面将以某"轴承套"为例,进行相关知识点讲解和分析其加工工艺过程。

知识汇总

- 工艺基准、定位基准选择
- 加工路线拟定、加工方法、加工阶段、加工顺序
- 套类零件、技术要求
- 典型套类零件加工工艺

案例 3

如图 2.42 所示为一"轴承套"零件,其生产类型为小批量生产,试分析其加工工艺过程并填写工艺卡片。

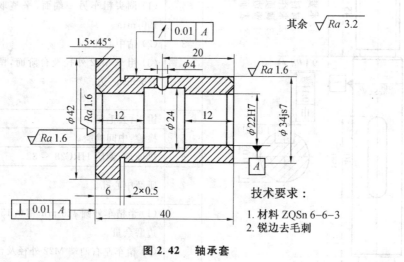

图 2.42 轴承套

2.4.1 定位基准的选择

1. 基准的概念及分类

基准是零件上用以确定其他点、线、面位置所依据的那些点、线、面。根据作用不同,可将基准做如下的分类(表 2.15):

表 2.15 基准分类

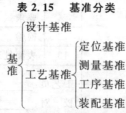

(1)设计基准:在零件图上用来确定其他点、线、面位置的基准,称为设计基准。如图 2.43 所示钻套零件,孔中心线是外圆与内孔径向圆跳动的设计基准,也是端面圆跳动的设计基准,端面 A 是端面 B、C 的设计基准。

(2)工艺基准:零件在加工和装配过程所使用的基准。按用途的不同可分为以下四种。

① 定位基准：加工时工件定位所用的基准即为定位基准。定位基准又可分为粗基准和精基准。粗基准是指没有经过机械加工的定位基准，而已经过机械加工的定位基准则为精基准。

② 测量基准：用以检验已加工表面形状、尺寸及位置的基准，称为测量基准。

③ 工序基准：在工序简图上用来确定本工序加工表面加工后的尺寸、形状、位置的基准。

④ 装配基准：装配时用以确定零件在部件或成品中位置的基准，称为装配基准。如图 2.43 所示钻套零件上的 ϕ40h6 外圆柱面及端面 B 就是该钻套零件装在钻床夹具的钻模板上的孔中时的装配基准。

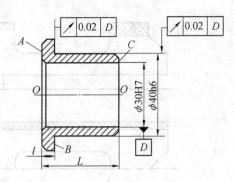

图 2.43　钻套

>>>

技术提示：
零件上的基准通常是零件表面具体存在的一些点、线、面，但也可以是一些假定的点、线、面，如孔或轴的中心线、槽的对称面等。这些假定的基准，必须由零件上某些相交的具体表面来体现，这样的表面称为基准面。如图 2.44 所示钻套零件的内孔中心线并不具体存在，而是由内孔圆柱面来体现的，故内孔中心线是基准线，内孔圆柱面是基准面。

2. 定位基准的选择

（1）粗基准的选择：选择粗基准，主要要求保证各加工面有足够的余量，并尽快获得精基准面。在具体选择时应考虑下面原则：

① 以不加工表面作粗基准：用不加工表面作粗基准可以保证不加工表面与加工表面之间的相互位置关系（如保证壁厚均匀），如图 2.45 所示。

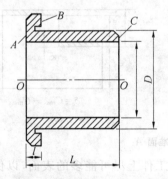

图 2.44　钻套零件车削加工工序图

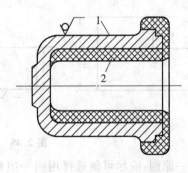

图 2.45　镗端面和内孔
1— 不加工表面；2— 加工表面

② 以要加工表面（重要表面、余量较小的表面）作粗基准：此原则主要是考虑加工余量的合理分配（保证余量均匀），如图 2.46、图 2.47 所示。

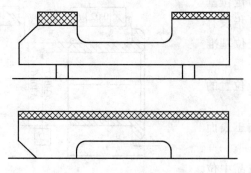
图 2.46　床身加工的粗基准选择

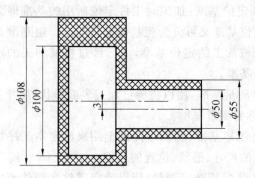
图 2.47　阶梯轴加工的粗基准选择

③粗基准应尽量避免重复使用：在同一尺寸上（即同一自由度方向上）通常只允许使用一次，作为粗基准的毛坯表面一般都比较粗糙，如二次使用，定位误差较大，如图 2.48 所示的心轴，如重复使用毛坯面 B 定位去加工 A 和 C，则会使 A 和 C 表面的轴线产生较大的同轴度误差。

④便于装夹原则：以质量较好的毛坯作粗基准。应尽量选择没有飞边、浇口或其他缺陷的平整表面作为粗基准，使工件定位稳定、夹紧可靠。

（2）精基准的选择：选择精基准时，主要应考虑保证加工精度和工件安装方便、可靠。

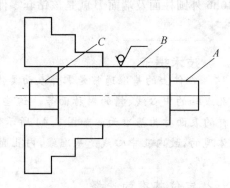
图 2.48　粗基准的重复使用

选择精基准的原则如下：

①基准重合原则：加工（定位）基准和设计基准重合，如图 2.49 所示，当以 A 面定位加工尺寸 C 时将产生定位基准和设计基准不重合误差，其大小为 $\delta_a + \delta_b$。

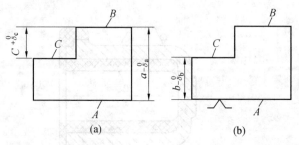
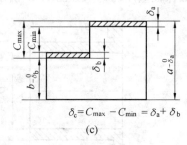

图 2.49　加工定位基准面 A

②基准统一原则：应尽可能选择用同一组精基准加工工件上尽可能多的表面，以保证各加工表面之间的相对位置精度，如图 2.50 所示，利用双顶尖作为基准同时加工多个台阶，图 2.51 为利用底面作为基准同时镗左右两端孔，这样能更好地保证各加工面之间的位置精度。

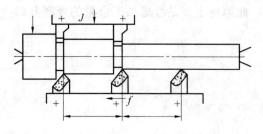
图 2.50　车台阶轴

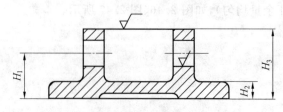
图 2.51　镗孔

③ 互为基准原则：当对工件上两个相互位置精度要求很高的表面进行加工时，需要用两个表面互相作为基准，反复进行加工，以保证位置精度要求。如图 2.52 所示，要求保证外圆柱面 A/D 与内孔圆柱面 C 同轴度为 0.01 mm，加工时应先以外圆柱 A 作为粗基准分别加工 D 圆柱面，以 D 作为基准粗加工 A/C 圆柱面及台阶面、精加工内孔 C 面；再以内孔 C 面作为精基准分别加工 A/D 面及台阶面。

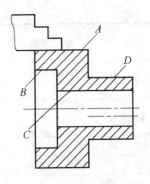

图 2.52　盘套车削加工

④ 自为基准原则：以加工表面本身作为定位基准称为自为基准原则。有些精加工或是光整加工工序要求加工余量小而均匀，经常采用这一原则。遵循自为基准原则时，不能提高加工表面的位置精度，只是提高加工表面自身的尺寸、形状精度和表面质量。如图 2.53 所示为机床床身导轨表面渗碳热处理后导轨表面的磨削加工，由于渗碳层比较薄，故应该以要加工导轨表面自身作为基准。

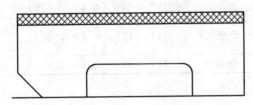

图 2.53　床身导轨磨削加工

⑤ 定位稳定准确，简单方便的原则：选面大、精度高的面为精基准。

技术提示：

无论精基准还是粗基准的选择，上述原则都不一定能同时满足，有时还是互相矛盾的，因此，在选择时应根据具体情况作具体分析，权衡利弊，保证其主要要求。

2.4.2　工艺路线的拟定

工艺路线的拟定是工艺规程制定过程中的关键阶段，其主要工作是选择零件表面的加工方法和安排各表面的加工顺序。设计时一般应提出几种方案，通过分析对比，从中选择最佳方案。

1. 表面加工方法的选择

不同的加工表面所采用的加工方法不同，而同一加工表面，可能有许多加工方法可供选择。表面加工方法的选择应满足加工质量、生产率和经济性各方面的要求。一般要考虑以下几个问题：

（1）加工经济精度和经济表面粗糙度：所谓经济精度是指在正常条件下（采用符合质量标准的设备、工艺装备和标准技术等级的工人、不延长加工时间）所能保证的加工精度。若延长加工时间，就会增加成本，虽然精度能提高，但不经济。经济表面粗糙度的概念类同于经济精度。经济精度和经济表面粗糙度均已制成表格，在有关机械加工的手册中可以查到。表 2.12、表 2.16 和表 2.17 分别摘录了外圆、孔和平面等典型表面的加工方法及其经济精度和经济表面粗糙度（经济精度用公差等级表示）。选择加工方法常常根据经验或查表确定，再根据实际情况或通过工艺验证进行修改。

表 2.16 圆柱孔的加工方法

序号	加工方案	公差等级	表面粗糙度 Ra/μm	适用范围
1	钻	IT13～IT11	12.5	用于加工除淬火钢以外的各种金属的实心工件
2	钻—铰	IT9	3.2～1.6	用于加工除淬火钢以外的各种金属的实心工件,但孔径 $D<20$ mm
3	钻—扩—铰	IT9～IT8	3.2～1.6	
4	钻—扩—粗铰—精铰	IT7	1.6～0.4	用于加工除淬火钢以外的各种金属的实心工件,但孔径为10～80
5	钻—拉	IT9～IT7	1.6～0.4	用于大批量生产
6	(钻)—粗镗—半精镗	IT10～IT9	6.3～3.2	用于除淬火钢以外的各种材料
7	(钻)—粗镗—半精镗—精镗	IT8～IT7	1.6～0.8	
8	(钻)—粗镗—半精镗—磨	IT8～IT7	0.8～0.4	用于淬火钢、不淬火钢和铸铁件。但不宜加工硬度低、韧性大的有色金属
9	(钻)—粗镗—半精镗—粗磨—精磨	IT7～IT6	0.4～0.2	
10	粗镗—半精镗—精镗—磨	IT7～IT6	0.4～0.025	
11	粗镗—半精镗—精镗—研磨	IT7～IT6	0.4～0.025	用于钢件、铸铁和有色金属件的加工
12	粗镗—半精镗—精镗—金刚镗	IT7～IT6	0.4～0.005	用于精度要求高的有色金属件的加工

技术提示：
孔的加工还可以在车床上进行钻实心孔和车削已有的底孔,但车床车孔的精度较镗孔低(一般最高可达 IT8～IT7、Ra1.6～0.8),而且受工件的形状限制；而镗床镗孔的精度高,不受工件形状的限制,除了镗孔(车孔是工件旋转刀具不转,而镗孔是工件不转,刀具旋转),镗床也可以镗外圆、平面、螺纹、槽等等。

表 2.17 平面的加工方法

序号	加工方案	公差等级	表面粗糙度 Ra/μm	适用范围
1	粗车	IT13～IT11	12.5～50	回转体的端面
2	粗车—半精车	IT10～IT8	3.2～6.3	
3	粗车—半精车—精车	IT8～IT7	0.8～1.6	
4	粗车—半精车—磨削	IT8～IT6	0.2～0.8	
5	粗刨(或粗铣)	IT13～IT11	6.3～25	一般不淬硬平面(端铣表面粗糙度值 Ra 较小)
6	粗刨(或粗铣)—精刨(或精铣)	IT10～IT8	1.6～6.3	
7	粗刨(或粗铣)—精刨(或精铣)—刮研	IT7～IT6	0.1～0.8	精度要求较高的不淬硬平面,批量较大时宜采用宽刃精刨方案
8	以宽刃精刨代替上述刮研	IT7	0.2～0.8	
9	粗刨(或粗铣)—精刨(或精铣)—磨削	IT7	0.025～0.4	精度要求高的淬硬平面或不淬硬平面
10	粗刨(或粗铣)—精刨(或精铣)—粗磨—精磨	IT7～IT6	0.2～0.8	
11	粗铣—拉削	IT9～IT7	0.006～0.1 (或 Rz0.05)	大批量生产,较小的平面(精度视拉刀精度而定)
12	粗铣—精铣—磨削—研磨	IT5 以上		高精度平面

(2) 工件材料的性质：各种加工方法对工件材料及其热处理状态有不同的适用性。淬火钢的精加工要采用磨削，有色金属的精加工为避免磨削时堵塞砂轮，则要用高速精细车或精细镗（金刚镗）。

(3) 工件的形状和尺寸：工件的形状和加工表面的尺寸大小不同，采用的加工方法和加工方案往往不同。例如一般情况下，大孔常常采用粗镗—半精镗—精镗的方法，小孔常采用钻—扩—铰的方法。

(4) 生产类型、生产率和经济性：各种加工方法的生产率有很大的差异，经济性也各不相同。如内孔键槽的加工方法可以选择拉和插，单件小批量生产主要适宜用插，可以获得较好的经济性，而大批量生产中为了提高生产率大多采用拉削加工。

(5) 加工表面的特殊要求：有些加工表面可能会有一些特殊要求，如表面切削纹路方向的要求。不同的加工方法纹路方向有所不同，铰削和镗削的纹路方向与拉削的纹路方向就不相同。选择加工方法时应考虑加工表面的特殊要求。

2. 加工阶段的划分

(1) 划分步骤：当加工零件的质量要求比较高时，往往不可能在一两个工序中完成全部的加工工作，而必须分几个阶段来进行加工。一般说来，整个加工过程可分为粗加工、半精加工、精加工等几个阶段。加工精度和表面质量要求特别高时，还可以增设光整加工和超精加工阶段。加工过程中将粗、精加工分开进行，由粗到精使工件逐步到达所要求的精度水平。

(2) 各加工阶段的主要任务：

① 粗加工阶段：主要任务是尽快从毛坯上去除大部分余量，关键问题是提高生产率。

② 半精加工阶段：在粗加工阶段的基础上提高零件精度和表面质量，并留合适的余量，为精加工做好准备工作。

③ 精加工阶段：从工件表面切除少量余量，达到工件设计要求的加工精度和表面粗糙度。

④ 光整加工阶段：对于零件尺寸精度和表面粗糙度要求很高的表面，还要安排光整加工阶段，主要任务是提高尺寸精度和减小表面粗糙度。

技术提示：

当毛坯余量较大，表面非常粗糙时，在粗加工阶段前还可以安排荒加工阶段。为能及时发现毛坯缺陷，减少运输量，荒加工阶段常在毛坯准备车间进行。

(3) 划分加工阶段的作用：

① 保证加工质量：工件划分阶段后，因粗加工的加工余量很大，切削变形大，会出现较大的加工误差，通过半精加工和精加工逐步得到纠正，以保证加工质量。

② 合理使用设备：划分加工阶段后，可以充分发挥粗、精加工设备的特点，避免以精干粗，做到合理使用设备。

③ 便于安排热处理工序：粗加工阶段前后，一般要安排去应力等预先热处理工序，精加工前则要安排淬火等最终热处理，最终热处理后工件的变形可以通过精加工工序予以消除。划分加工阶段后，便于热处理工序的安排，使冷热工序配合更好。

④ 便于及时发现毛坯缺陷：毛坯的有些缺陷往往在加工后才暴露出来。粗精加工分开后，粗加工

阶段就可以及时发现和处理毛坯缺陷。

同时精加工工序安排在最后,可以避免已加工好的表面在搬运和夹紧中受到损伤。

3. 加工顺序的安排

复杂零件的机械加工顺序包括切削加工、热处理和辅助工序,因此在拟定工艺路线时要将三者加以考虑。

(1) 切削加工工序的安排:切削加工工序顺序的安排,一般应遵循以下原则:

① 先粗后精:零件分阶段进行加工时一般应遵守"先粗后精"的加工顺序,即先进行粗加工,中间安排半精加工,最后安排精加工和光整加工。

② 先主后次:零件的加工先考虑主要表面的加工,然后考虑次要表面的加工。次要表面可适当穿插在主要表面加工工序之间。所谓主要表面是指整个零件上加工精度要求高,表面粗糙度值要求小的装配表面、工作表面等。

③ 基准先行:被选为精基准的表面,应安排在起始工序进行加工,以便尽快为后面工序的加工提供精基准。

④ 先面后孔:对于箱体、支架类零件,其主要加工面是孔和平面,一般先以孔作粗基准加工平面,然后以平面为精基准加工孔,以保证平面和孔的位置精度要求。

⑤ 配套加工:有些表面的最后精加工安排在装配过程中进行,以保证较高的装配精度或一致性。例如车床主轴上用于连接三爪卡盘的法兰、止口及平面需待法兰安装在车床主轴上后再进行最后的精加工。

(2) 热处理工序的安排:热处理的目的是提高材料的力学性能,改善工件材料的加工性能和消除内应力,其安排主要是根据工件的材料和热处理目的来进行。热处理工艺可分为两大类:预备热处理和最终热处理。

① 预备热处理:预备热处理的目的是改善加工性能、消除内应力和为最终热处理准备良好的金相组织。其热处理工艺有退火、正火、时效、调质等。

a. 退火和正火:退火和正火用于经过热加工的毛坯。含碳量高于0.5%的碳钢和合金钢,为降低其硬度易于切削,常采用退火处理;含碳量低于0.5%的碳钢和合金钢,为避免其硬度过低切削时粘刀,而采用正火处理。退火和正火能细化晶粒、均匀组织,为以后的热处理做准备。退火和正火常安排在毛坯制造之后、粗加工之前进行。

b. 时效处理:时效处理主要用于消除毛坯制造和机械加工中产生的内应力。为减少运输工作量,对于一般精度的零件,在精加工前安排一次时效处理即可。但精度要求较高的零件(如坐标镗床的箱体等),应安排两次或数次时效处理工序。简单零件一般可不进行时效处理。除铸件外,对于一些刚性较差的精密零件(如精密丝杠),为消除加工中产生的内应力,稳定零件加工精度,常在粗加工、半精加工之间安排多次时效处理。有些轴类零件加工,在校直工序后也要安排时效处理。

c. 调质:调质即是在淬火后进行高温回火处理,它能获得均匀细致的回火索氏体组织,为以后的表面淬火和渗氮处理时减少变形做准备,因此调质也可作为预备热处理。由于调质后零件的综合力学性能较好,对某些硬度和耐磨性要求不高的零件,也可作为最终热处理工序。

② 最终热处理:最终热处理的目的是提高硬度、耐磨性和强度等力学性能。

a. 淬火:淬火有表面淬火和整体淬火。其中表面淬火因为变形、氧化及脱碳较小而应用较广,而且表面淬火还具有外部强度高、耐磨性好,而内部保持良好的韧性、抗冲击力强的优点。为提高表面淬火零件的机械性能,常需进行调质或正火等热处理作为预备热处理。其一般工艺路线为:下料 — 锻造 — 正火(退火) — 粗加工 — 调质 — 半精加工 — 表面淬火 — 精加工。

b. 渗碳淬火:渗碳淬火适用于低碳钢和低合金钢,先提高零件表层的含碳量,经淬火后使表层获得高的硬度,而心部仍保持一定的强度和较高的韧性和塑性。渗碳分整体渗碳和局部渗碳。局部渗碳时对不渗碳部分要采取防渗措施(镀铜或镀防渗材料)。由于渗碳淬火变形大,且渗碳深度一般在 0.5～1.2 mm 之间,所以渗碳工序一般安排在半精加工和精加工之间。其工艺路线一般为:下料 — 锻造 — 正火 — 粗、半精加工 — 渗碳淬火 — 精加工。

当局部渗碳零件的不渗碳部分,采用加大余量后切除多余的渗碳层的工艺方案时,切除多余渗碳层的工序应安排在渗碳后,淬火前进行。

c. 渗氮处理:渗氮是使氮原子渗入金属表面获得一层含氮化合物的处理方法。渗氮层可以提高零件表面的硬度、耐磨性、疲劳强度和抗蚀性。由于渗氮处理温度较低、变形小,且渗氮层较薄(一般不超过 0.6～0.7 mm),因此渗氮工序应尽量靠后安排,常安排在精加工之间进行。为减小渗氮时的变形,在切削后一般需进行消除应力的高温回火。

> **技术提示:**
> 为提高工件表面耐磨性、耐蚀性安排的热处理工序以及以装饰为目的而安排的热处理工序,例如镀铬、镀锌、发兰等,一般都安排在工艺过程最后阶段进行。

4. 辅助工序的安排

辅助工序包括工件的检验、去毛刺、清洗和防锈等,其中检验工序是主要的辅助工序,它对保证产品质量有极重要的作用,检验工序应安排在:

(1)粗加工结束后;

(2)重要工序前后;

(3)转移车间前后;

(4)全部加工工序完成后。

5. 工序集中与工序分散

在确定了工件上各表面的加工方法、顺序以后,安排加工工序的时候可以采取两种不同的原则:工序集中和工序分散原则。工序集中就是将工件的加工集中在少数几道工序内完成,每道工序的加工内容较多。工序分散就是将工件的加工分散在较多的工序内进行,每道工序的加工内容很少,最少时每道工序仅有一个简单的工步。

(1)工序集中的特点如下:

① 可以采用高效机床和工艺装备,生产率高。

② 工件装夹次数减少,易于保证表面间相互位置精度,还能减少工序间的运输量。

③ 工序数目少,可以减少机床数量、操作工人数和生产面积,还可以简化生产

④ 如果采用结构复杂的专用设备及工艺装备,则投资巨大,调整和维修复杂,生产准备工作量大,

转换新产品比较费时。

(2)工序分散的特点如下：

① 设备及工艺装备比较简单，调整和维修方便，易适应产品更换。

② 可采用最合理的切削用量，减少基本时间。

③ 设备数量多，操作工人多，占用生产面积大。

> **技术提示：**
> 在一般情况下，单件小批量生产多采用工序集中，大批量生产则工序集中和分散二者兼有。实际生产中采用工序集中或工序分散，需根据具体情况，通过技术经济分析来确定。

2.4.3 套筒类零件的加工

1. 套筒类零件的功用和结构特点

(1)功用：支承旋转轴，引导刀具等。

(2)结构特点：同轴度较高的内外回转面，壁薄易变形，长度大于直径（长径比大于5的深孔比较多），如图 2.54 所示。

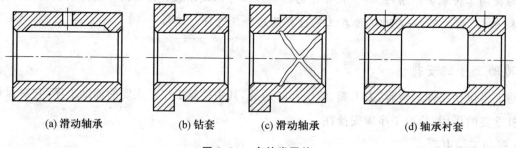

(a)滑动轴承　　(b)钻套　　(c)滑动轴承　　(d)轴承衬套

图 2.54　套筒类零件

2. 套筒类零件的技术要求

(1)内孔的技术要求：内孔是套筒零件起支承和导向作用最主要的表面，通常与运动着的轴、刀具或活塞相配合。其直径尺寸精度一般为IT7，精密轴承套为IT6；形状公差一般应控制在孔径公差以内，较精密的套筒应控制在孔径公差的 1/3～1/2，甚至更小。对长套筒除了有圆度要求外，还对孔的圆柱度有要求。套筒零件的内孔表面粗糙度 Ra 为 2.5～0.16 μm，某些精密套筒要求更高，Ra 值可达 0.04 μm。

(2)外圆的技术要求：外圆表面一般起支承作用，通常以过渡或过盈配合与箱体或机架上的孔相配合。外圆表面直径尺寸精度一般为 IT6～IT7，形状公差应控制在外径公差以内，表面粗糙度 Ra 为 5～0.63 μm。

(3)各主要表面间的相互位置精度：

① 内外圆之间的同轴度。

② 孔轴线与端面的垂直度。套筒端面在工作中承受轴向载荷，或是作为定位基准面。

3. 套类零件的材料要求与毛坯

套类零件常用材料是铸铁、青铜、钢等。有些要求较高的滑动轴承,为节省贵重材料而采用双金属结构,即用离心铸造法在钢或铸铁套筒内部浇注一层巴氏合金等材料,用来提高轴承寿命。

套类零件毛坯的选择,与材料、结构尺寸、生产批量等因素有关。直径较小(如 $d<20$ mm)的套筒一般选择热轧或冷拉棒料,或实心铸件。直径较大的套筒,常选用无缝钢管或带孔铸、锻件。生产批量较小时,可选择型材、砂型铸件或自由锻件;大批量生产则应选择高效率、高精度毛坯,必要时可采用冷挤压和粉末冶金等先进的毛坯制造工艺。

4. 套类零件的加工工艺

(1) 内孔的加工方法:套筒类零件内孔的一般加工方法见表2.12,主要有钻孔、扩孔、铰孔、车孔、镗孔、磨孔等。

(2) 套类的基准与安装:

① 短套:直接用卡盘夹紧外圆柱面,在一次装夹中完成内孔和端面的加工。

② 长套:可采用定心精度高的夹具,以保证较高的同轴度(如可膨胀心轴、小锥度心轴、锥度等)。

(3) 套类典型加工工艺路线:套类典型加工工艺路线为:毛坯 — 去应力处理 — 基准面的加工 — 孔粗加工 — 外圆等粗加工 — (调质) — 孔半精加工 — 外圆等半精加工 — 其他非回转面加工 — 去毛刺 — 中检验 — 零件最终热处理 — 孔精加工 — 外圆等精加工 — 清洗 — 终检。

2.4.4 轴承套零件的工艺案例实施

1. 轴承套加工工艺分析

(1) 轴承套的技术条件和工艺分析。

① 材料:如图2.42所示的轴承套,该轴承套属于短套筒,材料为锡青铜。

② 位置精度:ϕ34js7外圆对ϕ22H7孔的径向圆跳动公差为0.01 mm;左端面对ϕ22H7孔轴线的垂直度公差为0.01 mm。

③ 尺寸精度:轴承套外圆为IT7级精度,采用精车可以满足要求;内孔精度也为IT7级,采用铰孔可以满足要求。

(2) 轴承套内孔的加工顺序为:钻孔 — 车孔 — 铰孔。

(3) 轴承套的装夹:由于外圆对内孔的径向圆跳动要求在0.01 mm内,用软卡爪装夹无法保证。因此精车外圆时应以内孔为定位基准,使轴承套在小锥度心轴上定位,用两顶尖装夹。这样可使加工基准和测量基准一致,容易达到图纸要求。

2. 刀具

90°外圆偏刀、45°倒角车刀、75°内孔偏刀、ϕ20钻头、铰刀、中心钻等。

3. 测量工具

游标卡尺、千分表、内径千分表等。

4.填写工艺文件(轴承套工艺过程卡见表2.18)

表2.18 轴承套工艺过程卡

工艺过程卡				产品名称	零件名称 轴承套	零件号	共1页 第1页
材料	毛坯类型	数量	序号	工序或工步内容		设备	工装
ZQSn6-6-3	棒料	100	1	下料 φ45 mm×250 mm。(按5件合一加工下料)		锯床	
			2	粗车: (1)车端面,钻中心孔。 (2)调头,车另一端面,平整取总长,钻中心孔。			
			3	(1)粗车外圆 φ42×6.5 mm,外圆 φ34js mm×34 mm,留余量 0.5 mm/边。 (2)精车外圆 φ42×6.5 mm 至尺寸。 (3)车空刀槽 2×1 mm,车分割槽 φ20×3 mm,取总长 40.5 mm。两端倒角 1.5×45°(上双顶尖:5件同加工,尺寸均相同)。		床	中心钻 90°偏刀 切断刀
			4	钻孔:φ22H7 至 φ20 mm(5件同加工,尺寸均相同)。		车床	钻头
			5	软夹爪夹 φ42 外圆 (1)车端面,取总长 40 mm 至尺寸。 (2)车内孔 φ22H7 留余量 0.025 mm/边。 (3)车内槽 φ24×16 mm 至尺寸。 (4)孔两端倒角。			
			6	铰:铰孔 φ22H7 至尺寸。		车床	铰刀
			7	(1)配做 Φ22H7 孔心轴。 (2)上心轴、双顶尖,精车外圆 φ34js7(±0.012)mm 至尺寸。		车床	车刀
			8	钻:钻径向油孔 φ4 mm,尺寸符合图纸要求。		钻床	钻头
			9	钳工:去毛刺。			
			12	检验。			

					工艺员: 日期:
					校 对: 日期:
更改标记	处记	更改文件号	签字	日期	审 核: 日期:

技术提示：
车、铰内孔时，应与端面在一次装夹中加工出，以保证端面与内孔轴线的垂直度在 0.01 mm 以内。

重点串联

车床及其加工方法
- 车床与车削
  - 车床及其加工范围
  - 车刀种类及选用
- 机械加工工艺规程
  - 机械加工工艺规程内容、格式
  - 零件工艺分析及常用毛坯
- 轴、套类零件的加工工艺及其分析
  - 轴类零件的工艺特点
  - 减速器输出轴零件的加工工艺过程分析
  - 螺纹轴零件的加工工艺过程分析
  - 套类零件的加工工艺过程分析
  - 中等复杂轴零件的加工工艺过程分析

拓展与实训

基础训练

1. 填空题

（1）轴的功用是_____。

（2）轴类零件在材料的选择时，常选用_____，对精度要求较高的轴，可选用_____，因为_____。

（3）有一批毛坯为锻件的轴，其加工顺序为：粗车——半精车——磨削，其热处理工艺是正火、调质和淬火，安排热处理位置，正火在_____前，调质在_____前，淬火在_____前。

（4）用两顶尖装夹工件，工件_____高，但_____较差；而采用一夹一顶时，工件_____好，轴向_____正确。

（5）套筒类零件在就地加工时，孔与外圆表面的_____要求较低，而另外加工时则要求较高。

（6）套筒类零件的孔加工方法有：钻、扩、镗、_____、磨、拉、_____及滚压加工。

（7）套筒类零件的主要加工表面是_____表面。

（8）安装是指_____和_____过程的总和。

（9）从原材料到成品之间各相互关联的劳动过程总和称_____。

（10）零件生产纲领计算公式是_____。

（11）切削加工中，为了提高生产率，用几把刀具同时加工几个表面的工步称为_____。

（12）对于某些铸铁零件，常安排人工时效处理，这是为了消除_____引起的工件变形。人工时效处理一般安排在_____之后进行。

（13）工步是指在_____、_____和_____均不变的条件下所连续完成的那部分工艺过程。

(14)机械加工工艺过程是由一个或若干个顺次排列的_____组成。

(15)工艺过程是指改变生产对象的_____、_____、_____相对位置和性质等,使其成为成品或半成品的过程。它包括_____过程、_____过程、_____过程、_____装配工艺过程等。

(16)生产类型可分为_____、成批生产和_____三种类型。

(17)工艺规程的主要作用是_____、_____和新扩建厂(或车间)的基本资料。

(18)机械加工顺序的安排一般应_____、_____、_____、_____。

2.选择题

(1)对局部要求表面淬火来提高耐磨性的轴,需在淬火前进行( )处理。
　A.调质　　　B.正火　　　C.回火　　　D.退火

(2)热处理工序中的淬火常放在( )阶段之前,可保证其引起的局部变形得到纠正。
　A.粗加工　　B.半精加工　C.精加工　　D.超精加工

(3)轴类零件毛坯加工余量较大时,( )放在粗加工后,半精加工之前,可使因粗车时产生的内应力在热处理时消除,而当余量较小时,可放在粗车之前进行。
　A.调质　　　B.正火　　　C.回火　　　D.退火

(4)轴类零件上螺纹应放在( )之后或工件局部淬火之后进行加工。
　A.粗加工　　B.半精加工　C.精加工　　D.超精加工

(5)加工细长轴时,常见的形状误差为( )。
　A.锥形　　　B.马鞍形　　C.腰鼓形

(6)轴的毛坯选择时,常选用( )作为毛坯。
　A.锻件　　　B.圆棒料　　C.焊接件　　D.铸件

(7)对轴使用要求较高的场合,可选用( )作为原材料。
　A.40Cr　　　B.45#　　　C.20#　　　D.60Mn

(8)有色金属常选用( )作为它的终加工。
　A.磨削　　　B.精细车　　C.研磨

(9)精度要求较高的中空轴加工时常选用的定位元件为( )。
　A.圆柱心轴　B.锥堵　　　C.定位销　　D.长心轴

(10)车削较细、较长轴时,应用中心架与跟刀架对外圆面定位的目的是( )。
　A.增加定位点　B.提高工件刚性　C.保护刀具

(11)工件长度与直径之比( )25时称为细长轴。
　A.大于　　　B.等于　　　C.小于

(12)主轴加工采用两中心孔定位,能在一次安装中加工大多数表面,符合( )原则。
　A.基准统一　B.基准重合　C.自为基准

(13)调质一般安排在( )进行。
　A.毛坯制造之后　B.粗加工之前　C.粗加工之后、半精加工之前　D.精加工之前

(14)粗加工阶段的主要任务是( )。
　A.切除大部分余量　　　　B.达到形状误差要求
　C.达到尺寸精度要求　　　D.达到粗糙度要求

(15)在机械加工中直接改变工件的形状、尺寸和表面质量,使之成为所需零件的过程称( )。
　A.生产过程　B.工艺过程　C.工艺规程　D.机械加工工艺过程

(16)深孔加工应采用( )方式进行。
　A.工件旋转　B.刀具旋转　C.任意

(17)套筒类零件精基准装夹时一般选用什么定位元件?( )

A. 小锥度心轴　　B. 定位套　　C. V形块　　D. 圆柱心轴

(18) 花键孔适宜于在(　　)上加工。

A. 插床　　B. 牛头刨床　　C. 铣床　　D. 车床

3. 判断题

(1) 工件以平面定位时,主要定位面上的三个支承点应组成尽可能大的支承三角形面积。(　　)

(2) 轴的精度要求越高,其热处理次数也相应地增多。(　　)

(3) 轴上键槽的加工应放在粗磨后、精磨前。(　　)

(4) 工件外圆用V形块定位比用半圆孔定位的定位精度要高。(　　)

(5) 锥度心轴定位与圆柱心轴的圆柱面定位,两者定位精度是相同的。(　　)

(6) 车细长轴时,三爪跟刀架比两爪跟刀架的使用效果好。(　　)

(7) 轴类零件以其上的螺纹进行定位时,其定位精度相对较高。(　　)

(8) 使用机械可转位车刀,可减少辅助时间。(　　)

(9) 当工件长度跟直径之比大于5时,称为细长轴。(　　)

(10) 形位公差要求高的工件,在用花盘加工前,要先把花盘平面精车一刀。(　　)

(11) 试切法对刀就是在加工过程中逐个试切工件来保证其加工尺寸精度。(　　)

(12) CA6140型车床主轴的轴向应力可由后轴承来承受。(　　)

(13) 每道加工工序中,余量公差总是大于工序公差。(　　)

(14) 切削加工中,用几把刀具同时加工零件的几个表面,则这种工步称为复合工步。(　　)

(15) 工序分散的优点是可采用普通机床和安排数量较多的人就业,故目前一般倾向于工序分散。(　　)

(16) 使用心轴、定位套和V形块定位时,由于工件定位基准面和定位元件的制造误差及轴与孔之间的间隙存在,使工件产生定位误差。(　　)

4. 简答题

(1) 试比较焊接车刀、可转位车刀的结构与使用性能方面的特点。

(2) 中心孔在轴类零件加工中起什么作用?为什么在每一加工阶段都要进行中心孔的研磨?

(3) 如何合理安排轴上键槽、花键加工顺序?

(4) 试分析细长轴车削时的工艺特点,并说明反向走刀车削法的先进性。

(5) 什么是生产过程、工艺过程和工艺规程?机械加工工艺规程在生产中起何作用?

(6) 什么是工序、工步、安装、走刀和工位?

(7) 常用的零件毛坯有哪些形式?各应用于什么场合?

(8) 简述机械加工工艺过程一般划分为哪几个加工阶段及主要任务是什么?

(9) 工序顺序安排应遵循哪些原则?如何安排热处理工序?

(10) 什么是粗基准和精基准?选择粗基准、精基准时应遵循哪些原则?

(11) 套筒类零件的技术要求主要有哪些?

(12) 试编制如图2.55所示传动轴类零件的加工工艺?

(13) 按照如图2.56所示"衬套"零件,试编写其加工工艺过程。

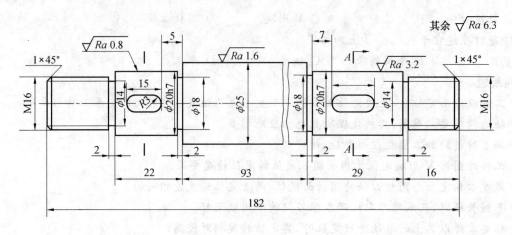

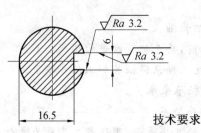 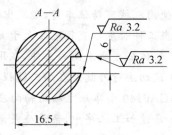

技术要求
1. 材料：20 钢
2. 热处理 HRC 55，螺纹部分不渗碳

图 2.55　传动轴

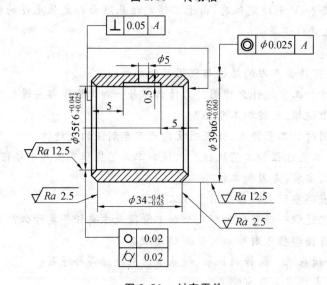

图 2.56　衬套零件

技能实训

技能实训 2.1　车简单螺纹轴

1. 训练目的

(1) 通过实际车削操作,加深对轴类零件工艺过程的理解。

(2) 熟练车床的基本操作及车床附件的装夹方法。

(3) 掌握车端面、钻中心孔、车外圆、切槽、车螺纹、车端面等的基本操作步骤及操作方法,培养学生实际动手能力。

2.训练要求

(1) 按照如图 2.57 所示"螺纹轴"零件,编写其加工工艺过程。

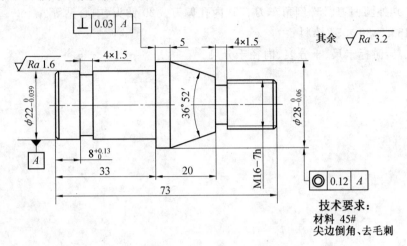

图 2.57　螺纹轴

(2) 根据自己所编写的工艺过程,上机床加工全部,保证图纸要求。

3.实训条件

(1) 设备:普通卧式车床。

(2) 辅助工具:螺纹样板、三爪卡盘、内六角扳手等。

(3) 刀具:90°外圆偏刀、45°倒角车刀、螺纹车刀、切槽刀、中心钻等。

(4) 材料:45♯ $\phi30 \times 83$ 棒料。

(5) 测量工具:游标卡尺、外径千分尺、百分表、螺纹规(环规)。

技能实训 2.2　车简单轴套

1.训练目的

(1) 通过实际车削操作,加深对套类零件工艺过程的理解。

(2) 进一步熟练车床的基本操作及车床附件的装夹方法。

(3) 掌握车端面、钻孔、车外圆、车内孔等的基本操作步骤及操作方法,培养学生实际动手能力。

2.训练要求

(1) 按照如图 2.58 所示"轴套"零件,编写其加工工艺过程。

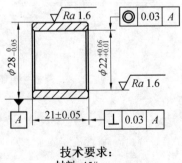

图 2.58　轴套

(2) 根据自己所编写的工艺过程,上机床加工全部,保证图纸要求。

3.实训条件

(1)设备:普通卧式车床。

(2)辅助工具:三爪卡盘、内六角扳手、铜皮等。

(3)刀具:90°外圆偏刀、45°倒角车刀、75°内孔偏刀、φ20钻头、中心钻等。

(4)材料:45# φ30×55棒料。

(5)测量工具:游标卡尺、千分表、内径千分尺。

模块 3
铣削加工与机床夹具

知识目标

◆ 掌握铣床工作原理及其加工范围、特点。
◆ 熟悉铣刀的选用方法。
◆ 熟悉万能分度头的组成以及分度方法。
◆ 掌握顺铣与逆铣的区别。
◆ 掌握机床夹具功能和种类。
◆ 熟悉工件的定位原理及定位基本方法。

技能目标

◆ 熟练掌握铣床的功用和种类,会选用铣刀。
◆ 了解 X6132 型万能卧式升降台铣床的工艺范围。
◆ 掌握铣床附件(万能分度盘等)的使用方法。
◆ 掌握工件的定位原理和基本方法。
◆ 会使用有关机床夹具。

课时建议

24 课时

课堂随笔

3.1 铣床与铣削

引言

铣床是机械制造行业的重要设备。加工时,将工件用虎钳或专用夹具固定在工作台上,铣刀安装在主轴的前刀杆或直接安装在主轴上。铣刀的旋转运动为主运动,工件相对刀具的运动为进给运动。由于铣床使用旋转的多刃刀具加工工件,同时有数个刀齿参加切削,所以生产效率较高,有利于改善加工表面的粗糙度。但是,由于铣刀每个刀齿的切削过程是断续的,同时每个刀齿的切削厚度又是变化的,这就使切削力相应地发生变化,容易引起机床振动,因此,铣床在结构上要求有较高的刚度和抗震性。

知识汇总

- 常用铣床类型、铣床结构
- 铣床附件、分度头
- 铣刀种类、铣削用量
- 铣削方法、典型铣削加工

3.1.1 铣床

铣床的种类很多,根据机床布局和用途的不同,可以分为卧式升降台铣床、立式升降台铣床、龙门铣床、工具铣床和各种专门化铣床。

下面将以X6132万能卧式升降台铣床为例,简要介绍铣床各主要组成部件的功用。如图3.1所示为X6132万能卧式升降台铣床外形图。

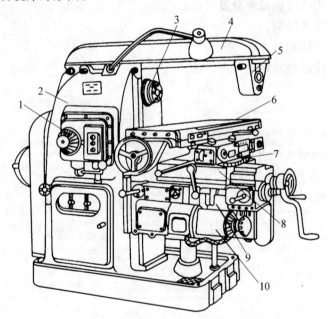

图 3.1 X6132万能卧式升降台铣床外形图
1—主轴箱变速机构;2—床身;3—主轴;4—横梁;5—刀杆支架;
6—纵向工作台;7—回转台;8—横滑板;9—升降台;10—进给变速机构

1. X6132万能卧式升降台铣床的主要组成部件及主要技术性能

(1) X6132万能卧式升降台铣床的主要组成部件:图3.1所示为X6132万能卧式升降台铣床外形图。机床由主轴箱变速机构1、床身2、主轴3、横梁4、刀杆支架5、纵向工作台6、回转台7、横滑板8、升降台9等组成。床身2固定在底座上,内部装有主传动系统,顶部的燕尾槽导轨供纵向工作台6前后移动,正面的垂直导轨供升降台上下移动。主轴用于安装铣刀刀杆并带动铣刀旋转。刀杆前端用刀杆支架 5 支承,以提高刀杆的刚度。升降台 9 的内部装有进给传动系统,顶面上的水平导轨上装有横滑板 8,沿水平导轨实现横向移动。横滑板 8 上装有回转台 7,在回转台 7 上面的燕尾槽导轨上装有纵向工作台 6,可实现纵向移动,通过回转台 7 可使纵向工作台在水平面内在 ±45°范围内调整角度,以铣削螺旋槽。

① 主轴部件:如图 3.2 所示为 X6132 万能卧式升降台铣床的主轴部件。该主轴为空心轴,前端有 7∶24 的精密锥孔,用于安装铣刀刀杆或带尾柄的铣刀,并可通过拉杆将铣刀或刀杆拉紧。由于 7∶24 锥孔的锥度较大,不能传递大的转矩,因此在主轴前端的两个径向槽中装有两个端面键,与刀杆或刀盘的径向槽相配合,以传递转矩。

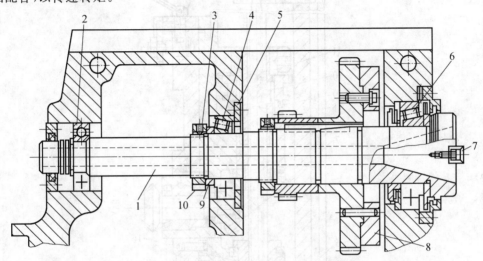

图 3.2　X6132 万能卧式升降台铣床的主轴部件
1— 主轴;2— 后支承;3— 锁紧螺钉;4— 中间支承;5— 轴承盖;
6— 前支承;7— 端面键;8— 飞轮;9— 隔套;10— 调整螺母

X6132 万能卧式升降台铣床的主轴采用三支承结构。前支承 6 为 P5 级精度的圆锥滚子轴承,用于支承径向力和向左的轴向力;中间支承 4 为 P6 级精度的圆锥滚子轴承,用于承受径向力和向右的轴向力;后支承 2 是辅助支承,为 P0 级精度的深沟球轴承,只能承受径向力。利用主轴中部的调整螺母 10 可调整轴承间隙。调整时,首先移开悬梁并拆下床身顶部盖板,然后松开锁紧螺钉 3,用专用的勾头扳手勾在螺母 10 的径向槽内,再用铁棒通过端面键 7 扳动主轴顺时针转动,使中间支承 4 的内圈向右移动,从而消除了中间轴承的间隙;待中间支承 4 的间隙完全消除后,继续转动主轴,则可使主轴向左移动,通过主轴前端台肩,推动前支承 6 的内圈左移,使前支承 6 间隙消除。调整完毕后,必须拧紧锁紧螺钉 3,再盖上盖板,推回悬梁。轴承间隙的调整应保证在 1 500 r/min 的转速下空转 1 h,温度不超过 60 ℃ 为宜。

② 工作台结构及顺铣机构:

a.工作台结构:如图 3.3 所示为 X6132 万能卧式升降台铣床的工作台结构,它由床鞍 1、回转台 2 和工作台 6 等组成。床鞍 1 可在升降台上做横向移动,若工作台不需做横向移动时,可用手柄 15 经偏心轴 14、床鞍 1 锁紧在升降台上。工作台 6 可沿回转台 2 上的燕尾槽导轨做纵向移动。回转台 2 连同工作台 6 一起可绕轴 ⅩⅦ 的轴线回转 ±45°,调整到所需位置后,可用螺栓 19 和两个弧形压板 18 固紧在床鞍 1 上。工作台 6 的纵向进给和快速移动都由纵向进给丝杠螺母传动副传动。纵向进给丝杠 3 支承在前支架 5、后支架 12 的轴承上。前支承为滑动轴承,后支承由一个推力球轴承和一个圆锥滚子轴承组成,用以承径向力和向左、向右的轴向力。后支承的间隙可用调整螺母 13 进行调整。圆锥齿轮 7 与左半离合器 8 用花键连接,左半离合器 8 空套在纵向进给丝杠 3 上,右半离合器 9 与花键套筒 11 用花键连接,花键套筒 11 又与纵向进给丝杠 3 用滑键 10 连接,纵向进给丝杠 3 上铣有长键槽。若扳动纵向工作台操纵手柄,接通左、右半离合器 8、9,则轴 XVII 传来的运动经圆锥齿轮 7、左半离合器 8、右半离合器 9、花键套筒 11、滑键 10 带动纵向进给丝杠 3 转动。因为与纵向进给丝杠 3 啮合的两个螺母 16 与 17 是固定安装在回转台 2 上的,所以纵向进给丝杠 3 在螺母内转动的同时,又做轴向运动,从而带动工作台 6 实现纵向进给运动。转动纵向工作台手轮 4,可实现工作台 6 手动纵向运动。

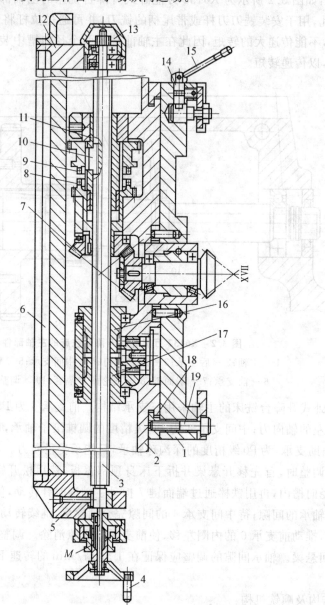

图 3.3　X6132 万能卧式升降台铣床的工作台结构

1—床鞍;2—回转台;3—纵向进给丝杠;4—纵向工作台手轮;5—前支架;6—工作台;
7—圆锥齿轮;8—左半离合器;9—右半离合器;10—滑键;11—花键套筒;12—后支架;
13—调整螺母;14—偏心轴;15—锁紧床鞍手柄;16—右螺母;17—左螺母;18—弧形压板;19—螺柱

铣床工作时,常采用逆铣和顺铣两种方式,如图 3.4 所示。逆铣时(见图 3.4(a)),切削速度 v、水平分力 F_x 的方向与工作台进给运动方向相反;顺铣时(见图 3.4(b)),切削速度 v、水平分力 F_x 的方向与工作台进给运动方向相同。当丝杠(右旋)按图 3.4 所示方向转动时,丝杠连同工作台一起向右进给,此时丝杠螺纹左侧与螺母螺纹右侧接触,而在另一侧则存在间隙。逆铣时,水平分力 F_z 使丝杠螺纹的左侧与螺母螺纹右侧接触,因此在切削过程中,工作稳定。顺铣时,水平分力由于通过工作台带动丝杠向右窜动,且 F_z 是变化的,又将会使工作台产生振动,影响切削过程稳定性,甚至会造成铣刀刀齿折断等现象。因此,在铣床工作台纵向进给丝杠与螺母间必须设置顺铣机构,来消除丝杠螺母间的间隙,以便能采用顺铣。

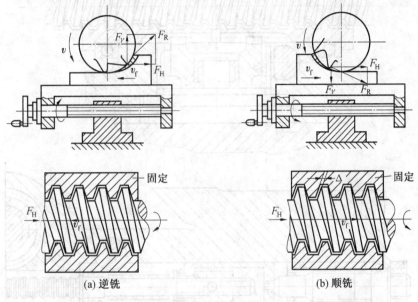

图 3.4 逆铣和顺铣

b.顺铣机构:如图 3.5 所示为 X6132 万能卧式升降台铣床顺铣机构的工作原理。该机构由右旋丝杠 3、左旋螺母 1、右旋螺母 2、冠状齿轮 4 及齿条 5、弹簧 6 组成。齿条 5 在弹簧 6 的作用下右移,推动冠状齿轮 4 沿箭头所示方向回转,使左旋螺母 1 螺纹左侧紧靠丝杠螺纹右侧面,右旋螺母 2 螺纹右侧紧靠丝杠螺纹左侧面。机床工作时,工作台所受的向右的作用力,通过丝杠由左旋螺母 1 承受,向左的作用力由右旋螺母 2 承受。因此,在顺铣时,自动消除了丝杠螺母的间隙,工作台不会产生窜动,切削过程平稳,保证了顺铣的加工质量。

合理的顺铣机构不仅能消除丝杠螺母的间隙,还能在逆铣或快速移动时,自动地使丝杠与螺母松开,从而减少丝杠与螺母的磨损。该机构在逆铣时,因右旋螺母 2 与丝杠 3 间的摩擦力较大,右旋螺母 2 有随丝杠 3 一起转动的趋势,从而通过冠状齿轮 4 传动左旋螺母 1,使左旋螺母 1 做与丝杠 3 相反方向的转动,因此,在左旋螺母 1 的螺母左侧与丝杠螺纹右侧间产生间隙,从而减少丝杠的磨损。

③ 工作台纵向进给操纵机构:如图 3.6 所示为 X6132 万能卧式升降台铣床工作台纵向进给操纵机构示意图。工作台纵向进给运动由位于工作正面中部的手柄 23,可压合微动开关 SQ_1 或 SQ_2,使进给电动机正转或反转,同时可使右半离合器 4 啮合,实现工作台向右或向左的纵向移动。

向右扳动手柄 23,压合微动开关 16(SQ_1),进给电动机正转。当手柄 23 向左扳动时,压合微动开关 22(SQ_2),进给电动机反转。当手柄 23 扳至中间位置时,两微动开关均未被压合,进给电动机停止转动,工作台停止移动。

④ 工作台横向和垂向进给操纵机构:如图 3.7 所示为 X6132 万能卧式升降台铣床工作台横向和垂向进给操纵机构示意图。工作台横向和垂向进给运动由手柄 1 集中操纵,因此手柄应具有上、下、前、后、中五个位置。微动开关 SQ_7 用于控制电磁离合器 YV_4 的接通或断开,SQ_8 用于控制电磁离合器 YV_5 的接通或断开,即分别接通或断开工作台的横向或垂向进给运动。SQ_3 与 SQ_4 用于控制进给电机的正、反转,实现工作台向前、向下或向后、向上的进给运动。扳动手柄 1 可使毂轮 9 轴向移动或摆动,鼓轮圆周上带斜面的槽迫使顶销压下微动开关,接通某一方向的运动。

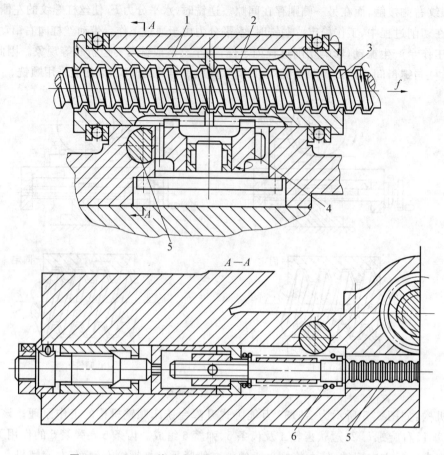

图 3.5　X6132 万能卧式升降台铣床顺铣机构的工作原理图
1—左旋螺母；2—右旋螺母；3—右旋丝杠；4—冠状齿轮；5—齿条；6—弹簧

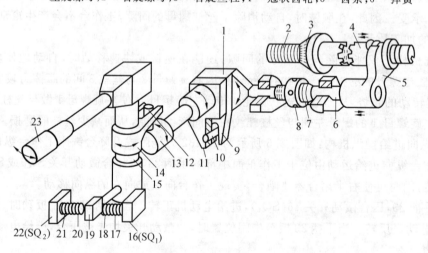

图 3.6　X6132 万能卧式升降台铣床工作台纵向进给操纵机构
1—凸块；2—纵向丝杠；3—空套锥齿轮；4—右半离合器；5—拨叉；6—轴；7,17,21—弹簧；
8—调整螺母；9—摆块下部叉子；10—销子；11—摆块；12—销；13—转摆；14—摆叉；15—立轴；
16—微动开关；18,20—调节螺钉；19—压块；22—微动开关；23—手柄

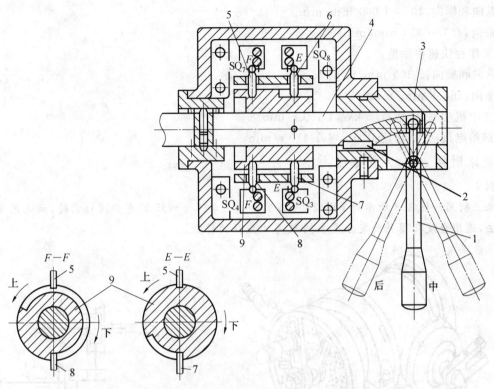

图 3.7 工作台横向和垂向进给操纵机构示意图
1—手柄;2—平键;3—毂体;4—轴;5,6,7,8—顶销;9—毂轮

技术提示:

集中操纵手柄可控制多个方向的运动,即一个手柄向上、下、前、后、中不同的位置扳动时,工作台分别向上、下、前、后、中方向运动。

(2)X6132万能卧式升降台铣床主要技术性能。

① 工作台面面积(宽×长):320 mm×1 250 mm。

② 工作台最大行程(机动):

a. 纵向:680 mm。

b. 横向:240 mm。

c. 垂向:300 mm。

③ 工作台最大回转角度:±45°。

④ 主轴锥孔锥度:7∶24。

⑤ 主轴孔径:29 mm。

⑥ 刀杆直径:22 mm,27 mm,33 mm。

⑦ 主轴中心线至工作台面的距离:

a. 最大:350 mm。

b. 最小:30 mm。

⑧ 主轴转速(18级):30～1 500 r/min。

⑨ 进给量(21级):

a. 纵向和横向:10～1 000 mm/min。

b. 垂向:3.3～333 mm/min。

⑩ 工作台快速移动量：

a. 纵向和横向:2 300 mm/min。

b. 垂向:766.6 mm/min。

⑪ 主电机功率、转速:7.5 kW,1 450 r/min。

⑫ 进给电机功率、转速:1.5 kW,1 410 r/min。

2.铣床附件——万能分度头

案例 1

铣床上利用如图3.8所示的FW125型万能分度头加工 $z=35$ 的直齿圆柱齿轮,试选用其加工时的分度方法,选用分度孔圈并确定分度手柄K每次应转的转数。

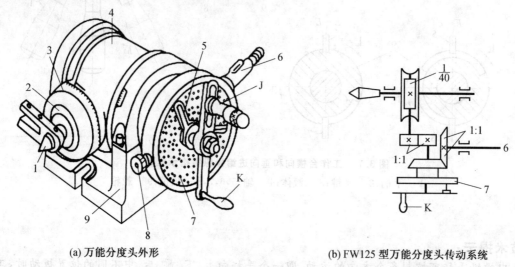

(a) 万能分度头外形　　　　　　(b) FW125型万能分度头传动系统

图 3.8　FW125型万能分度头外形及其传动系统

1—顶尖；2—分度头主轴；3—刻度盘；4—壳体；5—分度叉；6—分度头侧轴；
7—分度盘；8—锁紧螺钉；9—底座；J—插销；K—分度手柄

要正确地加工此类工件,我们必须对其要使用的万能分度头有一个很好的了解。

(1) 分度头的用途与结构。

① 分度头的用途:升降台铣床配有多种附件,用来扩大工艺范围。其中万能分度头是常用的一种附件。分度头安装在工作台上,被加工工件支承在分度头主轴顶尖与尾座顶尖之间或夹持在卡盘上,可以进行以下的工作：

a.使工件周期地绕自身轴线回转一定角度,完成等分或不等分的圆周分度工作,以加工方头、六角头、齿轮、花键以及刀具的等分或不等分刀齿等。

a.通过配换挂轮,由分度头使工件连续转动,并与工作台的纵向进给运动相配合,以加工螺旋齿轮、螺旋槽和阿基米德螺旋线凸轮等。

c.用卡盘夹持工件,使工件轴线相对于铣床工作台倾斜一所需角度,以加工与工件轴线相交成一定角度的平面、沟槽等。

② 分度头的结构:如图3.8所示为FW125型万能分度头外形及其传动系统。分度头由底座9、壳体4、分度头主轴2、侧轴6、分度盘7、分度手柄K、分度插销J及分度叉5等组成。分度头主轴2安装在壳体4内,壳体4以两侧轴颈支承在底座9上,并可绕其轴线回转,使主轴在水平线下6°至水平线上95°的范围内调整一定角度。分度头主轴2前端有莫氏锥孔,用于安装顶尖1,外部有一定位圆锥体,用于安装

三爪自定心卡盘。转动分度手柄K，经传动比$\mu=1$的圆锥齿轮副、传动比$\mu=1/40$的蜗杆蜗轮副，可带动分度主轴2回转至所需分度位置。手柄K转过的转数，由插销J所对分度盘7上的小孔数目来确定。分度盘7在不同圆周上均匀分布有不同孔数的孔圈。FW125型万能分度头备有三块分度盘，可供分度时选用。每块分度盘共有8个孔圈，每一圈的孔数分别为：

第一块 16、24、30、36、41、47、57、59。

第二块 23、25、28、33、39、43、51、61。

第三块 22、27、29、31、37、49、53、63。

插销J可在分度手柄K的长槽中沿分度盘半径方向调整位置，以使插销能插入不同孔数的孔圈内。

(2) 分度方法。

分度方法有三种，分别为直接分度法、简单分度法和差动分度法。下面将分别进行介绍。

① 直接分度法：用直接分度法分度时，需松开主销锁紧机构，脱开蜗杆与蜗轮的啮合，然后用手直接转动主轴，主轴所需转角由刻度盘3直接读出。分度完毕后，需通过锁紧机构将主轴锁紧，以免加工时转动。直接分度法一般用于加工精度要求不高且分度数较少（如2、3、4和6等分）的工件。

② 简单分度法：简单分度法利用分度盘7计数进行分度，是应用最广泛的一种方法。分度前，应使蜗杆蜗轮啮合并用锁紧螺钉8将分度盘7锁紧。选好分度盘的孔圈后，应调整插销J对准所选分度盘的孔圈。分度时先拔出插销J，转动插槽手柄K，带动主轴回转至所需分度位置，然后将插销重新插入分度盘孔中。分度时，手柄每次应转过的转数计算如下。

设工件所需的等分数为z，则每次分度时主轴应转$1/z$转。由传动系统图可知，手柄K每次应转过的转数为

$$n_k = 40/z$$

上式可写成如下形式

$$n_k = 40/z = a + p/q$$

其中：a为每次分度时，手柄K应转的整数转（当$z>40$时，$a=0$）；q为所选用孔圈的孔数；p为插销J在q个孔圈中应转过的孔间距数。

案例1实施步骤：

解 由$n_k=40/z=a+p/q$得

$$n_k = 40/z = 40/35 = 1 + 5/35$$

因为没有35孔的孔圈，所以先将上式中的分数部分化为最简分数，然后将其分子、分母各乘以同一个整数，使分母为分度盘上所具有的孔圈数，即

$$n_k = 1 + 5/35 = 1 + 1/7 = 1 + 4/28 = 1 + 7/49 = 1 + 9/63$$

第二块分度盘有28孔的孔圈，第三块有49孔和63孔的孔圈，故上列三种方案都可用。现选用28孔的孔圈，手柄K每次应转1整数圈，再转4个孔距。

为保证分度不出错误，应调整分度盘上的分度叉5上的夹角，使其内缘在28孔的孔圈上包含$4+1=5$个孔（即4个孔距）。分度时，拔出插销J，转动手柄K一整转，再转分度叉内的孔距数，然后重新将插销插入孔中定位；最后，顺时针转动分度叉，使其左叉紧靠插销，为下一次分度做好准备。

③ 差动分度法：由于分度盘的孔圈有限，一些分度数如73、83和113等不能与40约简，选不到合适的孔圈，就不能用简单分度法进行分度。这时，可采用差动分度法进行分度。

差动分度时，应松开锁紧螺钉8，使分度盘能被锥齿轮带动回转，并在主轴后端锥孔内装上传动轴Ⅰ，经配换齿轮a、b、c和d与轴Ⅱ连接，如图3.9(a)所示。

差动分度法的工作原理如图3.9所示。设工件要求的分度数为z，且$z>40$，则分度手柄K每次应转过$40/z$转，即插销J应由A点转到C点，用C点定位，如图3.9(b)所示。但因C点没有相应的孔供

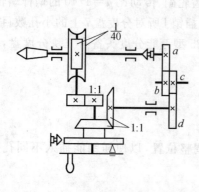 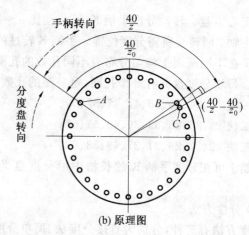

(a) 差动分度传动系统图　　　　　　　　(b) 原理图

图 3.9　差动分度工作原理

定位,故不能用简单分度法分度。为了借用分度盘上的孔圈,可以选取 z_0 值来计算手柄 K 的转数。z_0 值应与 z 接近,能从分度盘上直接选到相应的孔圈,或能与 40 约简后选到相应的孔圈。z_0 值选定后,则手柄 K 的转数为 $40/z_0$,即插销从 A 点到 B 点,用 B 点定位。这时,如果分度盘固定不动,则手柄转数产生 $(40/z-40/z_0)$ 转的误差。为了补偿这一误差,需在分度头主轴尾端插一根心轴 I,并在轴 I 与轴 II 之间配上 $(a/b)\times(c/d)$ 齿轮,使手轮在 $40/z_0$ 转的同时,通过 $(a/b)\times(c/d)$ 齿轮和 1∶1 的圆锥齿轮,使分度盘也相应地转动,以使 B 点的小孔在分度的同时转到 C 点,供插销定位并补偿上述误差值。当插销自 A 点转 $40/z$ 至 C 点时,分度盘补充转动 $(40/z-40/z_0)$ 转,以使孔恰好与插销对准。因此,分度手柄与分度盘之间的运动关系为

手柄 K 转 $40/z$ 转 —— 分度盘转 $(40/z-40/z_0)$ 转

则运动平衡式为

$$(40/z)\times(1/1)\times(1/40)\times(a/b)(c/d)\times(1/1)=40/z-40/z_0$$

将上式化简后,导出如下置换公式:

$$(a/b)(c/d)=(40/z_0)\times(z_0-z)$$

其中,z 为所要求的分度值;z_0 为选定的分度值;a,b,c,d 为交换齿轮的齿数。选取 $z_0>z$ 时,分度手柄与分度盘的旋转方向应相同,配换齿轮传动比为正值。选取 $z_0<z$ 时,分度手柄与分度盘的旋转方向应相反,配换齿轮传动比为负值。

FW125 型万能分度头带有 15 个模数为 $m=1.75$ 的齿轮,其齿数分别为 24(两个)、28、32、40、44、48、56、64、72、80、84、86、96、100。

案例 2

在卧式铣床上,用 FW125 型万能分度头,加工齿数为 83 的链轮,试计算分度手柄转数和交换齿轮的齿数。

解　因 $z=83$ 不能与 40 化简,且选不到孔圈数,故确定用差动分度法进行分度。

(1) 计算分度手柄转数:选取 $z_0=90(z_0>z)$,则

$$n_k=40/z_0=40/90=4/9=28/63$$

(2) 计算交换齿轮齿数:

$(a/b)(c/d)=(40/z_0)(z_0-z)=(40/z_0)\times(90-83)=(4/9)\times 7=(7/3)(4/3)=(56/24)(32/24)$

按 FW125 型万能分度头说明书规定,当 $z_0>z$ 时,交换齿轮中间加一个介轮;当 $z_0<z$ 时,不加介轮。因而,每次分度时,分度手柄在 63 的孔圈中转 28 个孔间距;轴 I～II 间的配换齿轮 $a=56,b=24,c=32,d=24$。

> **技术提示：**
> （1）所选用的交换齿轮 a,b,c,d 从分度头带有的齿轮中选取，也就是要注意 $(a/b)(c/d)$ 的计算结果中分数的变换。
> （2）铣削螺旋槽等的调整计算、交换齿轮架结构及配换齿轮齿数的计算等请查阅相关资料。

3. 其他铣床简介

（1）立式升降台铣床：立式升降台铣床与卧式升降台铣床的主要区别在于，它的主轴是垂直的。图3.10 所示为常见的一种立式升降台铣床，其工作台3、床鞍4及升降台5的结构与卧式相同。铣头1可根据加工要求在垂直平面内调整角度，主轴可沿其轴线方向进给或调整位置。这种铣床可用端铣刀或立铣刀加工平面、斜面、沟槽、台阶、齿轮、凸轮等表面。

（2）龙门铣床：龙门铣床是一种大型高效能的铣床，主要用于加工各种大型工件的平面和沟槽，借助于附件还可以完成斜面、内孔等加工。

龙门铣床（见图3.11）因有顶梁6、立柱5及7和床身10等组成的"龙门"式框架而得名。通用的龙门铣床一般有3～4个铣头。每个铣头都有一个独立部件，其中包括单独的驱动电动机、变速传动机构、主轴部件和操纵机构等。横梁3沿水平方向（横向）调整位置。横梁3本身以及立柱上的两个水平铣头2及9可沿立柱上的导轨调整其垂直方向上的位置。各铣头的切削深度均由主轴套筒带动铣刀主轴沿轴向移动来实现。加工时，工作台1连同工件做纵向进给运动。

龙门铣床可用于多把铣刀同时加工几个表面，所以生产效率较高，在成批和大量生产中得到广泛应用。

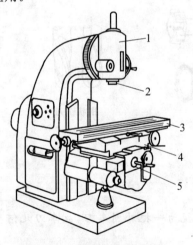

图 3.10　立式升降台铣床
1— 铣头；2— 主轴；3— 工作台；
4— 床鞍；5— 升降台

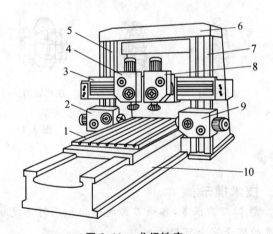

图 3.11　龙门铣床
1— 工作台；2,9— 水平铣头；3— 横梁；
4,8— 垂直铣头；5,7— 立柱；6— 顶梁；10— 床身

4. 铣刀

（1）铣刀的种类：铣刀的种类很多，一般由专业工具厂生产。由于铣刀的形状比较复杂，尺寸较小的往往用高速钢做成整体式结构；尺寸较大的铣刀，一般做成镶齿结构，刀齿为高速钢或硬质合金，刀体则为中碳钢或为合金结构钢，从而节约刀具材料。

从形状分，常用铣刀分为带孔铣刀和柄状铣刀；按刀具轴线与加工表面的关系分，常用铣刀分为周铣刀和端铣刀。常用铣刀类型如图3.12和图3.13所示。

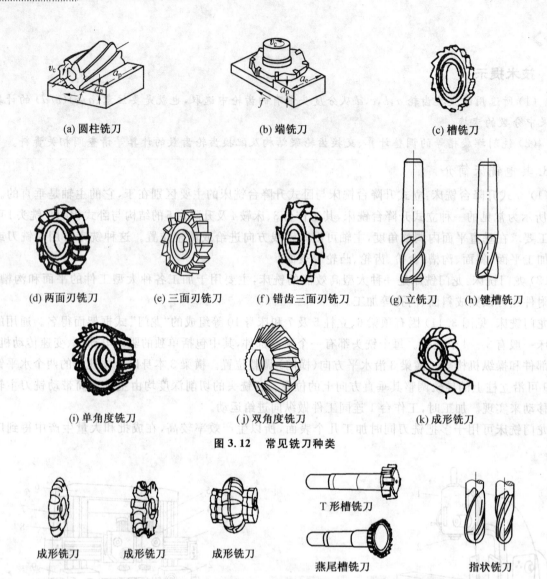

(a) 圆柱铣刀　　(b) 端铣刀　　(c) 槽铣刀

(d) 两面刃铣刀　(e) 三面刃铣刀　(f) 错齿三面刃铣刀　(g) 立铣刀　(h) 键槽铣刀

(i) 单角度铣刀　(j) 双角度铣刀　(k) 成形铣刀

图 3.12　常见铣刀种类

成形铣刀　成形铣刀　成形铣刀　T 形槽铣刀　燕尾槽铣刀　指状铣刀

图 3.13　特种铣刀

技术提示：

铣刀刀齿很多，各个刀齿的形状和几何角度相同；每个刀齿可视为一把外圆车刀，故车刀几何角度的概念完全可用于铣刀。

(2) 铣削用量及其选择：

① 铣削用量：如图 3.14 所示，铣削用量介绍如下。

a. 背吃刀量 a_p：a_p 指垂直于工作平面测量的切削层中最大的尺寸。端铣时，a_p 为切削层深度；圆周铣削时，a_p 为被加工表面的宽度。

b. 侧吃刀量 a_e：a_e 指平行于工作平面测量的切削层中最大尺寸。端铣时，a_e 为被加工表面宽度；圆周铣削时，a_e 为切削层深度。

c. 进给运动参数：铣削进给量有三种表示方法。

第一种：每齿进给量 f_z，指铣刀每转过一刀齿相对工件在进给运动方向上的位移量，单位为 mm。

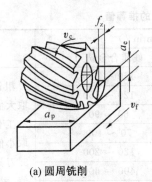 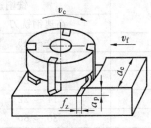

(a) 圆周铣削　　　　　　　　(b) 端铣

图 3.14　铣削用量

第二种：进给量 f，指铣刀每转过一转相对工件在进给运动方向上的位移量，单位为 mm。

第三种：进给速度 v_f，指铣刀切削刃选定点相对工件的进给运动的瞬时速度，单位为 mm/min。

通常铣床铭牌上列出进给速度，因此，首先应根据具体加工条件选择 f_z，然后计算出进给速度 v_f，按进给速度调整机床，三者之间关系为

$$v_f = fn = f_z z n$$

式中　v_f——进给速度，mm/min；

　　　z——铣刀齿数。

d. 铣削速度 v_c：v_c 指铣刀切削刃选定点相对工件的主运动的瞬时速度。可按下式计算：

$$v_c = \pi d n / 1\,000$$

式中　v_c——瞬时速度，m/min 或 m/s；

　　　d——铣刀直径，mm；

　　　n——铣刀转速，r/min 或 r/s。

② 铣削用量的选择：铣削用量的选择应当根据工件的加工精度、铣刀的耐用度及机床的刚性进行选择。首先选定铣削深度；其次是每齿进给量；最后确定铣削速度。下面介绍按加工精度不同选择铣削用量的一般原则。

a. 粗加工：因粗加工余量大，精度要求不高，此时应当根据工艺系统的刚性及刀具耐用度来选择铣削用量。一般选取较大的背吃刀量和侧吃刀量，使一次进给尽可能多地切除毛坯余量。在刀具性能允许的条件下应以较大的每齿进给量（表 3.1）进行切削，以提高生产率。

b. 半精加工：此时工件的加工余量一般在 0.5～2 mm，并且无硬皮，加工后要降低表面粗糙度值，因此应选择较小的每齿进给量，而选取较大的切削速度（表 3.2）。

c. 精加工：精加工时加工很小，应当着重考虑刀具的磨损对加工精度的影响，因此宜选择较小的每齿进给量和较大的铣削速度进行铣削。

表 3.1　粗铣每齿进给量 f_z 推荐值

刀　具		工件材料	推荐进给量 f_z/mm
高速钢	圆柱铣刀	钢	0.10～0.50
		铸铁	0.12～0.20
	端铣刀	钢	0.04～0.06
		铸铁	0.15～0.20
	三面刃铣刀	钢	0.04～0.06
		铸铁	0.15～0.25
硬质合金铣刀		钢	0.10～0.20
		铸铁	0.15～0.30

表 3.2 铣削速度 v_c 的推荐值

工件材料	铣削速度 v_c/(m·min^{-1})		说明
	高速钢铣刀	硬质合金铣刀	
20	20～45	150～190	1. 粗铣时最小值,精铣时取大值
45	20～35	120～150	
40Cr	15～25	60～90	2. 工件材料强度、硬度高取小值,反之取大值
HT150	14～22	70～100	
黄铜	30～60	120～200	3. 刀具材料耐热性好取大值,耐热性差取小值
铝合金	113～300	400～600	
不锈钢	16～25	50～100	

> **技术提示：**
>
> 铣削用量的选择,不仅影响工件的加工质量,还对刀具的寿命、机床等有影响。

3.1.2 铣削加工方法

铣削加工最主要的工作是铣削平面和沟槽。铣削方法有两种,即端铣和周铣。周铣又分为顺铣和逆铣两种方式。

顺铣适合于不易夹持的细长和薄板工件,铣削后表面质量较高。逆铣不易损坏刀具,对毛坯表面无高要求。

1. 铣平面

案例 3

如图 3.15 所示零件图,要对其平面进行铣削加工,试进行相关工艺分析,说明其有关操作。

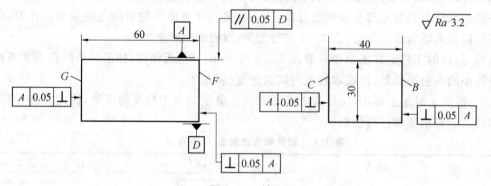

图 3.15 铣平面

平面的铣削方法主要有圆周铣和端铣两种。

(1)圆周铣:圆周铣又简称周铣,有两种方式,逆铣和顺铣(见图 3.4)。周铣是利用分布铣刀圆柱面上的刀刃来铣削并形成平面的一种铣削方式,周铣时,铣刀轴线与加工平面平行。被加工表面平面度的大小,主要取决于铣刀的圆柱度。在精铣平面时,必须要保证铣刀的圆柱度误差小。若要使被加工表面获得较小的表面粗糙度值,则工件的进给速度应小一些,而铣刀的转速应适当增大。

(2)端铣:端铣是利用分布在铣刀端面上的刀刃来铣削并形成平面的一种铣削方式。端铣时,铣刀轴线与加工平面垂直。在端铣时,据面铣刀相对于工件安装位置不同,也可分为顺铣和逆铣。其中铣刀轴线位于铣削弧长的中心位置,称为对称端铣;不在中心位置时,又分为不对称逆铣和不对称顺铣,如图 3.16 所示。

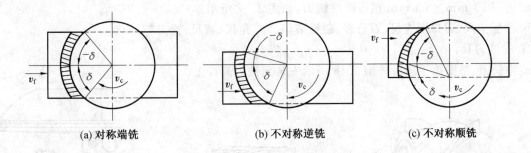

图 3.16　端铣时的顺铣和逆铣

用端铣方法铣出的平面,表面粗糙度值的大小同样与工件进给速度的大小和铣刀转速的高低等诸因素有关。被加工表面平面度的大小,主要取决于铣床主轴轴线与进给方向的垂直度。

(3) 圆周铣与端铣的比较:

① 端铣刀的刀杆短,刚性好,每个刀齿所切下的切屑厚度变化较小,且同时参与切削的刀齿数较多,因此振动小,铣削平稳,效率高。

② 端铣刀的直径可以做得很大,能一次铣出较宽的表面不需要接刀。圆周铣时,因受圆柱形铣刀宽度的限制,工件加工表面的宽度不能太宽,但能一次切除较大的铣削层深度。

③ 端铣刀的刀片装夹方便,刚性好,适宜进行高速铣削和强力铣削,可提高生产率和减小表面粗糙度值。

④ 在相同的铣削层宽度、深度和每齿进给量的条件下,端铣刀如不采用修光刃和高速铣削等措施,用圆周铣加工的表面比用端铣加工的表面粗糙度值要小。

由于端铣具有较多优点,在铣床上应用较广。

(4) 铣削平面案例 3 实施步骤:如图 3.15 所示加工零件图。

① 工艺分析:毛坯为 65 mm×45 mm×35 mm 的锻件,材料为 20 钢。其尺寸精度、表面粗糙度和平面度均为铣床的经济加工精度。根据工件的表面要求,应分粗、精铣削。

加工工艺过程如下:

a. 铣削 A 面。

b. 以 A 面为基准,铣削 B 面,保证两面的垂直度。

c. 以 A 面为基准,B 面贴于平行垫铁上,铣削 C 面,保证 40 mm 尺寸和垂直度。

d. 以 B 面为基准,A 面贴于平行垫铁上,铣削 D 面,保证 30 mm 尺寸和平行度。

e. 以 A 面为基准,找正 B 面,铣削 G 面。

f. 以 A 面为基准,G 面贴于平行垫铁上,铣削 F 面保证 60 mm 尺寸。

g. 去毛刺。

h. 检验。

② 选择机床:确定在 X6132 型卧式铣床上加工。

③ 选择铣刀:

a. 立铣刀铣削平面。用于小平面的铣削。立铣刀有直柄和锥柄、粗齿和细齿之分,以三齿粗齿立铣刀应用较广,用直径大于铣削面宽度的立铣刀,效率比较高。铣带有台阶的工件或宽度大于铣刀直径的工件,可一刀接一刀的铣削,加工时可由两端往复进给切削加工,也可只由一个方向单向切削加工。

b. 硬质合金面铣刀铣平面。用于大平面的铣削。

c. 圆柱铣刀铣平面。铣刀宽度通常大于铣削面的宽度,这样可以一次进给中铣出整个加工表面。

一般选用粗齿圆柱铣刀,因为它排屑好,适合粗、精加工。

据工件形状与尺寸,选用的工、夹、量具为:

a. 选用 63 mm×63 mm 粗齿圆柱铣刀,如图 3.17 所示。

b. 游标卡尺、刀口形直尺、百分表、磁性表座、90°角尺、塞尺、锉刀等。

④ 安装刀具:

a. 将铣刀、垫圈擦干净后按图 3.18 所示安装到铣刀刀杆上。

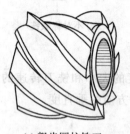
(a) 粗齿圆柱铣刀

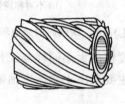
(b) 细齿圆柱铣刀

图 3.17　圆柱形铣刀

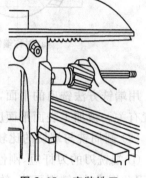

图 3.18　安装铣刀

b. 安装挂架。按图 3.19(a)、(b)、(c) 所示的顺序安装。

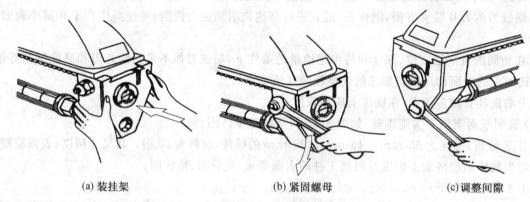

(a) 装挂架　　　　　　　(b) 紧固螺母　　　　　　　(c) 调整间隙

图 3.19　安装挂架

⑤ 装夹工件:根据工件形状,选用平口钳装夹工件(见图 3.20)。

将工件的一侧靠在固定的钳口上,边夹紧边用锤子敲打工件,将工件夹紧。检查方法是夹紧后用力推拉垫在工件下面的垫铁,若无松动则说明工件已被夹牢。

⑥ 选择铣削用量:铣削用量包括铣削宽度、背吃刀量(铣削深度)、铣削速度和进给量。合理选择铣削用量,对提高生产效率、改善加工表面质量和加工精度,都有着密切的关系。

a. 铣削宽度 a_e 与背吃刀量 a_p 的选择。图 3.21 为实际铣削工作中的铣削宽度和铣削深度示意图。

根据毛坯余量,铣削宽度和铣削深度分别取:

粗铣时:$a_e=60$ mm,$a_p=2$ mm

精铣时:$a_e=60$ mm,$a_p=0.5$ mm

b. 铣削速度 v_c(由切削手册推荐得出)。例如,根据工件材料为 20 钢,取铣削速度为 $v_c=15$ m/min,由主轴转速计算公式 $v_c=\pi dn/1\,000$ 得

$$n/(\mathrm{r\cdot min^{-1}})=1\,000\times15/(3.14\times63)=75.8$$

实际调整铣床主轴转速为 75 r/min。

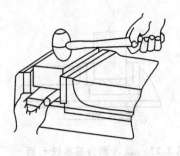
图 3.20　工件装夹在平口钳上

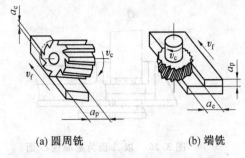
(a) 圆周铣　　　　(b) 端铣

图 3.21　圆周铣与端铣的铣削用量

⑦ 铣削工件：

a. 铣削 A 面（见图 3.22）：以 B 为粗基准，在活动钳口与工件间垫圆棒后夹紧（如毛坯精度较高则不需垫圆棒）。开动机床，缓升垂向工作台，铣刀刚到工件后停机，退出工件；垂向升高工作台 1.5～2 mm，纵向进给铣 A 面。

b. 铣 B 面（见图 3.23）：以 A 面为精基准，将其紧贴于钳口上，按图示夹紧后铣削。

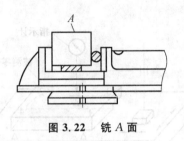
图 3.22　铣 A 面

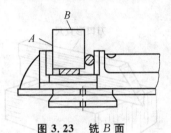
图 3.23　铣 B 面

c. 铣 C 面（见图 3.24）：以 A 面为精基准，紧贴于固定钳口上，B 面紧贴于平行垫铁上，按图示夹紧后铣削，保证 B、C 两面间距离。

d. 铣 D 面（见图 3.25）：将 B 面紧贴于固定钳口上，A 面紧贴于平行垫铁上，按图示夹紧后铣削，保证 A、D 两面间距离。

e. 铣 G 面（见图 3.26）：将 A 面紧贴于固定钳口上，初步夹紧工件后，用宽度角尺找正 B 面后夹紧工件，铣 G 面。

f. 铣 F 面（见图 3.27）：将 A 紧贴于固定钳口上，G 面紧贴于平行垫铁上，按图示夹紧后铣削 F 面，保证 G、F 两面间距离。

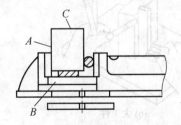
图 3.24　以 A 面为精基准铣 C 面

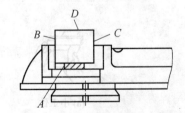
图 3.25　以 B 面为精基准铣 D 面

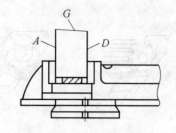
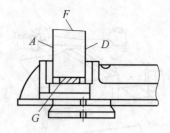

图 3.26　以 A 面为基准铣 G 面　　　　图 3.27　以 A 面为基准铣 F 面

(5) 形位误差的检测：

① 直线度误差的检测（见图 3.28）：将刀口形直尺贴在被测工件表面上，检测工件平面与刀口形直尺之间的缝隙，误差小时，凭光隙估读；误差较大时，用塞尺测量。移动刀口形直尺，分别在工件的纵向、横向、对角线进行检测，取最大差值作为被测零件的直线度误差。

② 平面度误差的检测（见图 3.29）：将被检测零件支承在平板上，调整被测平面上的 1、2 两点等高，3、4 两点等高，沿平板移动表架，指示计在被测平面上最大和最小读数之差，可作为被测表面平面度误差。

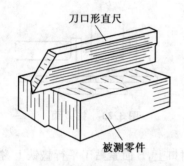
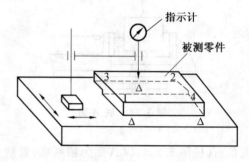

图 3.28　用刀口形直尺测直线度　　　　图 3.29　平面度误差测量

③ 平行度误差的检测：将工件放置在平板上用百分表检测工件平面四角百分表显示的最大差，即为平行度的误差。

④ 垂直度的检测：工件较小时，按图 3.30(a) 所示检测；工件较大时，按图 3.30(b) 检测。

⑤ 加工粗糙度的检测：用粗糙度标准样板比较测定或根据经验目测。

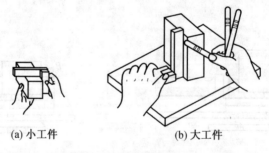

图 3.30　检测垂直度

(6) 质量分析：

① 平行度超差原因：

a. 圆柱形铣刀的圆柱度误差大；

b. 表面有明显的接刀痕迹。

② 垂直度超差原因：

a. 机用虎钳固定钳口与工作台台面垂直度误差大；

b. 工件基准面有毛刺或其他杂物；

c. 机用虎钳的底面、固定钳口或工作台面没有擦干净。

③ 平面度超差的原因：圆柱形铣刀的圆柱度误差大。

④ 表面粗糙的原因：

a. 铣刀磨钝；

b. 铣削用量选择不当；

c. 机床振动大；

d. 铣刀轴向或径向跳动量过大。

2. 铣斜面

案例 4

如图 3.31 所示零件图，要对其斜面进行铣削加工，试进行相关工艺分析，说明其有关操作。

(1) 铣削方法：斜面实际是工件上与基准面倾斜的平面，铣削方法一般有三种。

① 工件倾斜：如图 3.32 所示。加工时将工件与基准面倾斜成所需角度，使被加工工作台面平行或垂直，然后用与铣平面相同的方法进行加工。

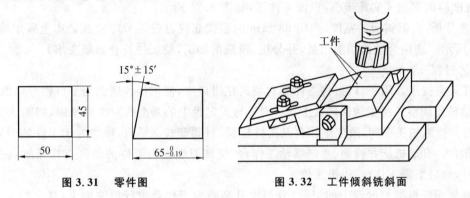

图 3.31　零件图　　　　　图 3.32　工件倾斜铣斜面

② 立铣头倾斜：如图 3.33 所示。工件的基准面与工作台面平行或垂直，将立铣头主轴倾斜，使其与被加工面斜度一致。当工件上还有别的需要铣削部位时，用这种方法不需再次调整工件位置，而在一次安装中完成。

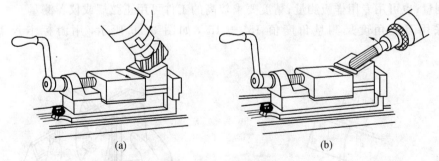

图 3.33　立铣头倾斜铣斜面

③ 用角度铣刀铣斜面：如图 3.34 所示。

工件安装方便，斜面的倾斜角由铣刀角度保证，不必调整，适用于在卧式铣床上加工较狭窄的斜面。

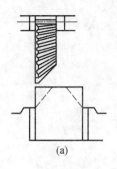 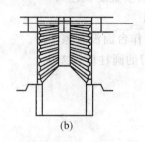 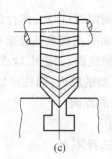

(a)   (b)   (c)

图 3.34　角度铣刀铣斜面

> **技术提示：**
> （1）用角度铣刀铣斜面时，斜面的宽度应小于刀刃宽度；
> （2）因刀齿强度较弱、刀齿排列较密、排屑困难，所以铣削用量比圆柱形铣刀小；
> （3）铣削碳素钢等工件时，应施以充分的切削液。

（2）铣削斜面案例4实施步骤：识读零件图，如图 3.31 所示。

①工艺分析：根据斜面的宽度，选用 63 mm 的套式立铣刀在 X5032 立式铣床上采用端铣法加工。如图 3.35 所示。选用合适的切削用量，并分粗、精铣削加工，使工件符合图纸要求。

②工艺过程：

a. 工件装夹找正。用平口钳，将工件竖直装夹在钳口中，使工件的底面与平口钳导轨面平行。

b. 主轴转角调整。将主轴回转盘上 15° 刻线与固定盘上的基准线对准后紧固，如图 3.35 所示。

c. 对刀。操纵相关手柄，改变工作台及工件位置，目测套式立铣刀，使之处于工件的中间位置后，紧固纵向工作台。开动机床并横向、垂向移动工作台，使铣刀端齿与工件的最高点相接触，在垂向刻度盘上做好记号，然后下降工作台，退出工件。

d. 粗铣斜面。根据刻度盘上的记号，分两次升高垂向工作台进行粗铣加工，每次约 4.5 mm，留精铣余量约 1 mm。

e. 精铣斜面。一般在粗铣后，须经测量确定精铣加工余量，然后精铣斜面，使工件符合图纸要求。

③斜面测量：除测量斜面的尺寸和表面粗糙度外，主要测量斜面角度。对一般要求的斜面用游标万能角度尺测量；也可用专用样板测量；精度要求较高的工件可用正弦规或仪器测量。

该工件采用万能角度尺测量角度值 $15° \pm 15'$，如图 3.36 所示，用游标卡尺测量工件长度 $65_{-0.19}^{0}$ mm。

 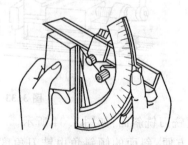

图 3.35　立铣头扳转 15° 铣斜面　　　　图 3.36　万能角度尺测量角度

④ 质量分析：

a. 角度超差的原因：装夹不正确或主轴扳转角度有错误；坯件垂直度和平行度误差大。

b. 与斜面相关尺寸超差原因：看错刻度或摇错手柄转数；没有消除丝杠螺母副的间隙；测量不准，使尺寸铣错；装夹不牢靠，铣削时工件有松动现象。

c. 表面粗糙度超差的原因：进给量过大；铣刀不锋利；机床、夹具刚性差，铣削中有振动；铣削时未使用切削液，或切削液选用不当。

3. 铣键槽

案例 5

如图3.37所示零件图，要对其平面进行铣削加工，试进行相关工艺分析，说明其有关操作。

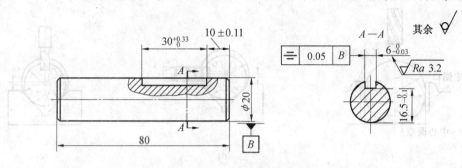

图 3.37 铣键槽零件图

（1）铣削方法：轴上键槽有通槽、半通槽和封闭槽三种，如图3.38所示。

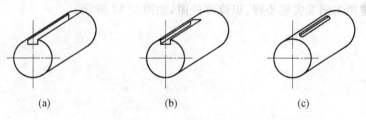

图 3.38 键槽铣削方法

① 轴上的通槽和一端是圆弧形的半通槽。一般用盘形铣刀铣削，轴槽的宽度由铣刀宽度保证，半通槽一端的圆弧半径由铣刀半径自然得到。

② 轴上的封闭槽和一端是直角的半通槽用键槽铣刀铣削，其直径按键槽宽度尺寸来确定。

（2）装夹工件：铣轴上键槽可用机用虎钳装夹、轴用虎钳装夹、分度头装夹及专用夹具V形块装夹，也可直接将工件用压板螺栓装夹在机床T形槽上，如图3.39所示。

图3.39(a)以轴用虎钳安装；图3.39(b)用V形铁和压板安装；图3.39(c)(d)(e)为不同安装方法键槽位置误差分析加工键槽，不但要保证槽宽的精度，而且还要保证键槽的位置精度。批量生产时工件安装位置一般由夹具保证，加工前刀具与夹具相对位置调整好后，不再变动。但由于工件直径有差异，安装方法不当就会使不同直径的工件中心偏离原来调整好的位置，结果使键槽位置产生偏差。轴类工件上键槽加工方法有多种：

① 用轴用虎钳（见图3.39(a)）安装的方法。

② V形铁安装的方法（见图3.39(b)）。

③ 分度头卡盘与尾座顶尖配合安装。

④ 平口钳安装（见图3.39(c)）或用V形铁（见图3.39(d)）的安装方法，当轴径不同时，使加工后的键槽有中心位置偏差，如按图3.39(e)安装则没有中心位置偏差。

轴上键槽通常是用键槽铣刀在专用的键槽铣床上加工完成的。没有键槽铣床时可在立式或卧式铣

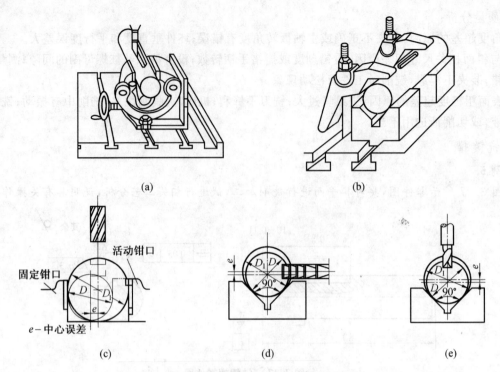

图 3.39　铣键槽时轴的安装方法和键槽位置

床上铣削。下面介绍在立式铣床上铣削轴上键槽的操作技能。

(3) 铣削轴上键槽案例 5 实施步骤：识读零件图，如图 3.37 所示。

① 工艺过程：

a. 备料。

b. 画线。

c. 铣键槽。

d. 去毛刺。

e. 检验。

② 选择工夹量具：$\phi 6$ mm 键槽铣刀及夹头、平行垫铁、游标卡尺、百分表、磁性表座、量块。以在立式铣床上机用虎钳装夹铣削键槽（见图 3.40）为例，说明铣削该轴上键槽的加工技能。

③ 操作步骤：

a. 将机用虎钳固定钳口调至与工作台纵向平行并紧固在工作台上。

b. 安装 $\phi 6$ mm 键槽铣刀。

c. 试刀（见图 3.41）：用与工件相同材料的试件试铣，验证铣刀直径。如超差可调整夹套位置或将铣刀转一角度重新装夹，或更换铣刀，直到铣出符合图样要求的键槽。

d. 对中心（见图 3.42）：将加工过的试件装夹好，开动机床主轴旋转，使键槽铣刀刚触及靠固定钳口的一侧试件平面时，记住刻度读数，停机卸下试件。将工作台移动铣刀半径加上工件半径之和的距离 $B=(20+6)/2=13$ mm。

e. 夹工件：工件端面与机用虎钳一侧平齐（见图 3.43），以保证铣削下一个工件时键槽位置的正确性。

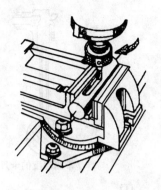
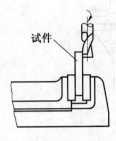

图 3.40　立式铣床上机用虎钳装夹铣削键槽　　　图 3.41　试刀

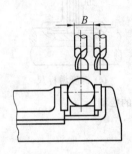
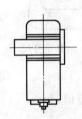

图 3.42　对中心　　　图 3.43　靠一侧装夹工件

f.铣键槽:摇动工作台纵向手柄,使铣刀右侧距轴右端 10 mm,记住纵向刻度读数。开动机床开始铣削,擦刀后记住垂直刻度盘读数。

铣至槽长为 30 mm 时,记住此时的纵向刻度盘读数。手动往复进给,每进给一次垂向工作台上升 0.3～0.5 mm,直至键槽要求深度。

④ 键槽的检测:

a.测量轴的一端尺寸 10±0.11(见图 3.44)。

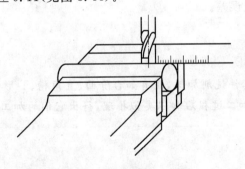

图 3.44　测量轴的一端尺寸

b.键槽宽度的检测。用塞规检测键槽宽度。

c.键槽深度检测:卡尺测槽深(见图 3.45(a));量块与卡尺测槽深(见图 3.45(b));带测深度的卡尺测槽深(见图 3.45(c)),千分尺测槽深(见图 3.45(d));深度游标卡尺测槽深(见图 3.45(e))。

d.对称度的检测(见图 3.46):将一量块轻轻塞入槽内,量块与槽不能有间隙,轴放置于 V 形槽内,用百分表将 A 面找平记下百分表读数。然后将工件转 180°找平 B 面记下百分表读数。则该截面的对称度误差为

$$f_1 = at/(d-t)$$

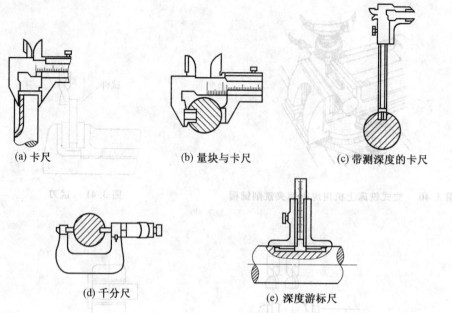

图 3.45　键槽深度的检测

式中　　a——两次测量的差值，mm；
　　　　d——轴径，mm；
　　　　t——槽深，mm。

再沿长度方向测量出两面间最大差值 f_2。取 f_1、f_2 中的最大值作为该键槽的对称度误差。

⑤质量分析：

a.槽宽超差原因：是键槽铣刀直径不准确或同轴度误差大。

b.槽深超差原因：是刀具没有夹牢或垂向进给时摇错刻度盘。

c.对称度超差原因：是固定钳口与工作台纵向不平行或对中心时移动工作台的距离出现了错误或误差。

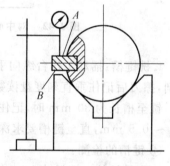

图 3.46　对称度检测

> **技术提示：**
> 以上是制造中一些典型工件铣削加工，还有如台阶面、直角槽、T形槽、燕尾槽、花键、特形面等的铣削加工，大家在熟练上述加工过程后加以类似推理，得出它们的加工方法。

3.2　机床夹具

引言

机床上加工工件需要对毛坯施加以一定的措施，才能获得合格的零件。如何使毛坯在机床上、在加工中位置牢靠、正确，这就是机床夹具的任务。那么工件与机床夹具有怎样的关系？机床夹具有哪些要求？下面将以"拨叉"夹具设计为例加以介绍。

知识汇总

- 夹具种类、夹具组成
- 定位原理、六点定位原则、定位方法、方位元件
- 基本夹紧机构、夹具体

案例6

图3.47为在拨叉上钻 $\phi 8.4$ mm 孔的工序简图。加工要求是：$\phi 8.4$ mm 孔为自由尺寸，可一次钻削保证。该孔在轴线方向的设计基准是槽14.2 mm 的对称中心线，要求距离为 (3.1 ± 0.1) mm；相对于 $\phi 15.81F8$ 孔中心线的对称度要求为 0.2 mm。本工序所用设备为 Z525 立式钻床。试设计其夹具。

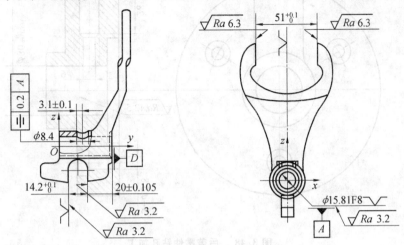

图3.47 拨叉

3.2.1 机床夹具的概述

在机械制造中，用来固定加工对象，使之占有正确位置，以接受加工或检测的装置，统称为夹具。

1. 机床夹具的作用

(1) 保证加工精度：用机床夹具装夹工件，能准确确定工件与刀具、机床之间的相对位置关系，可以保证加工精度。

(2) 提高生产效率：机床夹具能快速地将工件定位和夹紧，可以减少辅助时间，提高生产效率。

(3) 减轻劳动强度：机床夹具采用机械、气动、液动夹紧装置，可以减轻工人的劳动强度。

(4) 扩大机床的工艺范围：利用机床夹具，能扩大机床的加工范围。

2. 工件的装夹方法

在机械加工过程中，为了使该工序所要加工的表面能够达到图纸所规定的尺寸、几何形状及与其他表面间的相互位置精度等技术要求，在加工前先把工件夹好、夹牢。工件的装夹方法主要有按找正方式定位的装夹方法和用专用夹具装夹工件的方法两种。

(1) 按找正方式定位的装夹方法：这种装夹方法，一般是先按照工件表面划线，画出加工表面的尺寸和位置，装夹时用划针或百分表找正后再夹紧。

特点：适应性强，夹具结构简单，使用简便经济，适用于单件小批生产。但这种方式生产效率低，劳动强度大，加工质量不高，往往需要增加划线工序。

(2) 用专用夹具装夹工件的方法：在机床上加工零件时，通过专用夹具对工件进行定位和夹紧。

如图3.48所示零件，其余均已加工完毕，要求成批量生产，钻后盖上 $\phi 10$ 的孔。

因为该零件的孔加工为批量生产，所以为保证精度和提高生产效率，可以通过如图3.49所示钻床夹具进行装夹。

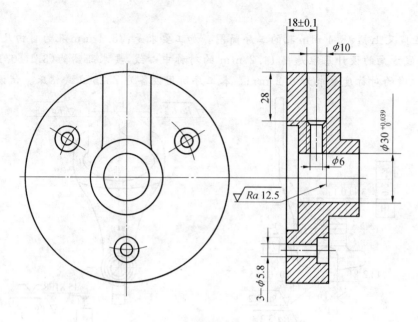

图 3.48　后盖零件钻孔加工

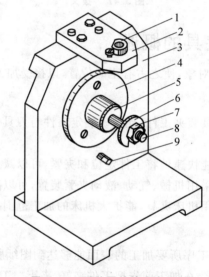

图 3.49　后盖零件钻床夹具

1—钻套；2—钻模板；3—夹具体；4—支撑板；5—圆柱销；
6—开口垫圈；7—螺母；8—螺杆；9—菱形销

3．机床夹具的分类

（1）按夹具的通用特性分类：通用夹具、专用夹具、可调夹具、成组夹具、组合夹具、随行夹具等。

① 通用夹具：通用夹具是指已经标准化的，在一定范围内可用于加工不同工件的夹具。例如，车床上三爪卡盘和四爪单动卡盘，铣床上的平口钳、分度头和回转工作台等。这类夹具一般由专业工厂生产，常作为机床附件提供给用户。其特点是适应性广，生产效率低，主要适用于单件、小批量的生产中。

② 专用夹具：专用夹具是指专为某一工件的某道工序而专门设计的夹具。其特点是结构紧凑，操作迅速、方便、省力，可以保证较高的加工精度和生产效率，但设计制造周期较长，制造费用也较高。当产品变更时，夹具将由于无法再使用而报废。只适用于产品固定且批量较大的生产中。

③ 通用可调夹具和成组夹具：其特点是夹具的部分元件可以更换，部分装置可以调整，以适应不同

零件的加工。用于相似零件的成组加工所用的夹具,称为成组夹具。通用可调夹具与成组夹具相比,加工对象不很明确,适用范围更广一些。

④ 组合夹具:组合夹具是指按零件的加工要求,由一套事先制造好的标准元件和部件组装而成的夹具。组合夹具由专业厂家制造,其特点是灵活多变,万能性强,制造周期短,元件能反复使用,特别适用于新产品的试制和单件小批生产。

⑤ 随行夹具:随行夹具是一种在自动线上使用的夹具。该夹具既要起到装夹工件的作用,又要与工件成为一体沿着自动线从一个工位移到下一个工位,进行不同工序的加工。

(2) 按使用的机床分类:由于各类机床自身工作特点和结构形式各不相同,对所用夹具的结构也相应地提出了不同的要求。按所使用的机床不同,夹具又可分为车床夹具、铣床夹具、钻床夹具、镗床夹具、磨床夹具、齿轮机床夹具和其他机床夹具等。

(3) 按夹紧的动力源分类:根据夹具所采用的夹紧动力源不同,可分为手动夹具、气动夹具、液压夹具、气液夹具、电动夹具、磁力夹具、真空夹具等。

4. 机床夹具的组成

(1) 定位元件:夹具的首要任务是定位,因此无论任何夹具都有定位元件。当工件定位基准面的形状确定后,定位元件的结构也就确定了。图3.49中的圆柱销5、菱形销9和支撑板4都是定位元件,通过它们使工件在夹具中占有正确的位置。

(2) 夹紧装置:用于夹紧工件,在加工时使工件在夹具中保持既定位置,确保工件不因受外力作用而破坏其定位。如图3.49中的螺母7和开口垫圈6。

(3) 对刀或导向元件:这些元件的作用是保证工件与刀具之间的正确位置。用于确定刀具在加工前正确位置的元件,称为对刀元件,如对刀块。用于确定刀具位置并导引刀具进行加工的元件,称为导向元件。如图3.49中的钻套1和钻模板2。

(4) 连接元件:使夹具与机床相连接的元件,保证机床与夹具之间的相互位置关系。如图3.49中夹具体3的底面为安装基面,保证了钻套1垂直于钻床工作台以及圆柱销5的轴线平行于钻床工作台。

(5) 夹具体:用于连接或固定夹具上各元件及装置,使其成为一个整体的基础件。它与机床有关部件进行连接、固定,使夹具相对机床具有确定的位置。如图3.49中的夹具体3。

(6) 其他元件及装置:有些夹具根据工件的加工要求,要有分度机构,铣床夹具还要有定位键等。

以上这些组成部分,并不是对每种机床夹具都是缺一不可的,但是任何夹具都必须有定位元件和夹紧装置,它们是保证工件加工精度的关键,目的是使工件定位、夹牢。

3.2.2 工件的定位原理

为了达到工件被加工表面的技术要求,必须保证工件在机床上相对于刀具占有正确的加工位置,即定位。而在加工过程中,为使工件正确的位置不受外力的影响,就必须把工件夹牢,这一过程即为夹紧。夹具是保证工件相对于机床、刀具占有正确位置的重要工具。

工件在加工过程中的正确位置,在使用的情况下,就是使机床、刀具、夹具和工件之间保持正确的加工位置。

夹具按通用特性可分为通用夹具、专用夹具、可调夹具、组合夹具和自动线夹具等五类;按使用机床分为车床夹具、铣床夹具、钻床夹具、镗床夹具、磨床夹具以及其他机床夹具等;按夹紧动力源分为手动夹具、气动夹具、液动夹具、气液动夹具、电动夹具、电磁夹具等。

机床夹具的组成为定位元件、夹紧装置、夹具体三个基本部分和对刀或导向装置、连接元件、其他装置或元件三个辅助部分组成。

1. 六点定位原则

工件定位的实质:使工件在夹具中占有某一个正确的加工位置。

一个空间处于自由状态的刚体,具有六个自由度。一个尚未定位的工件,相当于一个空间自由刚体,其空间位置是不确定的。

如图 3.50 所示,在空间直角坐标系中,工件可沿 X、Y、Z 轴方向移动和绕其转动,即它们有 6 个自由度。为保证工件的正确位置,就要对它们加以限制(即约束),这就有了夹具上的定位支承点。在这里,我们引出定位支承点的概念,将具体的定位元件抽象化,转化为相应的定位支承点来限制工件的自由度。

夹具用一个支承点限制工件的一个自由度,用合理分布的六个支承点限制工件的六个自由度,使工件在夹具中的位置完全确定。这就是六点定位原则。

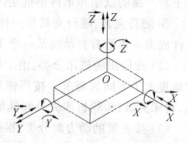

图 3.50 未定位工件的六个自由度

如图 3.51 所示,工件底面上 1、2、3,不在同一直线上的三个支承点,组成一个定位平面,限制了 Z、X、Y 三个方向上的自由度。三点构成的三角形面积越大,定位越稳定。工件侧面上的两个支承点 4、5,限制了 X、Z 两个方向上的自由度;两点连线不与底面垂直,否则,工件绕 Z 轴的转动自由度就不能限制。工件顶面上的一个支承点 6,限制了 Y 一个方向上的自由度。从而限制了工件的六个自由度,使工件的位置完全确定。

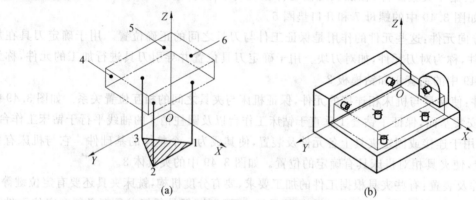

图 3.51 工件定位时支承点的分布

2. 限制工件自由度与加工要求的关系

我们在讨论工件表面位置精度或误差时,总是相对于工件本身的要素作为参照。这些用来作为参照的表面、线或点称为基准。基准的功能不同,种类也不同,如设计基准、工序基准、定位基准、测量基准、装配基准等。与工件定位有关的基准有两种,即工序基准和定位基准。

(1) 工序基准:在工序简图上用来确定本工序加工表面加工后的尺寸、形状、位置的基准称工序基准。简言之,它是工序图上的基准。例如,图 3.52(a)所示为钻套零件图,图 3.52(b)为车削端面 B、C 和外圆 ϕ40h6 工序图,A 面即是 B、C 面的长度方向的工序基准;大外圆轴线即为径向基准。

> **技术提示:**
> 工序基准有时不止一个,其数目取决于被加工表面的尺寸及位置要求。工序基准可以是表面要素,也可以是中心要素。

(2) 定位基准:加工工件时定位所用的基准称定位基准。用夹具装夹工件时,定位基准就是工件上

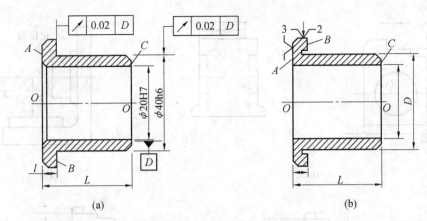

图 3.52　钻套零件车削工序简图

直接与夹具的定位元件接触的点、线、面。如车削图 3.52(a) 所示零件时，A 面、大小外圆轴线即是定位基准。

3. 工件的定位方式

(1) 完全定位：工件的六个自由度全部被限制，工件在空间占有完全确定的唯一位置，称完全定位。

(2) 不完全定位：有些工件，据加工要求，并不需限制其全部自由度，如图 3.53 所示的通槽，在加工时，Y 轴方向的移动自由度就不需要限制。因为一批工件逐个在夹具上定位时，即使各个工件沿 Y 轴的位置不同，也不会影响加工要求，这就是不完全定位。若此槽为不通槽，在 Y 轴方向有尺寸要求，则其移动自由度必须加以限制。

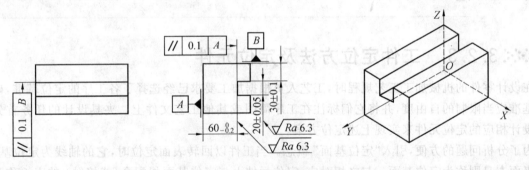

图 3.53　加工零件通槽工序图

(3) 欠定位：指工件的实际定位所限制的自由度数目少于按其加工要求所必须限制的自由度数目，这种定位方式称欠定位。其结果将会导致工件应该被限制的自由度不被限制的不合理现象。如图 3.54(a) 所示，如果仅以底面定位，而不用侧面定位或只在侧面上设置一个支承点定位时，则工件相对于成形运动的位置就可能偏斜，铣出的槽无法保证槽与侧面的距离和平行度要求。

技术提示：
　　欠定位不能满足工件加工精度的要求，故在加工过程中，绝对不允许它的出现。

(4) 过定位：过定位即重复定位，它是指定位时，几个定位支承点重复限制工件的同一个自由度，如图 3.54(b) 所示。定位销和支承板重复限制了 Z 轴的移动自由度，属于过定位。

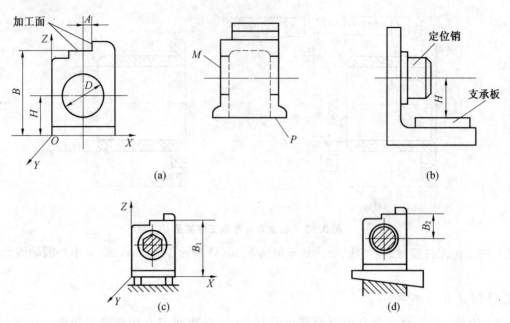

图 3.54　工件过定位及改进措施

> **技术提示：**
> 过定位在加工过程中安装零件时出现干涉，可将圆柱销改成菱形销或将支承板改成活动楔块，如图 3.54(c)、图 3.54(d) 所示。

3.2.3　工件定位方法及定位元件

在设计零件的机械加工工艺规程时，工艺人员根据加工要求已经选择了各工序的定位基准，确定各定位基准应当限制的自由度，并将它们标注在工序简图或其他工艺文件上。夹具设计的任务首先是选择和设计相应的定位元件来实现上述定位方案。

为了分析问题的方便，引入"定位基面"概念。当工件以回转表面定位时，它的轴线为定位基准，而回转表面本身则称为定位基面。与之相对应，定位元件上与定位基面相配合（或接触）的表面称为限位基面，它的理论轴线则称为限位基准。如工件以圆孔在心轴上定位时，工件内孔称为定位基面，其轴线为定位基准。与之相对应的心轴外圆表面称为限位基面，其轴线称为限位基准。工件以平面定位时，其定位基面与定位基准、限位基面与限位基准则是完全一致的。表 3.3 列出了常用定位元件限制工件自由度的情况。

> **技术提示：**
> 工件在夹具上定位时，理论上的定位基准与限位基准应重合，定位基面与限位基面应接触。

表 3.3　常用定位元件限制工件自由度的情况

工件定位基准面	定位元件	定位简图	定位元件特点	限制自由度
平面	支承钉			$1、2、3 \longrightarrow \vec{Z}、\hat{X}、\hat{Y}$ $4、5 \longrightarrow \vec{X}、\hat{Z}$ $6 \longrightarrow \vec{Y}$
	支承板		每个支承板也可设计为两个或两个以上小支承板	$1、2 \longrightarrow \vec{Z}、\hat{X}、\hat{Y}$ $3 \longrightarrow \vec{X}、\hat{Z}$
	固定支承与浮动支承		1、3 为固定支承 2 为浮动支承	$1、2 \longrightarrow \vec{Z}、\hat{X}、\hat{Y}$ $3 \longrightarrow \vec{X}、\hat{Z}$
	固定支承与辅助支承		1、2、3、4 为固定支承 5 为浮动支承	$1、2、3 \longrightarrow \vec{Z}、\hat{X}、\hat{Y}$ $4 \longrightarrow \vec{X}、\hat{Z}$ 5 —— 增加刚性，不限制自由度
圆孔	定位销（心轴）		长销（长心轴）	$\vec{X}、\vec{Y}、\hat{X}、\hat{Y}$
	锥销		单锥销	$\vec{X}、\vec{Y}、\vec{Z}$
			1 为固定销 2 为活动销，可往复移动	$\vec{X}、\vec{Y}、\vec{Z}$ $\hat{X}、\hat{Y}$

续表 3.3

工件定位基准面	定位元件	定位简图	定位元件特点	限制自由度
外圆柱面	支承板 或 支承钉		短支承板 或支承钉	$\vec{Z}$
			长支承板或 两个支承钉	$\vec{Z}、\hat{X}$
	V形块		窄 V 形块	$\vec{X}、\vec{Z}$
			宽 V 形块或 两个窄 V 形块	$\vec{X}、\vec{Z}$ $\hat{X}、\hat{Z}$
			垂直运动的窄 活动 V 形块	$\vec{X}$
	定位套		短套	$\vec{X}、\vec{Z}$
			长套	$\vec{X}、\vec{Z}$ $\hat{X}、\hat{Z}$
	半圆套		短半圆套	$\vec{X}、\vec{Z}$
			长半圆套	$\vec{X}、\vec{Z}$ $\hat{X}、\hat{Z}$
	锥套		单锥套	$\vec{X}、\vec{Y}、\vec{Z}$
			1 为固定锥套 2 为活动锥套	$\vec{X}、\vec{Y}、\vec{Z}$ $\hat{X}、\hat{Z}$

1. 工件以平面定位

(1) 主要支承：主要支承用来限制工件的自由度，起定位作用。其种类有固定支承、可调节支承、浮动支承三种。

① 固定支承种类：有支承钉和支承板两种形式，如图3.55、图3.56所示。在使用过程中，它们是固定不动的。

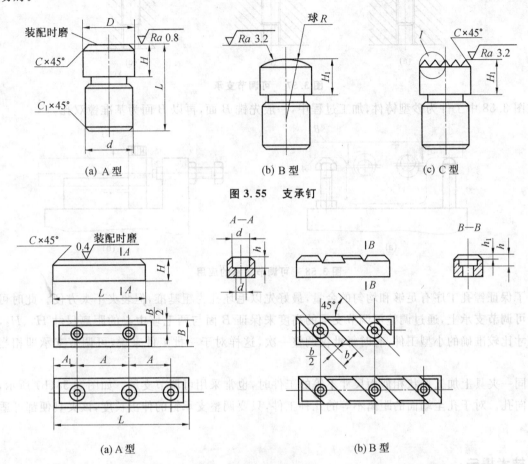

图 3.55　支承钉

图 3.56　支承板

A型支承钉是标准平面支承钉，常用于已经加工表面定位；当定位基准面是粗糙不平的毛坯表面时，采用B型球头支承钉，使其与粗糙表面接触良好；C型齿纹型支承钉常用于侧面定位，它能增大摩擦系数，防止工件受力后滑动。

大中型工件以精基准定位时，多采用支承板定位，可使接触面增大，避免压伤基准面，减少支承的磨损。A型支承板，结构简单，便于制造。但沉头螺钉处的积屑难以清除，宜作侧面或顶面支承；B型是带斜槽的支承，因易清除切屑，宜作底面支承，常用于以推拉方式装卸工件的夹具和自动线夹具。

技术提示：

支承钉、支承板已标准化，其公差配合、材料、热处理等可查阅机床夹具零件及部件国家标准。

工件以平面定位时，还可据工件定位平面的具体形状设计相应的支承板，工件批量不大时，也可直接以夹具体为限位平面。

② 可调节支承:在工件定位过程中,支承钉的高度需要调整时,采用图 3.57 所示的可调节支承。

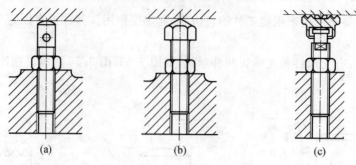

图 3.57　可调节支承

在图 3.58 中工件为砂型铸件,加工过程中,一般先铣 B 面,再以 B 面为基准镗双孔。

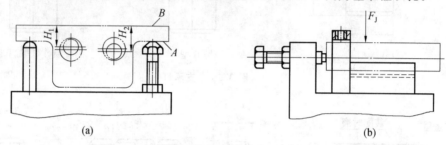

图 3.58　可调节支承的应用

为了保证镗孔工序有足够和均匀的余量,最好先以毛坯孔为粗基准,但装夹不太方便。此时可将 A 面置于可调节支承上,通过调整可调节支承的高度来保证 B 面与两毛坯中心的距离尺寸 H_1、H_2,对于毛坯尺寸比较准确的小型工件,有时每批仅调整一次,这样对于一批工件来说,可调节支承即相当于固定支承。

在同一夹具上加工形状相似而尺寸不等的工件时,也常采用可调节支承。如图 3.58(b) 所示,在轴上钻径向孔。对于孔至端面的距离不等的几种工件,只要调整支承钉的伸出长度,该夹具便都可适用。

技术提示:
可调节支承在加工过程中,对工件定位精度准确、方便,但要求操作者有一定的检测水平。

③ 浮动支承(自位支承):在工件定位过程中,能自动调整位置的支承称为浮动支承。如图 3.59 所示为浮动支承的结构,它们与工件的接触点数虽然是两点或三点或更多点,但仍只限制一个自由度。浮动支承点的位置随工件定位基准面的变化而自动调节,当基面有误差时,压下其中一点,其余各点即上升,直到全部接触为止。接触点数增加,可提高工件的安装刚性和定位的稳定性。但夹具结构较复杂。浮动支承适用于工件以毛坯定位或刚性不足的场合。

技术提示:
浮动支承可使工件与定位元件的接触点数增加,提高工件的安装刚性和定位的稳定性。但夹具结构较复杂。浮动支承适用于工件以毛坯定位或刚性不足的场合。

(2) 辅助支承:生产中,由于工件形状以及夹紧力、切削力、工件重力等原因,可能使工件在定位后

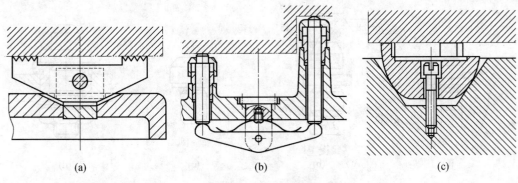

(a)   (b)   (c)

图 3.59 　浮动支承

产生变形或定位不稳定,常需要设置辅助支承。辅助支承是用来提高工件的支承刚度和稳定性的,起辅助作用,决不允许破坏主要支承的主要定位作用。图 3.60 为常用的辅助支承。

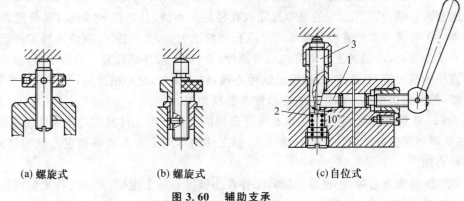

(a) 螺旋式   (b) 螺旋式   (c) 自位式

图 3.60 　辅助支承

1—滑柱;2—弹簧;3—支柱

各种辅助支承在每次卸下工件后,必须松开,装上工件后再调整和锁紧。

由于采用辅助支承会使夹具结构复杂,操作时间增加,因此当定位基准面精度较高,允许重复定位时,往往用增加固定支承的方法增加支承刚度。

> **技术提示:**
> 辅助支承主要为减少工件变形,提高工件稳定性;但结构复杂程度增加,工作效率较低。

2. 工件以内孔表面定位

在生产中常常遇到套筒、盘盖类零件,加工时是以内孔为定位基准的。工件以内孔定位是一种中心定位。定位面为圆柱孔,定位基准为中心轴线。通常要求内孔基准面有较高的精度。工件中心定位方法是用定位销或心轴等与孔的配合来实现的。有时采用自动定心定位。粗基准很少采用内孔定位。

(1) 定位销:定位销可分为固定式和可换式两种。图 3.61(a)、图 3.61(b)、图 3.61(c) 为固定式定位销,它可直接用过盈配合装在夹具体上。图 3.61(d) 为可换式定位销。在大量生产时,工件更换频繁,定位销易于磨损丧失定位精度,需要定期更换,可采用可换式定位销。

为便于工件装入,定位销的头部有 15°倒角,定位销的有关参数可查阅有关国家标准。

(2) 定位心轴:图 3.62 为常用定位心轴的结构形式。图 3.62(a) 为间隙配合心轴。心轴的基本尺寸取工件孔的最小极限尺寸,公差一般按 h6、g6 或 f7 制造,这种心轴装卸工件方便,但定心精度不高。

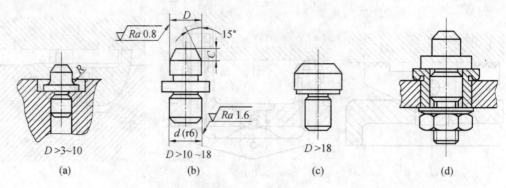

图 3.61　定位销

加工中为带动心轴旋转,工件常以孔和端面联合定位,因而要求工件定位孔与定位端面之间、心轴限位圆柱面与限位端面之间都有较高的垂直度,最好能在一次装夹中加工出来。

图 3.62(b)为过盈配合心轴,由引导部分、工作部分、传动部分组成。引导部分 1 的作用是使工件迅速而准确地套入心轴,其直径 D_3 的基本尺寸取孔径的最小值,公差按 e8 制造,其长度约为工件定位孔长度的一半。工作部分 2 的直径的基本尺寸取孔径的最大值,公差按 r6 制造。当工件定位孔的长度与直径之比 $L/D>1$ 时,心轴的工作部分应稍带锥度,直径 D_2 取基准孔直径的最小值,公差按 h6 确定;D_1 取基准孔直径的最大值,公差按 r6 确定。这种心轴,制造简单,定心精度高,不用另设夹紧装置,但装卸工作不方便,易损伤定位孔。多用于定心精度高的精加工。

图 3.62(c)是花键心轴,用于加工以花键孔定位的工件。当工件的定位孔长度与直径之比 $L/D>1$ 时,工作部分可稍带锥度。设计花键心轴时,应据工件的不同定心方式来确定心轴的结构,其配合可参考上述两种心轴。

图 3.62(d)是锥度心轴(小锥度心轴),工件在小锥度心轴上定位,并靠工件定位圆孔与心轴限位圆锥面的弹性变形夹紧工件。这种定位方式的定心精度较高,同轴度达 $\phi 0.01 \sim 0.02$ mm,但工件的轴向位移较大,不适用于轴向定距加工,广泛适用于短小工件高精度定心的精车和磨削加工。

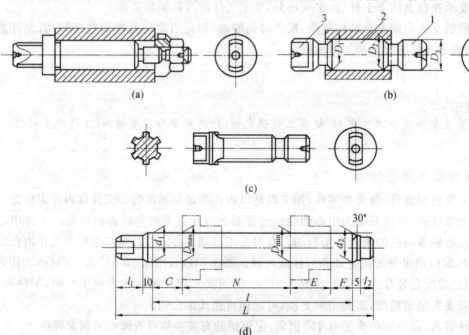

图 3.62　常用定位心轴的结构形式

（3）圆锥销：如图3.63所示为工件的孔缘在圆锥销上定位的方式，限制X、Y、Z三个移动自由度。图3.63(a)用于粗基准，图3.63(b)用于精基准。

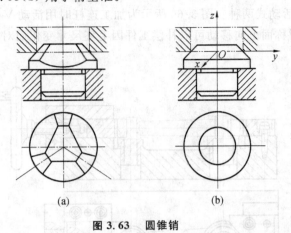

图3.63　圆锥销

工件以单个圆锥销定位时容易倾斜，故一般与其他定位元件组合使用，如图3.64所示。

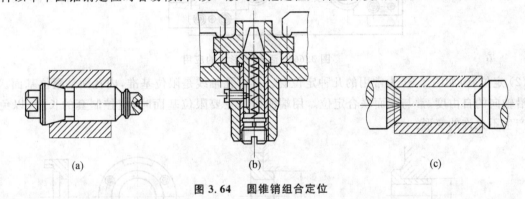

图3.64　圆锥销组合定位

3.工件以外圆柱表面定位

以外圆柱表面定位的工件有：轴类、套类、盘盖类、连杆类以及小壳体类等。常用定位元件有V块、定位套、半圆套等。下面介绍常用的定位元件。

（1）V形块：定位基准不论是完整的圆柱面还是圆弧面，都可采用V形块定位。其优点是对中性好，即能使工件的定位基准轴线对中在V形块两斜面的对称面上，而不受定位基面直径误差的影响，并且安装方便。

常用V形块结构如图3.65所示。

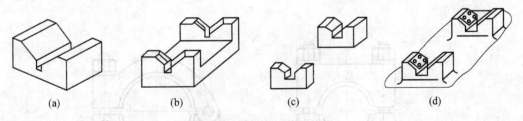

图3.65　常用V形块的结构

图3.65(a)适用于精基准定位，且基准较短；图3.65(b)适用于粗基准或阶梯形圆柱面的定位；图3.65(c)适用于长的精基准表面或两段相距较远的轴定位；图3.65(d)适用于直径和长度较大的重型工件定位，其V形块采用铸铁底座镶淬硬的支承板或硬质合金的结构，以减少磨损，提高寿命和节省钢材。

V形块两斜面间的夹角α一般选用60°、90°、120°。其中90°的V形块应用最广,其结构、尺寸均已标准化了。

V形块有固定式和活动式两种。图3.66所示为加工连杆时用活动V形块定位,它限制工件一个转动自由度,其沿V形块对称面方向移动可以补偿工件因毛坯尺寸变化而对定位的影响,同时还具有夹紧的作用。

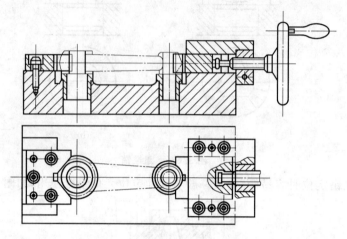

图3.66 活动V形块的应用

(2)定位套:如图3.67为常用的几种定位套。其内孔轴线是限位基准,内孔面是限位基面。为限制工件沿轴向的自由度,常与端面联合定位。用端面作为主要限位基面时,应控制套的长度,以免夹紧时工件产生不允许的变形。

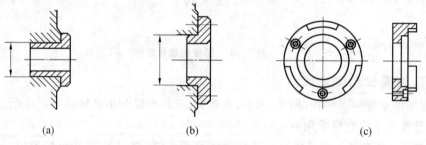

图3.67 常用定位套

(3)半圆套:如图3.68所示为外圆柱面用半圆套定位的结构。下面的半圆套是定位元件,上面的半圆套起夹紧作用。其最小直径应取工件定位外圆的最大直径。这种定位方式主要用于大型轴类零件及不便于轴向装夹的零件。定位基面的精度不低于IT8～IT9。其定位优点是夹紧力均匀,装卸工件方便。

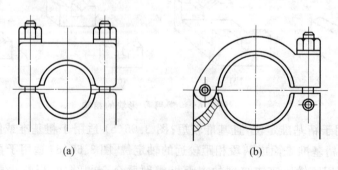

图3.68 半圆套定位装置

4. 工件以组合表面定位

前面介绍了一些典型定位方式，我们从中可以看出，它们都是以一些简单的几何表面（如平面、内外圆柱面、圆锥面等）作为定位基准的。因为尽管机器零件的结构形状千变万化，但是它们只是一些简单的几何表面作各种不同的组合而构成的。故只要掌握简单几何表面的典型定位方式，就可以据各种复杂零件的表面组成情况，把它们的定位问题简化为一些简单几何表面的典型定位方式的各种不同组合。

一般机器零件很少以单一几何表面作为定位基准来定位，通常都是以两个以上的几何表面作为定位基准面，采取组合定位。

采用组合定位时，如果各定位基准之间彼此无紧密尺寸联系（即没有尺寸精度要求），那么，这些定位基准的组合定位，就只能是把各种单一几何表面的典型定位方式直接予以组合而不能彼此发生重复限制自由度的过定位情况。

在实际生产中，有时是采用两个以上彼此有一定紧密尺寸联系（即有一定尺寸精度要求）的定位基准作组合定位，以提高多次重复定位时的定位。这时常会发生相互重复限制自由度的过定位现象。由于这些定位基准相互之间有一定尺寸精度联系，因此只要设法协调定位元件与定位基准的相互尺寸联系，来克服上述过定位现象，以达到多次重复定位时，提高定位精度的目的。下面以"一面两孔"定位为例进行分析。

(1) "一面两孔"定位时要解决的主要问题：在成批、大量生产中，加工箱体、杠杆、盖板等类零件时，常以一平面和两定位孔作为定位基准实现组合定位。这种组合定位方式简称为"一面两孔"定位。这时工件上的两个定位孔，可以是工件结构上的原有孔，也可以是专为工艺上定位需要而特地加工出来的工艺孔。"一面两孔"定位时所用的定位元件是：平面采用支承板定位，两孔采用定位销定位，如图3.69所示。

"一面两孔"定位中，支承板限制了三个自由度，短圆柱销1限制了两个自由度，还剩下一个绕垂直平面轴线的转动自由度需要限制。短圆柱销2也限制了两个自由度，它除了限制这个转动的自由度外，还要限制一个沿 X 轴的移动自由度。但这个移动自由度已被短圆柱定位销1所限制，于是两个定位销1、2重复限制沿轴的移动自由度 X 而发生矛盾。最严重时，如图3.69(a)所示。我们先不考虑两定位销中心距的误差，假设销心距为 L，一批工件中每个工件上的两定位孔的孔心距是在一定的公差范围内变化的，其中最大是 $L+\delta$，最小是 $L-\delta$，即在 2δ 范围内变化。当这样一批工件以两孔定位装入夹具的定位销时，就会出现像图3.69(a)所示那样的工件根本无法装入的严重情况。这就是因为定位销1和2重复限制了 X 轴的移动自由度所引起的。由于两定位销中心距和两定位孔中心距，都在规定的公差范围内变化，因而只要改变定位销2的尺寸偏差或定位销2的结构，来补偿在这个范围内的中心距变动量，便可消除因重复限制 X 轴的移动自由度所引起的矛盾。这就是采用"一面两孔"定位时所要解决的问题。

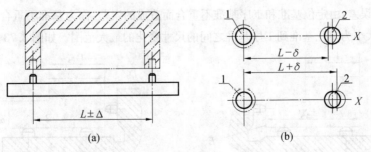

图 3.69 "一面两孔"定位

(2) 解决两孔定位问题的两种方法：

① 采用两个圆柱定位销作为两孔定位时所用的定位元件。可以通过把一个定位销的直径缩小来解决上述两孔装不进定位销的矛盾，如图 3.70 所示。

② 采用一个圆柱定位销和一个削边定位销（又称菱形销）作为两孔定位时所用的定位元件。如图 3.71 所示，假定定位孔 1 和定位销 1 的中心完全重合，则两定位孔间的中心距误差和两定位销间的中心距误差，全部由定位销 2 来补偿。

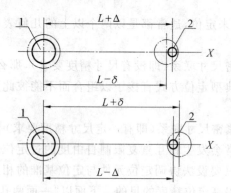

图 3.70　减小圆柱销直径

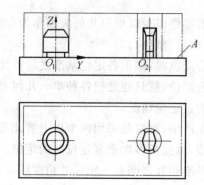

图 3.71　使用削边定位销

常用的削边销结构形式有如图 3.72 所示的三种。图 3.72(a) 用于定位孔直径很小时，为了不使定位销削边后的头部强度过分减弱，所以不削成菱形；图 3.72(c) 是用于孔径大于 50 mm 时，这时销钉本身强度已足够，主要是为了使制造更为简便。直径为 3～50 mm 的标准削边销都是做成菱形的，如图 3.72(b) 所示。

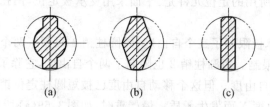

图 3.72　削边定位销的结构形式

5. 定位误差的计算

一批工件逐个在夹具上定位时，各个工件在夹具上的位置不可能完全一致，以致使加工后各工件的加工尺寸存在误差，这种因工件定位而产生的工序基准在工序尺寸上的最大变动量，称为定位误差，用 Δd 表示。主要包括基准不重合误差和基准位移误差。

定位误差研究的主要对象是工件上的工序基准和定位基准。工序基准变动量将影响工件的尺寸精度和位置精度。

(1) 基准不重合误差：由定位基准和工序基准不重合而造成的误差，称为基准不重合误差（或基准不符误差），用 Δb 表示。其大小为定位基准到工序基准之间的尺寸变化的最大范围。如图 3.73 所示，$\Delta b = 2\delta_e$。

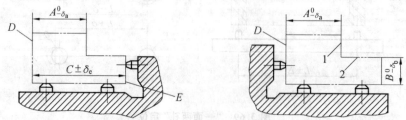

图 3.73　铣削加工定位简图

1,2－待加工表面

(2)基准位移误差:由定位基准和限位基准的制造误差引起的,定位基准在工序尺寸上的最大变动范围,称为基准位移误差,用 Δy 表示。不同的定位方式,其基准位移误差的计算方法也不同。

① 平面定位:工件以精基准面在平面支承中定位时,其基准位移误差可忽略不计。

② 圆柱销定位:当销垂直放置时,基准位移误差的方向是任意的,故其位移误差可按下式计算

$$\Delta y = X_{\max} = \delta_D + \delta_d + X_{\min}$$

式中　　$X_{\max}$——定位最大配合间隙,mm;

δ_D——工件定位基准孔的直径公差,mm;

δ_d——圆柱销或圆柱心轴的直径公差,mm;

$X_{\min}$——定位所需最小间隙,在设计时确定,mm。

当销水平放置时:基准位移误差的方向是固定的,属于固定单边接触,其位移误差按下式计算

$$\Delta y = (\delta_D + \delta_d + X_{\min})/2$$

因为方向固定,所以 $X_{\min}/2$ 通过适当的调整,可以消除。如图3.74所示,利用对刀装置消除最小间隙的影响。其中 H 为对刀工件表面至心轴中心距离的基本尺寸。H 的表达式为

$$H = a - h - X_{\min}/2$$

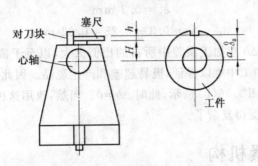

图 3.74　利用对刀装置消除最小间隙的影响

③ 用V形块定位:如图3.75所示,若不计V形块的误差而仅有工件基准面的圆度误差时,其工件的定位中心会发生偏移,产生基准位移误差。由此产生的基准位移误差为

$$\Delta y = \delta_d / 2\sin(\alpha/2)$$

式中　　δ_d——工件定位基准的直径公差,mm;

$\alpha/2$——V形块的半角。一般情况下 $\alpha = 60°、90°、120°$。

V形块对中性好,即沿 X 向的位移误差为零。

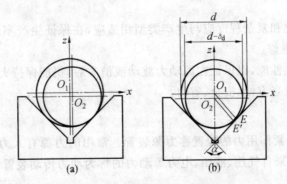

图 3.75　V形块定位的基准位移误差

下面以一个例子说明以平面定位时,定位误差的计算方法。

按图3.76(a)所示定位方案铣工件的台阶面,要求保证尺寸为 (20 ± 0.15) mm。试分析和计算这时的定位误差,并判断这一方案是否可行。

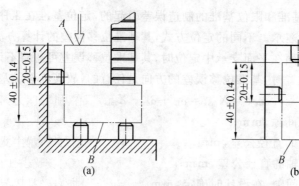

图 3.76　铣工件台阶面的两种定位方法

由于这时工件是以 B 面为定位基准,而保证加工尺寸 (20 ± 0.15) mm 的设计基准为 A 面,故存在基准不重合定位误差。定位误差的大小由定位尺寸公差确定。定位尺寸为 (40 ± 0.14) mm,其公差值为 0.28 mm,此值即为基准不重合误差 Δb。本工序要求保证尺寸 (20 ± 0.15) mm,其加工误差的允差为

$$\delta_k = 0.3 \text{ mm}$$
$$\delta_k - \Delta b = 0.3 - 0.28 = 0.02 \text{ mm}$$

从以上计算中可以看出,Δb 在加工误差中所占的比例太大,以至于留给其他加工误差的允差仅有 0.02 mm,此值太小,在实际加工中难以保证,极易超差和产生废品。因此,此定位方案不宜采用。最好改用基准重合的定位方案,如图 3.76(b) 所示,此时 $\Delta b = 0$。当然,改用这种方案后,工件由上向下装夹,夹紧方式不理想,而且结构也变得复杂了。

3.2.4　夹紧机构

1. 对夹紧装置的基本要求

机械加工过程中,为保持工件定位时所确定的正确加工位置,防止工件在切削力、惯性力、离心力及重力等作用下发生位移和振动,机床夹具应设有夹紧装置,将工件压紧夹牢。夹紧装置是否合理、可靠及安全,对工件加工精度、生产率和工人的劳动条件有着重大的影响。因此,夹紧机构应满足下面要求:

(1) 夹紧过程中,必须保证定位准确可靠,而不破坏原有的定位。

(2) 夹紧力的大小要可靠、适当,既保证工件在加工过程中位置稳定不变、振动小,又要使工件不产生过大的夹紧变形。

(3) 夹紧装置的自动化和复杂程度应与生产类型相适应,在保证生产率的前提下,其结构要力求简单,工艺性好,便于制造和维修。

(4) 应具有良好的自锁性能,以保证在原动力波动或消失后,仍能保持夹紧状态。

(5) 夹紧装置的操作应当方便、安全、省力。

2. 夹紧装置的组成

(1) 力源装置:产生夹紧作用力的装置称力源装置。常用的力源有人力和动力。力源来自于人力的称为手动夹紧装置;力源来自气压、液压、电力等动力的称为动力传动装置。如图 3.77 为气动铣床夹具示意图。

(2) 夹紧部分:接受和传递原始作用力使之变为夹紧力并执行夹紧任务的部分称为夹紧部分。一般由下列元件组成。

① 夹紧元件:它是实现夹紧作用的最终执行元件,如各种螺钉、压板等。

② 中间递力机构:通过它将力源产生的夹紧力传给夹紧元件,然后由夹紧元件最终完成对工件的

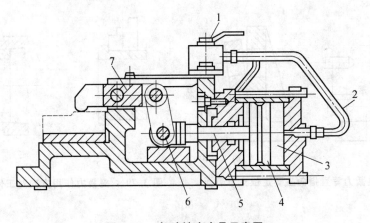

图 3.77 气动铣床夹具示意图
1—配气阀;2—管道;3—汽缸;4—活塞;
5—活塞杆;6—单铰链连杆;7—压板

夹紧。

一般中间递力机构可以在传递夹紧力的过程中,改变力的方向和大小,保证夹紧机构的工作安全可靠,并具有一定的自锁性能。

如图 3.77 中的单铰链连杆 6 作为中间递力机构,当利用螺钉直接夹紧工件时,就没有中间递力元件。

③ 夹紧机构:它是在手动夹紧时所使用的,由中间递力机构和夹紧装置组成,如手柄、螺母、压板等。

3.夹紧力的确定原则

夹紧力的确定,必须从力的三要素考虑,即力的大小、方向和作用点。它必须结合工件的形状、尺寸、重量和加工要求,定位元件的结构及分布方式,切削条件及切削力的大小等具体情况来确定。

(1)夹紧力方向的确定原则:夹紧力的方向不仅影响加工精度,而且还影响夹紧的实际效果。具体应考虑以下几点:

① 应保证定位准确可靠,而不破坏工件的原有定位精度:工件在夹紧力的作用下,应确保其定位基面贴在定位元件的工作表面上。为此要求主夹紧力的方向应指向主要的定位基准面,其余夹紧方向指向工件的定位支承。如图 3.78 所示,在角铁形工件上镗孔,加工要求孔中心线垂直 A 面,因此应以 A 面为主要定位基面,并使夹紧力垂直于 A 面,如图 3.78(a)所示。但若使夹紧力指向 B 面,如图 3.78(b)所示,则由于 A 与 B 面间存在垂直度误差,就无法满足加工要求。当夹紧力垂直指向 A 面有困难而必须指向 B 面时,则必须提高 A 面与 B 面的垂直度精度。

② 夹紧力的作用方向应使工件的夹紧变形尽量小:如图 3.79 所示为加工薄壁套筒,由于工件的径向刚度很差,用图 3.79(a)的径向夹紧方式将产生过大的夹紧变形。若改用图 3.79(b)的轴向夹紧方式,则可减少夹紧变形,保证工件的加工精度。

③ 夹紧力作用方向应使所需夹紧力尽可能小:如图 3.80 所示为夹紧力 F_w、工件重力 G 和切削力 F 三者关系的几种典型情况。为了安装方便及减少夹紧力,应使主要支承表面处于水平朝上位置。图 3.80(a)、图 3.80(b)所示工件安装既方便又稳定,特别是图 3.80(a),其切削力 F 与工件重力 G 均朝向主要支承表面,与夹紧力 F_w 方向相同,因而所需夹紧力最小。此时的夹紧力 F_w 只要防止工件加工时的转动及振动即可。图 3.80(c)、图 3.80(d)、图 3.80(e)、图 3.80(f)所示情况就较差,特别是图 3.80(d)所示情况所需夹紧力最大,一般应尽量避免。

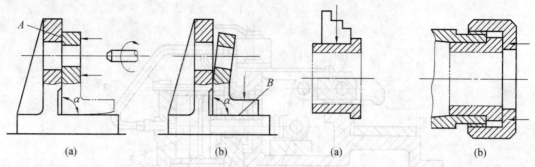

图 3.78 夹紧力垂直指向主要定位支承表面　　图 3.79 夹紧力作用方向对工件变形的影响

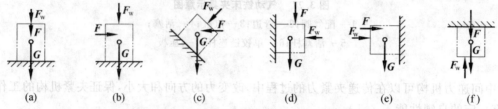

图 3.80 夹紧力方向与夹紧力大小的关系

(2)选择夹紧力作用点的原则:夹紧力作用点的位置、数目及布局同样应遵循保证工件夹紧稳定、可靠,不破坏工件原来的定位以及夹紧变形尽量小的原则。具体考虑以下几点:

① 保证工件稳固而不致引起工件发生位移或偏转。据这一原则,夹紧力的作用点须作用在定位元件的支承表面上或作用在几个定位元件所形成的稳定受力区域内,如图3.81(a)所示。图3.81(b)的作用点,会使原定位受到破坏。

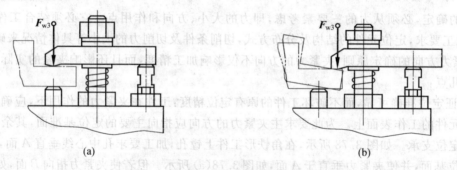

图 3.81 作用点与定位支承的位置关系

② 夹紧力的作用点应使夹紧变形尽量小。夹紧力应作用在工件刚性好的部位上。对于薄壁易变形的工件,应采用多点夹紧或使夹紧力均匀分布,以减少工件的夹紧变形。图3.82(a)、图3.82(b)为合理方案。如采用图3.82(c)、图3.82(d)的夹紧方案,将使工件产生变形。

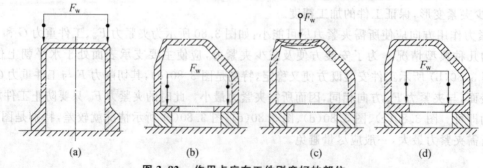

图 3.82 作用点应在工件刚度好的部位

③夹紧力的作用点应保证定位稳定、夹紧可靠。夹紧力的作用点应尽可能地靠近被加工表面,以提高定位的稳定性和夹紧的可靠性,如图3.83所示。有的工件由于结构形状所限,加工表面与夹紧力作用点较远且刚性又较差时,应在加工表面附近增加辅助支承及对应的附加夹紧力。如图3.83(c)所示,在加工表面附近增加了辅助支承,而F_{W1}为对应的附加夹紧力。

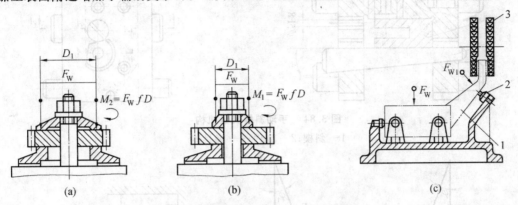

图 3.83　作用点应靠近工件加工部位

(3)夹紧力大小的确定原则:当夹紧力的方向和作用点确定后,就应计算所需夹紧力的大小。它直接影响夹具使用的安全性、可靠性。夹紧力过小,则夹紧不稳固,加工中工件仍会发生位移而破坏定位。轻则影响加工质量,重则发生安全事故。夹紧力过大,无必要,反而增加了夹紧变形,对加工质量不利,同时夹紧机构的尺寸也会相应加大。所以夹紧力的大小应适当。

在实际设计中,夹紧力的大小可根据同类夹具的实际使用情况,用类比法进行经验估计,也可用分析计算法近似估算。

分析计算法,通常是将夹具和工件视为刚性系统,找出在加工过程中,对夹紧最不利的瞬时状态。据该状态下的工件所受的主要外力即切削力和理论夹紧力(大型工件要考虑工件的重力,调整运动下的工件要考虑离心力或惯性力),按静力平衡条件解出所需理论夹紧力,再乘以安全系数作为所需实际夹紧力,以确保安全。即

$$F_{sW} = KF_W$$

式中　F_{sW}——所需实际夹紧力,N;
　　　F_W——按静力平衡条件解出的所需理论夹紧力,N;
　　　K——安全系数,据经验一般粗加工时取2.5~3;精加工取1.5~2。

所需实际夹紧力的具体计算方法可参照机床夹具设计手册等资料。

4. 基本夹紧机构

不论采用哪种力源形式,一切外力都要转化为夹紧力。这一转化过程是通过夹紧机构实现的。因此夹紧机构是夹紧装置中的一个重要组成部分。在各种夹紧机构中,起基本夹紧作用的多为斜楔、螺旋、偏心、杠杆、薄壁弹性元件等夹具元件,而其中以斜楔、螺旋、偏心以及由它们组合而成的夹紧装置应用最为普遍。

(1)斜楔夹紧机构:

①作用原理:图3.84为一种手动斜楔夹紧机构。需要在工件上钻削互相垂直的$\phi 8$ mm与$\phi 5$ mm小孔。工件装入夹具,在夹具体上定位后,锤击楔块大头,则楔块对工件产生夹紧力和对夹具体产生正压力,从而把工件夹紧。加工完毕后,锤击小头即可松开工件。

由此可见,斜楔主要是利用其斜面移动和所产生的压力来夹紧工件的,即楔紧作用。

②夹紧力的计算:斜楔夹紧时的受力情况如图3.85(a)所示,斜楔所受外力为F_Q,产生的夹紧力为F_W,按斜楔受力的平衡条件得

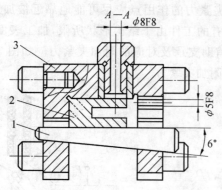
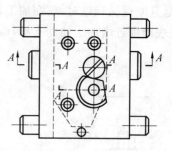

图 3.84　手动斜楔夹紧机构
1— 斜楔；2— 工件；3— 夹具体

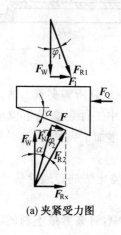
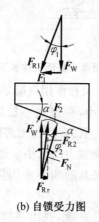
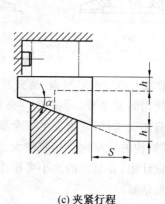

(a) 夹紧受力图　　　　　　(b) 自锁受力图　　　　　　(c) 夹紧行程

图 3.85　斜楔的受力分析

$$F_Q = F_W \tan \varphi_1 + F_W \tan(\alpha + \varphi_2)$$

$$F_W = \frac{F_Q}{\tan \varphi_1 + \tan(\alpha + \varphi_2)}$$

当 α、φ_1、φ_2 均很小且 $\varphi_1 = \varphi_2 = \varphi$ 时，上式可近似简化为

$$F_W = \frac{F_Q}{\tan(\alpha + 2\varphi)}$$

式中　F_W—— 夹紧力，N；

F_Q—— 作用力，N；

φ_1, φ_2—— 分别为斜楔与支承面及与工件受压面间的摩擦角，常取 $\varphi_1 = \varphi_2 = 5° \sim 8°$；

α—— 斜楔的斜角，常取 $\alpha = 6° \sim 10°$。

③ 斜楔的自锁条件：如图 3.85(b) 所示，当作用力消失后，斜楔仍能夹紧工件而不会自行退出。则自锁条件为

$$F_1 \geqslant F_{R2} \sin(\alpha - \varphi_2)$$
$$F_1 = F_W \tan \varphi_1$$
$$F_W = F_{R2} \cos(\alpha - \varphi_2)$$

由之得

$$F_W \tan \varphi_1 \geqslant F_W \cos(\alpha - \varphi_2)，\quad \alpha \leqslant \varphi_1 + \varphi_2 = 2\varphi \quad (设 \varphi_1 = \varphi_2 = \varphi)$$

一般钢铁的摩擦系数 $\mu = 0.1 \sim 0.15$，摩擦角 $\varphi = \arctan(0.1 \sim 0.15) = 5°43' \sim 8°32'$，故 $\alpha \leqslant 11° \sim 17°$。但考虑到斜楔的实际工件条件，为自锁可靠起见，取 $\alpha = 6° \sim 8°$。当 $\alpha = 6°$ 时，$\tan \alpha \approx 0.1 = 1/10$，因此，斜楔机构的斜度一般取 $1:10$。

④ 斜楔机构的结构特点：

a.具有自锁特性：当斜角小于斜楔与工件以及斜楔与夹具体间的摩擦角之和时，满足斜楔的自锁条件。

b.具有增力特性：斜楔的夹紧力与原始作用力之比称为增力比 i_F（或称增力系数），即

$$i_F = F_W/F_Q = 1/[\tan \varphi_1 + \tan(\alpha + \varphi_2)]$$

当在不考虑摩擦影响时 $i_F = 1/\tan \alpha$，此时 α 越小，增力作用越大。

c.斜楔机构的夹紧行程小：工件所要求的夹紧行程 h 与斜楔相应移动的距离 S 之比称为行程比 i_S，即

$$i_S = h/S = \tan \alpha$$

因 $i_F = 1/i_S$，故斜楔理想增力倍数等于夹紧行程的缩小倍数。因此，选择升角 α 时，必须同时考虑增力比和夹紧行程两方面的问题。

d.斜楔机构可改变夹紧力作用方向：由图 3.85 可知，当对斜楔机构外加一个水平方向的作用力时，将产生一个垂直方向的夹紧力。

⑤ 适用范围：由于手动斜楔机构在夹紧工件时，费时费力，效率极低，所以很少使用。因其夹紧行程较小，所以对工件的夹紧尺寸（工件承受夹紧力的定位基准至其受压面间的尺寸）的偏差要求很高，否则将会产生夹不着或无法夹紧的状况。因此，斜楔夹紧机构主要用于机动夹紧机构中，且毛坯的质量要求很高。

(2) 螺旋夹紧机构：螺旋夹紧机构由螺钉、螺母、螺栓或螺杆等带有螺旋的结构与垫圈、压板等组成。它不仅结构简单、制造方便，而且由于缠绕在螺钉面上的螺旋线很长，升角小，所以螺旋夹紧机构的自锁性能好，夹紧力和夹紧行程都较大，是目前应用较多的一种夹紧机构。

① 作用原理：螺旋夹紧机构中所用的螺旋，实际上相当于把斜楔绕在圆柱上，因此，其作用原理与斜楔夹紧机构作用原理一样。只不过是通过转动螺旋，使绕在圆柱体上的斜楔高度发生变化，从而产生夹紧力来夹紧工件。

② 结构特点：螺旋夹紧机构的结构形式很多，但从夹紧方式分，可分为单个螺栓和螺旋压板夹紧机构两种。如图 3.86 所示为典型螺旋压板夹紧机构示意图。

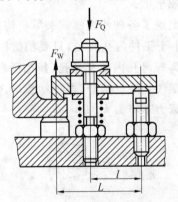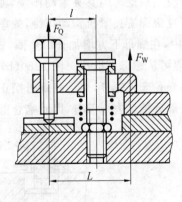

图 3.86　典型螺旋压板夹紧机构示意图

图 3.87 为单个螺栓夹紧机构。图 3.87(a) 为直接用螺钉压在工件表面，易损伤工件表面；图 3.87(b) 所示在螺钉头部装有摆动压块，可以防止螺钉转动损伤工件表面或带动工件旋转。典型的摆动压块如图 3.88 所示，图 3.88(a) 为光面压块，用于压紧已加工表面；图 3.88(b) 为槽面压块，用于压紧未加工过的毛坯表面；图 3.88(c) 为球面压块，可自动调心。压紧螺钉及压块已标准化，可查阅相关手册。

螺旋夹紧机构中，螺旋升角 $\alpha \leqslant 4°$，所以自锁性能好，耐振动。由于螺旋相当于长斜楔绕在圆柱体

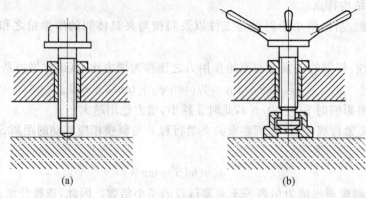

图 3.87　单个螺旋夹紧机构

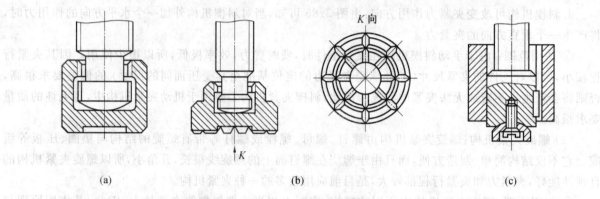

图 3.88　典型摆动压块

上,所以夹紧行程不受限制,可以任意加大,不会使机构增大。

设计螺旋夹紧机构应根据所需的夹紧力大小选择合适的螺纹直径。

③ 适用范围:由于螺旋夹紧机构结构简单、制造方便、增力比大、夹紧行程不受限制,所以在手动夹紧机构中应用广泛。但其夹紧动作慢,辅助时间长,效率低。

为了克服螺旋夹紧机构动作慢,效率低的缺点,出现了各种快速螺旋夹紧机构,如图3.89所示。图 3.89(a)中,在螺母下方增加开口垫圈,螺母的外径小于工件内孔直径,只要稍微松动螺母,即可抽出垫圈,工件便可从螺母上取出。图 3.89(b)为快卸螺母,螺母孔内钻有光孔,其孔径略大于螺纹的外径,螺母斜向沿光孔套入螺杆,然后将螺母摆正,使螺母的螺纹与螺杆啮合,再拧动螺母,便可夹紧工件。但螺母的螺纹部分被切去一部分,因此啮合部分减小,夹紧力不能太大。

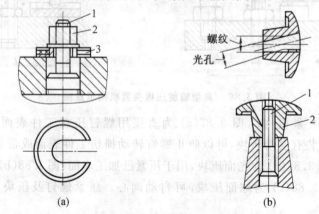

图 3.89　快速螺旋夹紧机构

1— 螺杆;2— 螺母;3— 开口垫圈

(3) 偏心夹紧机构：用偏心元件直接夹紧或与其他元件组合而实现对工件的夹紧的机构称为偏心夹紧机构。它是利用转动中心与几何中心偏移的圆盘或轴等为夹紧元件来夹紧工件的。图 3.90 所示为常见的各种偏心夹紧机构，其中图 3.90(a)是偏心轮和螺栓压板的组合夹紧机构；图 3.90(b)是利用偏心轴夹紧工件的。

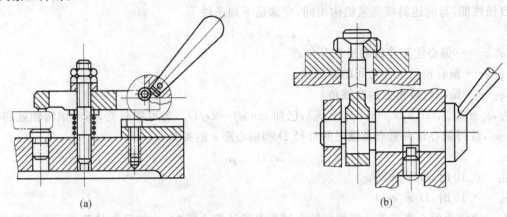

图 3.90　偏心夹紧机构实例

① 偏心夹紧机构的工作特性：如图 3.91(a)所示的圆偏心轮，其直径为 D，偏心距为 e，由于其几何中心 C 和回转中心 O 不重合，当顺时针方向转动手柄时，就相当于一个弧形楔块卡紧在转轴和工件受压表面之间而产生夹紧作用。将弧形楔展开，则得如图 3.91(b)所示的曲线斜楔，曲线上任意一点的切线和水平线的夹角即为升角。有关计算：设 α_x 为任意夹紧点 x 处的升角，其值可由 $\triangle O \alpha C$ 中求得

$$\sin \alpha_x / e = \sin(180° - \varphi_x)/(D/2)$$
$$\sin \alpha_x = 2e\sin \varphi_x / D$$

式中，转角 φ_x 的变化范围为 $0° \leqslant \varphi_x \leqslant 180°$，由上式可知，当 $\varphi_x = 0°$ 时，任意点 m 的升角最小，$\alpha_m = 0°$，随着转角 φ_x 的增大，升角 α_x 也增大，当 $\varphi_x = 90°$ 时（即 T 点），升角 α 为最大值，此时

$$\sin \alpha_T = \sin \alpha_{\max} = 2e/D$$
$$\alpha_T = \alpha_{\max} = \arcsin(2e/D)$$

因 α 很小，故取 $\alpha_{\max} \approx 2e/D$。

当 φ_x 继续增大时，α_x 将随着减小；$\varphi_x = 180°$，即 n 点处，此处的 $\alpha_n = 0°$。

偏心轮这一特性很重要，因此它与工作段的选择、自锁性能、夹紧力的计算以及主要结构尺寸的确定关系极大。

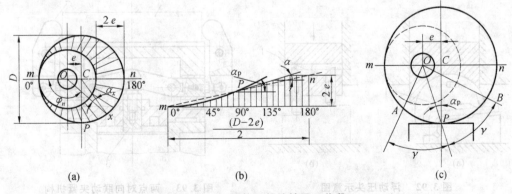

图 3.91　圆偏心轮特性及工作段

② 偏心轮工作段的选择：从理论上讲，偏心轮下半部整个轮廓曲线上的任一点都可以用来做夹紧点，相当于偏心轮转过 180°，夹紧的总行程为 $2e$。但实际上为防止松夹和咬死，常取 P 点左右圆周上的

$1/6\sim 1/4$ 圆弧,即相当于偏心轮转角为 $60°\sim 90°$ 的范围所对应的圆弧为工作段。如图 3.91(c) 所示的 AB 弧段。由图 3.91(c) 可知,该段近似为直线,工作段上任意点的升角变化不大,几乎接近于常数,可以获得比较稳定的自锁性能。因此,在实际工作中,多按这种情况来设计偏心轮。

③ 偏心轮夹紧的自锁条件:使用偏心轮夹紧时,必须保证自锁,否则将不能使用。要保证偏心轮夹紧时的自锁性能,与前述斜楔夹紧机构相同,应满足下列条件

$$\alpha_{max} \leqslant \varphi_1 + \varphi_2$$

式中　α_{max}——偏心轮工作段的最大升角;

　　　φ_1——偏心轮与工件之间的摩擦角;

　　　φ_2——偏心轮转角处的摩擦角。

因为,$\alpha_p = \alpha_{max}$,$\tan \alpha_p \leqslant \tan(\varphi_1 + \varphi_2)$,已知 $\tan \alpha_p = 2e/D$。为可靠起见,不考虑转轴处的摩擦,又 $\tan \varphi_1 = \mu_1$,故得偏心轮夹紧点自锁时的外径 D 和偏心距 e 的关系

$$2e/D \leqslant \mu_1$$

当 $\mu_1 = 0.10$ 时,$D/e \geqslant 20$;

当 $\mu_1 = 0.15$ 时,$D/e \geqslant 14$。

称 D/e 之值为偏心率或偏心特性。按上述关系设计偏心轮时,应按已知的摩擦系数和需要的工作行程定出偏心量 e 及偏心轮直径 D。一般摩擦系数取较小值,以使偏心轮的自锁更可靠。

④ 适用范围:偏心夹紧机构的特点是结构简单、动作迅速,但它的夹紧行程受偏心距的限制,夹紧力较小,故一般用于工件被夹压表面的尺寸变化较小和切削过程中振动不大的场合,多用于小型工件的夹具中。对于受压表面质量有一定的要求,受压面的位置变化也要较小。

(4) 联动夹紧机构:根据工件结构特点和生产率的要求,有些夹具要求对一个工件进行多点夹紧,或者需要同时夹紧多个工件。如果分别依次对各点或各工件夹紧,不仅费时,也不易保证各夹紧力的一致性。为提高生产率及保证加工质量,可采用各种联动夹紧机构实现联动夹紧。

联动夹紧是指操纵一个手柄或利用一个动力装置,就能对一个工件的同一方向或不同方向的多点进行均匀夹紧,或同时夹紧若干个工件的机构称联动夹紧机构。前者称为多点联动夹紧,后者称为多件联动夹紧。

① 多点联动夹紧机构:最简单的多点联动夹紧机构是浮动压头,如图 3.92 所示。其特点是有一个浮动元件 1,当其中一个夹压后,浮动元件就会摆动或移动,直到另一个点也接触工件均衡压紧工件为止。

图 3.93 为两点对向联动夹紧机构,当液压缸中的活塞杆 3 向下移动时,通过双臂铰链使浮动压板 2 相对转动,最后将工件压紧。

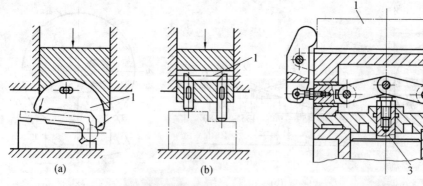

图 3.92　浮动压头示意图　　　图 3.93　两点对向联动夹紧机构

1—工件;2—浮动压板;3—活塞杆

② 多件联动夹紧机构:多件联动夹紧机构,多用于中、小型工件的加工。按其对工件施加力方式的不同,一般可分为平行夹紧、顺序夹紧、对向夹紧及复合夹紧等方式。

图 3.94(a)为浮动压板机构对工件平行夹紧的实例。压板 2、摆动压块 3 和球面垫圈 4 可以相对转动,均是浮动件,故旋动螺母 5 可同时平行夹紧每个工件。图 3.94(b)所示为液性介质联动夹紧机构。密闭腔内的不可压缩液性介质既能传递力,还能起浮动环节作用。旋紧螺母 5 时,液性介质推动各个柱塞 7,使它们与工件全部接触并夹紧。

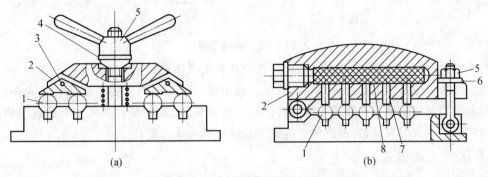

图 3.94　平行式多件联动夹紧机构
1— 工件;2— 压板;3— 摆动压块;4— 球面垫圈;5— 螺母;6— 垫圈;7— 柱塞;8— 液性介质

3.2.5　夹具体

1. 夹具体的基本要求

夹具体是整个夹具的基础件。在夹具体上要安装组成该夹具所需要的各种元件、机构、装置等,而且还要便于装卸工件以及在机床上的固定。因此,夹具体的形状和尺寸,主要取决于夹具上各组成件分布情况、工件的形状、尺寸以及加工性质等。

对夹具体的设计提出以下一些基本要求:

(1) 应有足够的强度和刚度:以保证加工过程中在夹紧力、切削力等外力作用下,不致产生不允许的变形和振动。为此,夹具体应该有足够的壁厚,在刚度不足处可设置一些加强筋,一般加强筋厚度取壁厚的 0.7～0.9,加强筋的高度不大于壁厚的 5 倍。近年来有些工厂采用框形结构的夹具体,可进一步提高强度和刚度,而重量却能减轻。

(2) 力求结构简单,装卸工件方便:夹具体结构要简单以防止无法制造和难以装卸的现象发生。在保证强度和刚度的前提下,尽可能体积小,重量轻,特别对手动、移动或翻转夹具,要求夹具总重量不超过 100 N(相当于 10 kg),以便于操作。

(3) 有良好的结构工艺性和实用性:以便于制造、装配和使用。夹具体上有三部分表面是影响夹具装配后精度的关键,即夹具体的安装基面(与机床连接的表面);安装定位元件的表面;安装对刀或导向装置的表面。而其中往往以夹具体的安装基面作为加工其他表面的定位基准,因此在考虑夹具体结构时,应便于达到这些表面的加工与要求。对于夹具体上供安装各元件的表面,一般应铸出 3～5 mm 高的凸台,以减少加工面积。夹具体上不加工的毛面与工件表面之间应保证有一定的空隙,以免安装时产生干涉,空隙大小可按经验数据选取。

(4) 夹具体的尺寸要稳定:夹具体经制造加工后,应防止日久变形。为此,对于铸造夹具体,要进行时效处理;对于焊接夹具体,则要进行退火处理。铸造夹具体的壁厚变化要和缓、均匀,以免产生内应力。

(5) 排屑要方便:为防止加工中切屑聚积在定位元件工作表面上或其他装置中,而影响工件的正确定位和夹具的正常工作,因此在设计夹具体时,要考虑切屑的排除问题。当加工所产生的切屑不多时,可适当加大定位元件工作表面与夹具体之间的距离或增设容屑沟,以增加容屑空间,如图 3.95 所示。

(6) 夹具在机床上安装要稳定、可靠:对于固定在机床上的夹具体,应使其重心尽量低;对于不固定

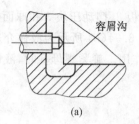
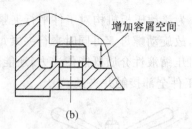

图 3.95 容屑空间

在机床上的夹具体,则夹具的重心和切削力作用点应落在夹具体在机床上的支承面范围内,夹具越高则支承面积越大。为了使接触面稳定、可靠,夹具体底面中部一般应挖空。对于旋转类的夹具体,要求尽量无凸出部分或装上安全罩。在加工中要翻转或移动的夹具体,通常要在夹具体上设置手柄或手扶部位以便于操作。对于大型夹具,为考虑便于起吊要有吊环螺栓或起重孔。

2. 夹具体的毛坯制造方法

在选择夹具体的毛坯制造方法时,应以下面因素作为考虑依据。即工艺性、结构合理性、制造周期、经济性、标准化可能性以及工厂的具体条件等。生产中常用的夹具体毛坯制造方法有以下四种:

(1) 铸造夹具体:铸造夹具体工艺性好(可铸出各种复杂的外形),且抗压强度、刚度、抗震性都较好。但生产周期长,为消除内应力,还要进行时效处理,成本高。

材料:大多采用灰铸铁 HT150 或 HT200,当要求强度高时,也可采用铸钢件,要求重量轻时,在条件允许的情况下也可采用铸铝件。

(2) 焊接夹具体:焊接夹具体与铸造相比其优点是易于制造、生产周期短、成本低、重量轻。缺点是焊接过程中产生的热变形和残余应力对精度影响较大,需退火处理;且难获得较复杂的外形。

(3) 锻造夹具体:锻造夹具体只适用于形状简单、尺寸不大的场合,一般情况下较少使用。

(4) 装配夹具体:装配夹具体是很有发展前途的一种制造方法,选用标准毛坯件或标准零件组成所需夹具体结构。可大大缩短夹具体的制造周期,可以组织专门工厂专业地成批生产,提高经济效益,进一步降低成本。当然,要推广这种方法,必须实现夹具体的结构标准化和系列化。

3. 案例实施(见图 3.47)

(1) 定位方案的设计:

① 确定所需限制的自由度数、选择定位基准并确定各基准面上支承点的分布。

为保证所钻 $\phi 8.4$ mm 孔与 $\phi 15.81$F8 中心线对称并垂直,需限制工件的 X 移动和转动、Z 方向转动三个自由度;为保证所钻 $\phi 8.4$ mm 孔在对称面(YZ 面)内,还需限制 Y 转动自由度;为保证尺寸(3.1 ± 0.1) mm,还需限制 Y 移动自由度。

综上所述,应限制工件的五个自由度。

定位基准的选择应尽可能遵循基准重合原则,并尽量选用精基准定位。故以 $\phi 15.81$F8 孔作为主要定位基准,设置四个支承点限制工件的 X、Z 移动及转动四个自由度,以保证所钻孔与基准孔的对称度和垂直度要求;以 $\phi 51^{+0.10}_{0}$ 槽面作定位基准,设置一点,限制 Y 转动自由度,由于它离 $\phi 15.81$F8 距离较远,故定位准确且稳定可靠;以槽面 B、C 或端面 D 作为止推定位基准,设置一点,限制 Y 移动自由度。

若以 D 面定位,因工序基准为 $14.2^{+0.10}_{0}$ mm 槽的对称面(对称至 B 面距离尺寸为 $7.1^{+0.05}_{0}$ mm),故其基准不符合误差为 $0.05+0.105\times 2=0.26$ mm,已超过尺寸(3.1 ± 0.1) mm 的加工公差 0.2 mm 的要求,故此方案不能采用。

若以 B、C 面的一个侧面定位,则基准不符合误差为 $\Delta b_2=0.05$ mm。

若以 B、C 面的对称面定位,则 $\Delta b_3=0.05$ mm。

上述三种方案中,第一种方案不能保证加工精度;第二种方案具有结构简单,加工精度可以保证的优点;第三种方案定位误差为零,但结构比前两种复杂。从大比量生产条件考虑,第三种方案的夹紧元件使用偏心轮,虽然结构复杂,但能完成夹紧任务,因此第三种方案恰当。

② 选择定位元件结构:$\phi 15.81F8$孔采用长圆柱销定位,其配合选为 $\phi 15.81F8/h7$。以 $\phi 51^{+0.10}_{0}$ 槽面作定位可以采用两种方案,如图 3.96 所示。图 3.96(a)为在其中一个槽面上布置一个防转销;图 3.96(b)为利用槽的两侧面布置一个大削边销,从定位稳定性及有利于夹紧等考虑,图 3.96(b)方案较好,其定位元件如图 3.96(c)所示。

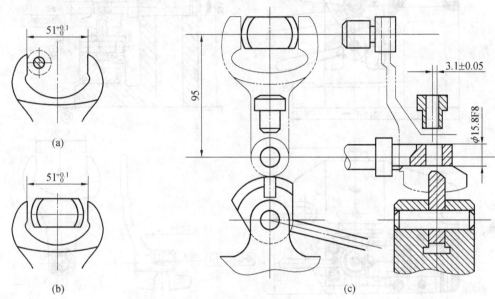

图 3.96　防转定位方案分析

(2)夹紧方案的设计:

① 在心轴轴向施加轴向力夹紧:在心轴端部采用螺旋夹紧机构,夹紧力与切削力处于垂直状态。这种结构虽然简单,但装卸工件却比较麻烦。

② 在槽14.2 mm中采用带对斜面的偏心轮定位件夹紧:当偏心轮转动时,对称斜面楔入槽中,斜面上的向上分力迫使工件孔 $\phi 15.81F8$ 与定位心轴的下母线紧贴,而轴向分力又使斜面与槽紧贴,使工件在轴向被偏心轮固定,起到了既定位又夹紧的作用。

显然,第二种方案具有操作方便的优点,最终夹具图如图 3.97 所示。

技术提示:
上案例中零件的加工所用到的夹具,它包含了有关机床夹具的知识点:
(1)本夹具所起的作用;
(2)被加工工件的定位原理、定位方法、定位元件;
(3)该夹具所用到的夹具体、夹紧机构以及相关的装拆方法等。

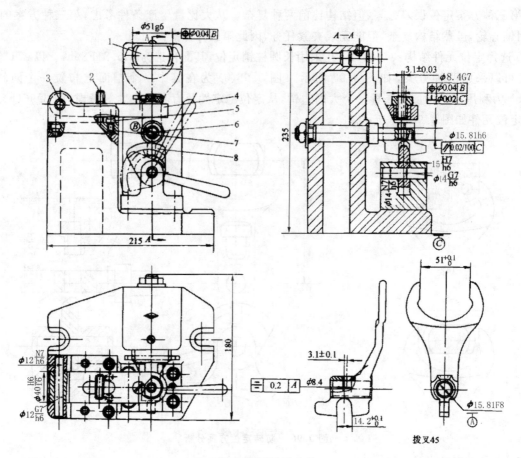

图 3.97 拨叉钻孔夹具

1—扁销；2—紧定螺钉；3—销轴；4—钻模板；5—支承钉；6—定位轴；7—偏轮；8—夹具体

3.2.6 拓展知识——常见机床夹具及其设计要点、方法和步骤

1. 车床夹具

车床夹具主要用于加工零件的内外圆柱面、圆锥面、回转成形面、螺纹及端平面等。在加工过程中，夹具安装在机床主轴上随主轴一起带动工件转动。除常用的顶针、三爪卡盘、四爪卡盘、花盘等一类万能通用夹具外，有时还要设计一些专用夹具。

(1) 车床夹具的主要类型：

① 心轴类夹具：在前面已经介绍了各类心轴，这里不再赘述。

② 花盘式车床夹具：如图 3.98 所示为车削十字槽轮零件精车圆弧 $\phi 23_{\ 0}^{+0.023}$ mm 的工序简图。本工序要求保证四处 $\phi 23_{\ 0}^{+0.023}$ mm 圆弧、对角圆弧位置尺寸 (18 ± 0.02) mm 及对称度公差 0.02 mm、$\phi 23_{\ 0}^{+0.023}$ mm 轴线与 $\phi 5.5h6$ 轴线的平行度允差 $\phi 0.01$ mm。

如图 3.99 所示为加工该工序的车床夹具，工件以 $\phi 5.5h6$ 外圆柱面与端面 B、半精车的 $\phi 22.5h8$ 圆弧面（精车第二个圆弧面时则用已经车好的 $\phi 23_{\ 0}^{+0.023}$ mm 圆弧面）为定位基面，夹具上定位套 1 的内孔表面与端面、定位销 2 (安装在定位套 3 中，限位表面尺寸为 $\phi 22.5_{-0.01}^{\ 0}$ mm，安装在定位套 4 中，限位表面尺寸为 $\phi 23_{-0.008}^{\ 0}$ mm，图中未画出，精车每两个圆弧面时使用）的外圆表面为相应的限位基面。限制工件 6 个自由度，符合基准重合原则。同时加工三件，利于对尺寸的测量。

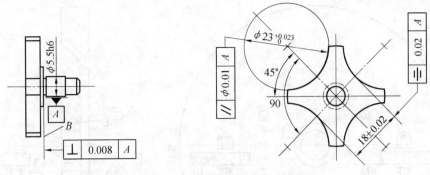

图 3.98　十字槽轮零件精车工序简图

③ 角铁式车床夹具：角铁式车床夹具的结构特点是具有类似角铁的夹具体。在角铁式车床夹具上加工的工件形状较复杂。它常用于壳体、支座、接头等类零件上圆柱面及端面。当加工工件的主要定位基准是平面，被加工面的轴线对主要定位基准平面保持一定的位置关系（平行或成一定角度）时，相应的夹具上的平面定位件设置在与车床主轴轴线相平行或成一定角度的位置上。

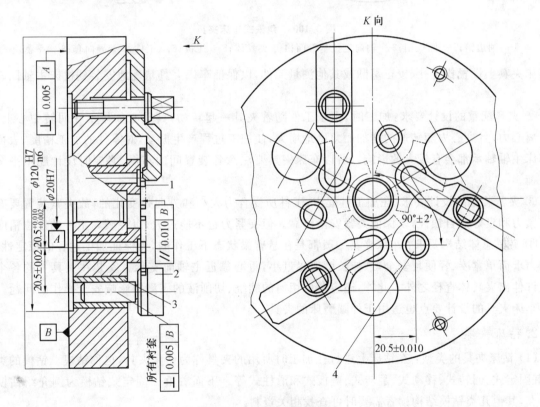

图 3.99　花盘式车床夹具
1,3,4—定位套；2—定位销

图 3.100 为一角铁式车床夹具。工件 6 以两孔在圆柱销 2 和削边销 1 上定位；端面直接由夹具体 4 的角铁平面上定位。两螺钉压板分别在两定位销孔旁把工件夹紧。导向套 7 用来引导加工有孔的刀具。8 是平衡块，以消除夹具在回转时的不平衡现象。夹具上设置轴向定位基准面 3，它与圆柱销保持确定的轴向距离，可以控制刀具的轴向行程。

(2) 车床夹具的设计要点：
① 安装基面的设计：为使车床夹具在机床轴上安装正确，除了在过渡盘上用止口孔定位以外，常常

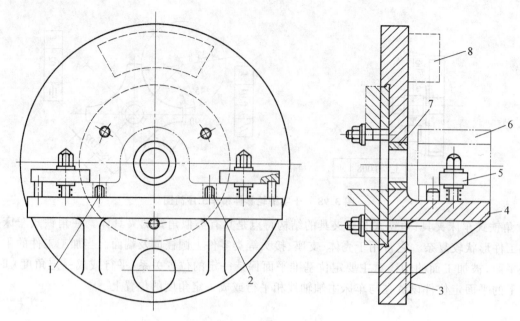

图 3.100　角铁式车床夹具

1—削边销；2—圆柱销；3—轴向定位基准面；4—夹具体；5—压板；6—工件；7—导向套；8—平衡块

在车床夹具上设置找正孔、校正基圆或其他测量元件，以保证车床夹具精确地安装到机床主轴回转中心上。

② 夹具配重的设计要求：加工时，由于工件随着夹具一起转动，其重心如果不在回转中心上，就将产生离心力，且离心力随转速的增加而急剧地增大，使加工过程产生振动，对零件的加工精度、表面质量和车床主轴轴承都会有较大的影响。所以车床夹具要注意各装置间的布局，必要时设计配重平衡块加以平衡。

③ 夹紧装置的设计要求：在加工过程中，工件所受合力大小和方向是变化的，故夹紧装置要有足够的夹紧力和良好的自锁性，以保证夹紧安全可靠。但夹紧力也不能过大，以免破坏工件的定位精度。

④ 夹具总体结构要求：车床夹具一般都是在悬臂梁状态下工作的，为保证加工过程的稳定性，夹具结构力求简单紧凑、轻便且安全，悬伸长度要尽量小，重心靠近主轴前支承。安装在夹具上的各个元件不允许伸出夹具体直径之外。此外，还应考虑切屑的缠绕、切削液的飞溅等影响安全操作的问题。

车床夹具的设计要点也适用于外圆磨床的夹具。

2. 钻床夹具

（1）钻床夹具的类型：在钻床上进行孔加工时所用的夹具称为钻床夹具，也称钻模。钻模的类型很多，有固定式、回转式、移动式、翻转式、盖板式和滑柱式等。下面着重以固定式钻模为例介绍钻模的结构特点，其他几类钻模结构读者需要时可查找相关资料。

在使用的过程中，固定式钻模在机床上的位置是固定不动的。这类钻模的加工精度高，主要用于立式钻床加工直径较大的单孔，或在摇臂钻床上加工平行孔系。

图 3.101(a) 所示是零件加工孔的工序图，$\phi 68H7$ 孔与两端面已经加工完。本工序需加工的 $\phi 12H8$ 孔，要求孔中心至 N 面为 (15 ± 0.1) mm，与 $\phi 68H7$ 孔轴线的垂直度公差为 0.05 mm，对称度公差为 0.1 mm。据此，采用了如图 3.101(b) 所示的固定式钻模来加工此工件。加工时选定工件以端面 N 和 $\phi 68H7$ 内圆表面为定位基面，分别在定位法兰 4 的 $\phi 68h6$ 短外圆柱面和端面上定位，限制了工件 5 个自由度。工件安装后扳动手柄 8 借助圆偏心凸轮 9 的作用，通过拉杆 3 与转动开口垫圈 2 夹紧工件。反方向扳动手柄 8，拉杆 3 在弹簧 10 的作用下松开工件。

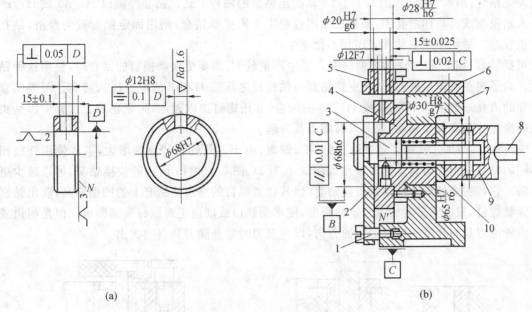

图 3.101　固定式钻模

1—螺钉；2—转动开口垫圈；3—拉杆；4—定位法兰；5—快换钻套；
6—钻模板；7—夹具体；8—手柄；9—圆偏心凸轮；10—弹簧

(2) 钻床夹具设计要点：

① 钻模类型的选择：在设计钻模时，需据工件的尺寸、形状、质量和加工要求，以及生产批量、工厂的具体条件来考虑夹具的结构类型。设计时注意以下几点：

工件上被加工孔径大于 10 mm 时（特别是钢件），钻床夹具应固定在工作台上，以保证操作的安全。

翻转式和自由式钻模适用中小型工件的孔加工。夹具与工件总质量不宜超过 10 kg，以减轻操作工人的劳动强度。

当加工多个不在同一圆周上的平行孔系时，如夹具和工件的总质量超过 15 kg，宜采用固定式钻模夹具在摇臂钻床上加工，若生产批量大，可以在立式钻床或组合机床上采用多轴传动头进行加工。

对于孔与端面精度要求不高的小型工件，用滑柱式钻模，以缩短夹具的设计与制造周期。但对于垂直度公差 < 0.1 mm、孔距精度 < ±0.15 mm 的工件，则不宜用之。

钻模板与夹具体的连接，不宜采用焊接的方法。因焊接应力不能彻底消除，会影响夹具制造精度的长期保持性。

当孔的位置尺寸精度要求较高时（其公差小于 ±0.05 mm），则宜采用固定式钻模板和固定式钻套的结构形式。

② 钻模板的结构：用于安装钻套的钻模板，按其与夹具体连接的方式可分为固定式、铰链式、分离式等。

a. 固定式钻模板：固定在夹具体上的钻模板称为固定式钻模板。这种钻模板简单，钻孔精度高。

b. 铰链式钻模板：当钻模板妨碍工件装卸或钻孔后需要攻螺纹时，可采用铰链式钻模板。

c. 分离式钻模板：工件在夹具中每装卸一次，钻模板也要装卸一次。这种钻模板加工的工件精度高，但装卸工件效率低。

③ 钻套的选择和设计：钻套装配在钻模板或夹具体上，钻套的作用是确定被加工工件上孔的位置，引导钻头、扩孔钻或铰刀，并防止其在加工过程中发生偏斜。按钻套的结构和使用情况，可分为四种类型。

a. 固定钻套：图 3.102(a)、图 3.102(b) 是固定钻套的两种形式。钻套外圆以 H7/n6 或 H7/r6 配合直接压入钻模板或夹具体的孔中，如果在使用过程中不需更换钻套，则用固定钻套较为经济，钻孔的位置精度也较高。适用于单一钻孔工序和小批量生产。

b. 可换钻套：图 3.102(c) 为可换钻套。当生产量较大，需要更换磨损后的钻套时，使用这种钻套较为方便。为了避免钻模板的磨损，在更换钻套与钻模板之间按 H7/r6 的配合压入衬套。可换钻套的外圆与衬套的内孔一般采用 H7/g6 或 H7/h6 的配合，并用螺钉加以固定，防止在加工过程中因钻头与钻套内孔的摩擦使钻套发生转动，或退刀时随刀具升起。

c. 快换钻套：当加工孔需要依次进行钻、扩、铰时，由于刀具的直径逐渐增大，需要使用外径相同而孔径不同的钻套来引导刀具。这时使用如图 3.102(d)、图 3.102(e) 所示的快换钻套，可以减少更换钻套的时间。它和衬套的配合性质同可换钻套，但其锁紧螺钉的突肩比钻套上的凹面略高，取出钻套时不需拧下锁紧螺钉，只需将钻套转过一定的角度，使半圆缺口或削边正对螺钉头部即可。但是削边或缺口的位置应考虑刀具与孔壁间摩擦力矩的方向，以免退刀时钻套随刀具自动拔出。

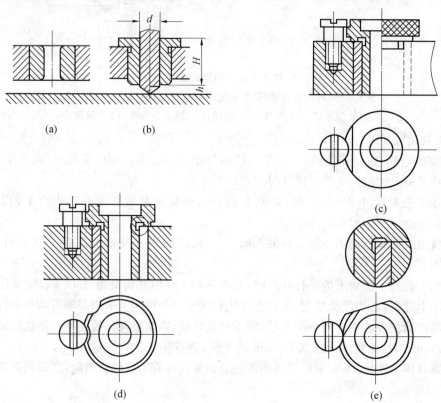

图 3.102　标准钻套

以上三类钻套已标准化，其规格可参阅有关夹具手册。

d. 特殊钻套：由于工件形状或被加工孔位置的特殊性，需要设计特殊结构的钻套。图 3.103 为几种特殊钻套的结构。

当钻模板或夹具体不能靠近加工表面时，使用图 3.103(a) 所示的加长钻套，使其下端与工件加工表面有较短的距离。扩大钻套孔的上端是为了减少引导部分的长度，减少因摩擦使钻头过热和磨损。图 3.103(b) 用于斜面或圆弧面上钻孔，防止钻头切入时引偏甚至折断。图 3.103(c) 是孔距很近时使用的，为了便于制造，在一个钻套上加工出几个近距离的孔。图 3.103(d) 是需借助钻套作为辅助性夹紧时使用。图 3.103(e) 为使用上、下钻套引导刀具的情况。当加工孔较长或与定位基准有较严的平行度、垂直度要求时，只在上面设置一个钻套 2，很难保证孔的位置精度。对下方的钻套 4 要注意防止切屑落入刀杆与钻套之间,为此,刀杆与钻套选用较紧的配合(H7/h6)。

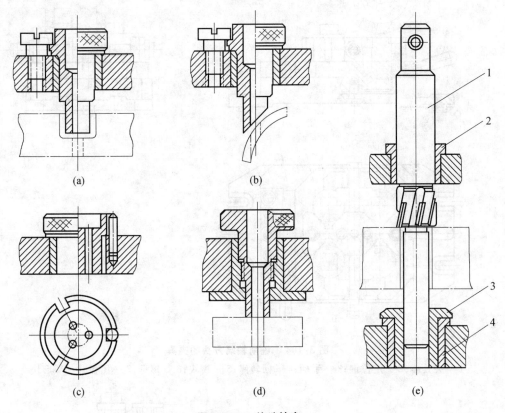

图 3.103　特殊钻套
1—钻杆;2,4—钻套;3—导套

3. 铣床夹具

(1) 铣床夹具分类:铣床夹具主要用于加工零件上的平面、键槽、缺口及成形表面等。由于铣削加工的切削力较大,又是断续切削,加工中易引起振动,因此要求铣床夹具的受力元件要有足够的强度。夹紧力应足够大,且有较好的自锁性。此外,铣床夹具一般通过对刀装置确定刀具与工件的相对位置,其夹具体底面大多设有定向键,通过定向键与铣床工作台 T 形槽的配合来确定夹具在机床上的方位。夹具安装后用螺栓紧固在铣床的工作台上。

铣床夹具一般按工件的进给方式,分成直线进给、圆周进给及靠模进给三种类型。靠模进给铣床夹具结构复杂,主要用于成形表面的加工。以下介绍直线进给与圆周进给的铣床夹具。

① 直线进给铣床夹具:在铣床夹具中,这类夹具用得最多,一般根据工件质量和结构及生产批量,将夹具设计成装夹单件、多件串联或多件并联的结构。铣床夹具也可以采用分度等形式。

图 3.104 是铣削轴端方头的夹具,采用平行对向式多点联动夹紧机构,旋转夹紧螺母 6,通过球面的垫圈及压板 7 将工件压在 V 形块 8 上。三面刃铣刀同时铣完两个侧面后,取下楔块 5,将回转座 4 转过 90°,再用楔块 5 将回转座 4 定位并楔紧,即可铣削工件的另两个侧面。

② 圆周进给铣床夹具:圆周进给铣削方式在不停车的情况下装卸工件,因此生产率高,适用于大批生产。如图 3.105 所示是在立式铣床上圆周进给铣拨叉的夹具。通过电动机、蜗轮副传动机构带劲回转工件台 6 回转。夹具上可同时装夹 12 个工件。工件以一端的孔、端面及侧面在夹具的定位板、定位销 2 及挡销 4 上定位。由液压缸 5 驱动拉杆 1,通过开口垫圈 3 夹紧工件。图中 AB 是加工区段,CD 为工件的装卸区段。

(2) 铣床夹具的设计要点:定向键和对刀装置是铣床夹具的特殊元件。

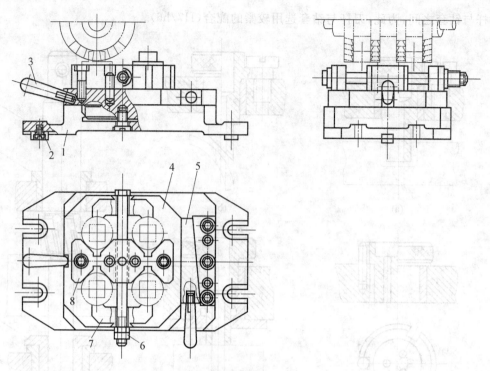

图 3.104 铣削轴端方头的夹具

1—夹具体；2—定位键；3—手柄；4—回转座；5—楔块；6—螺母；7—压板；8—V形块

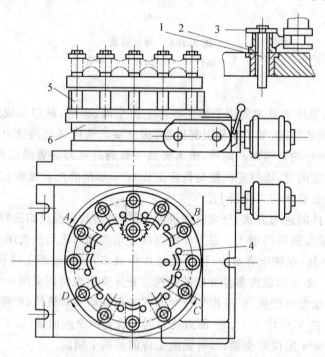

图 3.105 圆周进给铣床夹具

1—拉杆；2—定位销；3—开口垫圈；4—挡销；5—液压缸；6—回转工作台

① 定向键：定向键安装在夹具底面的纵向槽中，一般使用两个，其距离尽可能布置得远些，小型夹具也可使用一个断面为矩形的长键。通过定向键与铣床工件台 T 形槽的配合，使夹具上元件的工件表面对于工作台的送进方向具有正确的相互位置。定向键可承受铣削时所产生的扭转力矩，可减轻夹紧夹具的螺栓的负荷，加强夹具在加工过程中的稳固性。因此，在铣削平面时，夹具上也装有定向键。定

向键的断面有矩形和圆柱形两种，常用的为矩形，如图 3.106 所示。

定向精度要求高的夹具和重型夹具，不宜采用定向键，而是在夹具体上加工出一窄长平面作为找正基面，来校正夹具的安装位置。

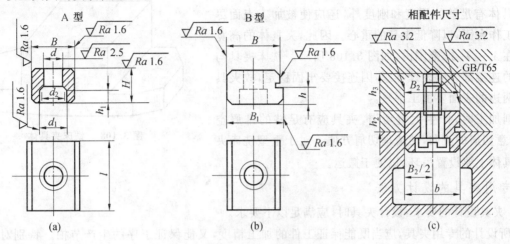

图 3.106 定向键

② 对刀装置：对刀装置由对刀块和塞尺组成，用以确定夹具和刀具的相对位置。对刀装置形式根据加工表面的情况而定，图 3.107 为几种常见的对刀块。图 3.107(a) 为圆形对刀块，用于加工平面；图 3.107(b) 为方形对刀块，用于调整组合铣刀的位置；图 3.107(c) 为直角对刀块，用于加工两相互垂直面或铣槽时的对刀；图 3.107(d) 为侧装对刀块，亦用于加工两相互垂直面或铣槽时的对刀。这些标准对刀块的结构参数均可从有关手册中查取。对刀调整工作通过塞尺（平面形或圆柱形）进行，这样可以避免损坏刀具和对刀块的工件表面。塞尺的厚度或直径一般为 1 mm、3 mm、5 mm，按国家标准 h6 的公差制造，在夹具总图上应注明塞尺的尺寸。

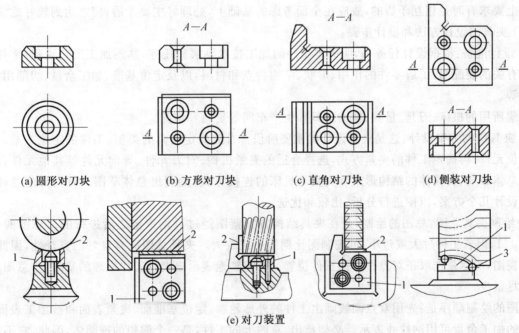

图 3.107 标准对刀块及对刀装置
1—对刀块；2—塞尺；3—圆柱塞尺

采用标准对刀块和塞尺进行对调整时，加工精度不超过 IT8 级公差。当对刀调整要求较高或不便于设置对刀块时,可以采用试切法、标准件对刀法或用百分表来校正定位元件相对刀具的位置,而不设置对刀装置。

③夹具体:为提高铣床夹具在机床上安装的稳固性,除要求夹具体有足够的强度和刚度外,还应使被加工表面尽量靠近工作台面,以降低夹具的重心。因此,夹具体的高宽比限制在 1～1.25 范围内,如图 3.108 所示。铣床夹具与工作台的连接部分应设计耳座,因连接要牢固稳定,故夹具上耳座两边的表面要加工平整。

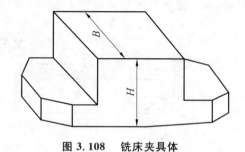

图 3.108　铣床夹具体

铣削加工时,产生大量切屑,夹具应有足够的排屑空间,并注意切屑的流向,使清理切屑方便。对于重型铣床夹具在夹具体上要设置吊环,以便于搬运。

4. 专用夹具的设计方法

(1)夹具设计的要求:设计夹具时,应满足以下要求。

① 所设计的专用夹具,应当既能保证工件的加工精度,又能保证工序的生产节拍。特别对于大批量生产中使用的夹具,应设法缩短加工的基本时间和辅助时间。

② 夹具的操作要方便、省力和安全。若有条件,尽可能采用气动、液压以及其他机械化、自动化的夹紧机构,以减轻劳动强度。同时,为保证操作安全,必要时可设计和配备安全防护装置。

③ 能保证夹具具有一定的使用寿命和较低的制造成本。夹具的复杂程度应与工件的生产数量适应,在大批量生产中应采用气动、液压等高效夹紧机构;而小批量生产中,则宜采用较简单的夹紧机构。

④ 要适当提高夹具元件的通用化和标准化程度。选用标准化元件,特别应选用商品化的标准化元件,以缩短夹具的制造周期,降低夹具成本。

⑤ 应具有良好的结构工艺性,以便夹具的制造与维修。

以上要求有时是相互矛盾的,故应在全面考虑的基础上,处理好主要矛盾,使之达到较好的效果。

(2)夹具的设计方法和设计步骤:

① 设计准备:根据设计任务书,明确本工序的加工技术要求和任务,熟悉加工工艺规程、零件图、毛坯图和有关的装配图,了解零件的作用、形状、结构特点和材料,以及定位基准、加工余量、切削用量和生产纲领等。

收集所用的机床、刀具、量具、辅助工具和生产车间等资料和情况。

② 夹具结构方案设计:这是夹具设计的重要阶段。首先确定夹具的类型、工件的定位方案,选择合适的定位元件;再确定工件的夹紧方式,选择合适的夹紧机构、对刀元件、导向元件等其他元件;最后确定夹具总体布局、夹具体的结构形式和夹具与机床的连接方式,绘制出总体草图。对夹具的总体结构,最好是设计几个方案,以便进行分析、比较和优选。

③ 绘制夹具总图:总图的绘制,是在夹具结构方案蓝图经过讨论审定之后进行的。总图的比例一般取 1∶1,但若工件过大或过小,可按制图比例缩小或放大。夹具总图应有良好的直观性,因此,总图上的主视图,应尽量选取正对操作者的工件位置。在完整地表示出夹具工作原理的基础上,总图上的视图数量尽量少。

总图的绘制顺序是:先用双点画线画出工件的外形轮廓、定位基准面、夹紧表面和被加工表面,被加工表面的加工余量可用网纹线表示。必须指出:总图上的工件,是一个假想的透明体,因此,它不影响夹具各元件的绘制。然后围绕工件的几个视图依次绘出定位元件、对刀(或导向)元件、夹紧机构、力源装置等夹具体结构;最后绘出夹具体;标注有关尺寸、形位公差和其他技术要求;零件编号;编写主标题栏和零件明细表。

夹具设计方法可用框图 3.109 表示。

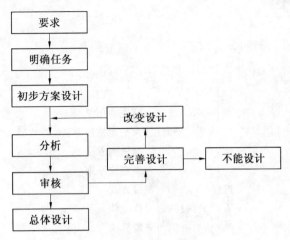

图 3.109　夹具的设计方法

（3）夹具总图的主要尺寸和技术条件：

① 夹具总图上应标注的主要尺寸：

a. 外形轮廓尺寸：是指夹具的最大轮廓尺寸，以表示夹具在机床上所占据的空间尺寸和可能活动的范围。

b. 工件与定位元件间的联系尺寸：如工件定位基面与定位件工作面的配合尺寸、夹具定位面的平直度、定位元件的等高性、圆柱定位销工作部分的配合尺寸公差等，以便控制工件的定位精度。

c. 对刀或导向元件与定位元件间的联系尺寸：这类尺寸主要是指对刀块的对刀面至定位元件间的尺寸、塞尺的尺寸、钻套导向孔尺寸和钻套孔距尺寸等。

d. 与夹具安装有关的尺寸：这类尺寸用以确定夹具体的安装基面相对于定位元件的正确位置。如铣床夹具定向键与机床工作台上 T 形槽的配合尺寸；车、磨夹具与机床主轴端的连接尺寸；安装表面至定位表面之间的距离尺寸和公差。

e. 其他配合尺寸：主要是指夹具内部各组成元件间的配合性质和位置关系。如定位元件和夹具体间、钻套外径与衬套间、分度转盘与轴承之间等的尺寸和公差配合。

② 夹具总图上应标注的位置精度：通常应标注以下三种位置精度。

a. 定位元件间的位置精度。

b. 连接元件（含夹具体基面）与定位元件间的位置精度。

c. 对刀或导向元件的位置精度，通常这类精度是以定位元件为基准，为了使夹具的工艺基准统一，也可取夹具体的基面为基准。

夹具上与工序尺寸有关的位置公差，一般可按工件相应尺寸公差的 1/2～1/5 估算。其角度尺寸的公差及工作表面的相互位置公差，可按工件相应值的 1/2～1/3 确定。

③ 夹具的其他技术条件：夹具在制造和使用上的其他要求，如夹具的平衡和密封、装配性能和要求、磨损范围和极限、打印标记和编号及使用中应注意的事项等，要用文字标注在夹具总图上。

重点串联

```
                    ┌ 铣床及铣刀 ─┬ 铣床
                    │            └ 铣刀
            ┌ 铣床 ─┤            ┌ 铣削用量
            │      └ 铣削加工 ──┼ 平面铣削方法
铣床及机床夹具┤                  └ 铣削方法
            │                  ┌ 六点定位原则
            │      ┌ 夹具基础 ─┼ 定位方式
            │      │            ├ 定位元件
            ├──────┤            ├ 夹紧机构
            │      │            └ 夹具体
            │      │            ┌ 车床夹具
            │      └ 机床夹具 ─┼ 钻床夹具
            │                  └ 铣床夹具
```

拓展与实训

基础训练

1. 填空题

(1) 铣床上用_____和_____刀铣削齿轮。

(2) 铣床使用旋转的多刃刀具加工工件，同时有数个刀齿参加切削，所以_____高。但是，由于铣刀每个刀齿的切削过程是_____，且每个刀齿的切削厚度又是变化的，这就使_____相应发生变化，容易引起机床_____。

(3) 分度头的分度方法有三种，即：_____、_____、_____。

(4) 周铣可分为两种，即：_____、_____。

(5) 机床的作用是_____和_____。

(6) 组成夹具的基本部分为_____、_____和_____。

(7) 按功能的不同，基准可分为_____、_____、_____、_____和装配基准。

(8) 工件的定位方式有_____、_____和_____。

(9) 工件定位支承的主要支承有三种，即：_____、_____、_____。

(10) 工件以内孔定位的元件常用：_____。

(11) 定位误差研究的主要对象是工件上的_____和_____。

(12) 夹紧装置的组成主要有_____、_____和_____。

(13) 常用基本夹紧机构有_____、_____、_____。

(14) 生产中常用的夹具体毛坯制造方法有_____、_____、_____、_____。

2. 选择题

(1) 不能进行切断工件的操作是（　　）

A. 车削加工　　　B. 钻削加工　　　C. 磨削加工　　　D. 铣削加工

(2) 为提高工件的加工精度,铣削加工中一般应为（　　）

A. 粗铣　　　　　B. 精铣　　　　　C. 顺铣　　　　　D. 逆铣

(3) 与车削加工比较,铣削加工过程（　　）

A. 切削连续、振动大　　　　　　　B. 切削断续、振动大

C. 切削连续、振动小　　　　　　　D. 切削断续、振动小

(4) 切削加工中不是用多刃刀具加工的是（　　）

A. 车削加工　　　B. 钻削加工　　　C. 磨削加工　　　D. 铣削加工

(5) X6132 的主参数是（　　）

A. 工件长度为 32 mm　　　　　　 B. 工作台宽度为 32 mm

C. 工件长度为 320 mm　　　　　　D. 工作台宽度为 320 mm

(6) 一般用于加工精度要求不高且分度数较少的分度方法为（　　）

A. 简单分度法　　B. 直接分度法　　C. 差动分度法　　D. 任意分度法

(7) 能多把刀具同时加工工件的多个表面的是（　　）

A. 粗铣　　　　　B. 精铣　　　　　C. 立式铣床　　　D. 龙门铣床

(8) 铣削加工中,对工件进行精加工时一般采用（　　）

A. 顺铣　　　　　B. 逆铣　　　　　C. 对称铣　　　　D. 不对称铣

(9) 适合于不易夹持的细长和薄板工件进行铣削加工的是（　　）

A. 顺铣　　　　　B. 逆铣　　　　　C. 对称铣　　　　D. 不对称铣

(10) 轴上键槽加工中,一般用盘状铣刀进行加工的是（　　）

A. 通键槽　　　　B. 半通键槽　　　C. 封闭键槽　　　D. 任意键槽

(11) 没有受约束的工件自由度的个数有（　　）

A. 3 个　　　　　B. 4 个　　　　　C. 5 个　　　　　D. 6 个

(12) 在加工过程中不允许出现的定位方式是（　　）

A. 完全定位　　　B. 不完全定位　　C. 欠定位　　　　D. 过定位

(13) 下列基准中,与工件定位有关的基准是（　　）

A. 设计基准　　　B. 工序基准　　　C. 测量基准　　　D. 装配基准

(14) 一个支承钉可限制工件的自由度的个数为（　　）

A. 1 个　　　　　B. 2 个　　　　　C. 3 个　　　　　D. 4 个

(15) 窄 V 块可限制工件的自由度的个数为（　　）

A. 1 个　　　　　B. 2 个　　　　　C. 3 个　　　　　D. 4 个

(16) 浮动支承可限制工件自由度的个数为（　　）

A. 1 个　　　　　B. 2 个　　　　　C. 3 个　　　　　D. 4 个

(17) 工件支承刚度不足时,往往采用（　　）

A. 固定支承　　　B. 可调节支承　　C. 辅助支承　　　D. 支承钉支承

(18) 在工件定位夹紧中,夹紧力的特点为（　　）

A. 作用方向、作用点有严格要求　　B. 作用方向、作用点任意设定

C. 作用方向任意、作用点严格要求　D. 作用方向严格要求、作用点任意

(19) 工艺性好,且抗压强度、刚度、抗震性都较好的夹具体是（　　）

A. 铸造夹具体　　B. 焊接夹具体　　C. 锻造夹具体　　D. 装配夹具体

(20) 当定位基准面是粗糙不平的毛坯表面时,一般采用支承钉的形式为（　　）

A. 平面支承钉　　　B. 球头支承钉　　　C. 锯齿支承钉　　　D. 任意形支承钉

3. 判断题

(1) 铣削加工不能进行工件的切断。（　　）

(2) 逆铣适用于工件的粗加工。（　　）

(3) 集中操纵手柄的操纵方向即为所需运动方向。（　　）

(4) 工件的分度只能由分度头进行。（　　）

(5) 铣削加工过程中,切削平稳,振动小。（　　）

(6) 生产中,分度精度高的是直接分度法。（　　）

(7) 加工中能同时对工件用多刀具进行铣削加工的一般是龙门铣床。（　　）

(8) 在精铣中一般采用顺铣。（　　）

(9) 顺铣适合于不易夹持的细长和薄板工件的铣削加工。（　　）

(10) 轴上封闭键槽一般用盘状铣刀进行铣削加工。（　　）

(11) 任何被加工工件在加工过程中都要限制6个自由度。（　　）

(12) 欠定位在加工过程中绝对不允许出现。（　　）

(13) 工序基准与工件定位有关。（　　）

(14) 工件定位中,大支承板可限制工件的三个自由度。（　　）

(15) 浮动支承可限制工件自由度的个数为两个。（　　）

(16) 浮动支承适用于工件以毛坯定位或刚性不足的场合。（　　）

(17) 允许重复定位时,往往用增加固定支承的方法增加支承刚度。（　　）

(18) 一批工件逐个在夹具上定位时,不存在定位误差。（　　）

(19) 在工件的夹紧过程中,力的作用点可任意设定。（　　）

(20) 对于固定在机床上的夹具体,应使其重心尽量低。（　　）

4. 简答题

(1) 铣床能进行哪些表面的加工?

(2) 顺铣和逆铣有何区别?如何实现?各有何优缺点?

(3) 机床夹具的作用是什么?

(4) 何谓过定位和欠定位?过定位在哪些情况下不允许出现?欠定位产生的后果是什么?

(5) 夹具体的结构形式常用的有哪几种?

(6) 铣削加工有何特点?

(7) 工件加工过程中为何不允许出现欠定位?

(8) 如何解决"一面两孔"定位方式中的重复定位所产生的矛盾?

(9) 工件夹紧过程中,对作用力有哪些要求?

(10) 常用基本夹紧机构有哪些?

(11) 偏心夹紧机构适用于哪些场合?

(12) 简述夹具体的基本要求。

(13) 什么叫六点定位原则?

(14) 造成定位误差的原因是什么?

(15) 定位和夹紧有何区别?

(16) 车床夹具可分为哪几类?各有何特点?

(17) 铣床夹具中的定位键起什么作用?它常用的有几种结构形式?

(18) 钻套的作用是什么?常用钻套有几种形式?如何选用?

(19) 何谓可调夹具？有何特点？

(20) 机床夹具有哪些部分组成？其作用是什么？

5. **分析题**

(1) 据工件的加工要求，确定工件在夹具中定位时应限制的自由度。

① 如图 3.110 所示，ϕD 孔。其余表面已加工。

② 如图 3.111 所示，加工尺寸为 (41 ± 0.1) mm、角度为 $45° \pm 10'$，其余尺寸均已加工。

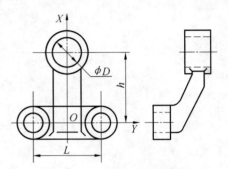
图 3.110　(1)① 题图

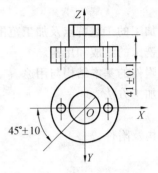
图 3.111　(1)② 题图

③ 如图 3.112 所示，同时钻 $2 \times \phi d$ 孔，A 面、ϕD 孔均已加工。

④ 如图 3.113 所示，钻 ϕd 孔，A 面、ϕD 孔均已加工。

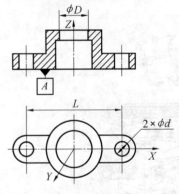
图 3.112　(1)③ 题图

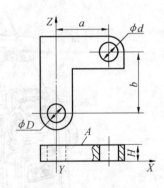
图 3.113　(1)④ 题图

(2) 如图 3.114 所示，各夹紧力的方向和作用点是否合理？若不合理，如何改进？

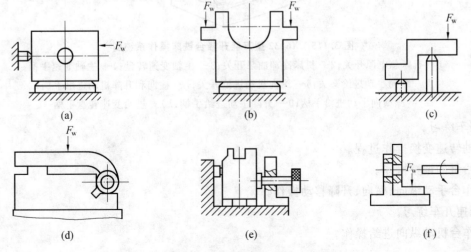

图 3.114　5(2) 题图

6.计算题

X6132型万能卧式升降台铣床上用FW125型万能分度头加工直齿圆柱齿轮,其齿数分别为:40、43、83、160,试选择分度方法并进行计算。

技能实训

技能实训3.1 铣床及附件操作

1.实训目的

(1)了解铣削加工的工艺特点及加工范围。

(2)了解常用铣床的组成和用途。

(3)了解铣床附件的基本结构与用途。

(4)熟悉铣削加工方法。

2.实训要点

(1)铣床的结构及附件。

(2)铣削加工。

3.预习要求

铣削特点及加工范围、铣床主要组成及作用、铣床主要附件。

4.实训过程

X6132型万能升降台铣床操作系统图如图3.115所示,其实训过程如下:

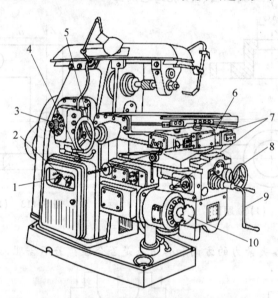

图3.115 X6132型万能升降台铣床操作系统图
1—机床总电源开关;2—机床冷却油泵开关;3—主轴变速转盘;4—主轴变速手柄;
5—纵向手动进给开关;6—纵向机动进给开关;7—横向和升降机动进给手柄;
8—横向手动进给手柄;9—升降手动进给手柄;10—进给变速转盘手柄

(1)停车练习。

① 主轴转速变换操作过程。

② 进给量的调整操作。

③ 工作台手动纵向、横向、升降移动操作。

(2)低速开车练习。

① 工作台机动纵向进给操作。

② 工作台机动横向或升降进给操作。
③ 快动操作。

技能实训 3.2　铣削训练

1. 训练目的

(1) 通过实际铣削操作,加深对零件铣削工艺过程的理解。

(2) 熟练铣床的基本操作及铣床附件的使用方法。

(3) 掌握铣平面、斜面、槽等的基本操作步骤及操作方法,培养学生实际动手能力。

2. 训练要求

(1) 按照如图 3.116 所示零件图,进行相关工艺分析和操作过程说明。

(2) 根据自己所编写的工艺过程,上机床加工全部,保证图纸要求。

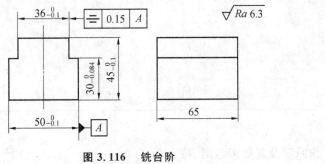

图 3.116　铣台阶

3. 实训条件

(1) 设备:普通立式或卧式铣床。

(2) 装备:安装工具、测量量具、刀具等。

模块 4
磨削加工与其他机床加工

知识目标
◆ 掌握磨床工作原理及其加工范围、特点。
◆ 熟悉砂轮的选用方法。
◆ 了解钻床、镗床等其他机床工作原理及其加工范围、特点。
◆ 掌握箱体类、齿轮类零件的加工工艺路线及其特点。

技能目标
◆ 熟练掌握磨床、钻床、刨床的使用和操作方法。
◆ 掌握砂轮、麻花钻、镗刀、刨刀等刀具的切削特点。
◆ 能够编制一般箱体类、齿轮类零件的加工工艺过程。

课时建议
18 课时

课堂随笔

4.1 磨床及其加工方法

引言

磨削加工是一种比较精密的金属加工方法,经过磨削的零件有很高的精度和很小的表面粗糙度值。目前用高精度外圆磨床磨削的外圆表面,其圆度公差可达到 0.001 mm 左右,相当于一个人头发丝粗细的 1/70 或更小;其表面粗糙度值达到 $Ra0.025\ \mu m$,表面光滑似镜。

在现代制造业中,磨削技术占有重要的地位。一个国家的磨削水平,在一定程度上反映了该国的机械制造工艺水平。随着机械产品质量的不断提高,磨削工艺也得到不断发展和完善。

知识汇总

- 磨床种类、磨床结构
- 磨削方法、磨削磨具

4.1.1 磨床

用磨料磨具(砂轮、砂带、油石和研磨料)对工件表面进行切削加工的机床,统称为磨床。广泛用于零件的精加工,尤其是淬硬钢件,高硬度特殊材料及非金属材料(如陶瓷)的精加工。

1. 磨床的种类及用途

磨床种类很多,其主要类型有:外圆磨床,内圆磨床,平面磨床,工具磨床,刀具磨床和刃具磨床及各种专门化磨床,此外还有珩磨机,研磨机和超精加工机床等。

(1) 外圆磨床:外圆磨床包括万能外圆磨床、普通外圆磨床、无心外圆磨床等。主要用于磨削外圆柱和圆锥表面等回转面,也能磨阶梯轴的轴肩和端面,可获得 IT6～IT7 级精度,Ra 在 $1.25\sim 0.08\ \mu m$ 之间,其主参数是最大磨削外径。

(2) 内圆磨床:包括普通内圆磨床、无心内圆磨床、行星式内圆磨床等。主要用于磨圆柱孔和圆锥孔等内回转面,其主参数是最大磨削内孔直径。

(3) 平面磨床:分为卧轴矩台式磨床(生产率低些,但加工精度较高,Ra 较小,属于周边磨削)、立轴矩台式磨床、立轴圆台式磨床(生产率高,但加工精度较低,Ra 较大,属于端面磨削)、卧轴圆台式磨床。主要用于磨削各种平面。

(4) 工具磨床:包括工具曲线磨床、钻头沟槽磨床、丝锥沟槽磨床等,用于磨削各种工具。

(5) 刀具刃具磨床:包括万能工具磨床、车刀刃磨磨床、滚刀刃磨磨床等,用于刃磨各种切削刀具。

(6) 专门化磨床:包括花键轴磨床、曲轴磨床、齿轮磨床、螺纹磨床等,用于磨削某一零件上的一种特定表面。

(7) 其他磨床:包括珩磨机、研磨机、砂轮磨床、超精加工机床等。

> **技术提示:**
> 生产中用得最多的是外圆磨床、内圆磨床和平面磨床。

2. 常用磨床的组成结构介绍

(1) 外圆磨床:下面将以常用的 M1432A 型万能外圆磨床为例,简要介绍磨床各主要组成部件的功用。

①M1432A 主要组成部件及功用:图 4.1 为常用的 M1432A 型万能外圆磨床外形图,主要由床身、头架、工作台、内圆装置、砂轮架、尾座、脚踏操纵板、滑鞍、横向进给手轮等组成。

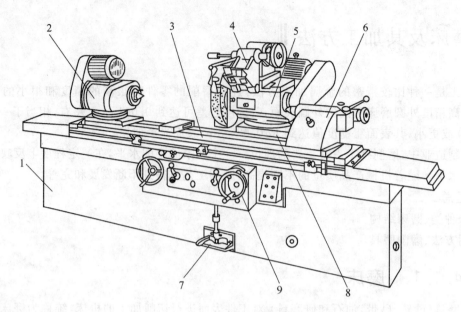

图 4.1 M1432A 型万能外圆磨床外形图

1—床身;2—头架;3—工作台;4—内圆装置;5—砂轮架;6—尾座;7—脚踏操纵板;8—滑鞍;9—横向进给手轮

a.床身:床身1是磨床的基础支承件,在它的上面装有砂轮架5、工作台3、头架2、尾座6及横向滑鞍8等部件,使这些部件在工作时保持准确的相对位置。床身内部有液压油的油池。

b.头架:头架2用于安装及夹持工件,并带动工件旋转,头架在水平面内可逆时针方向转90°。

c.内圆装置:内圆装置4用于支承磨内孔的砂轮主轴,内圆磨具主轴由单独的电动机驱动。

d.砂轮架:砂轮架5用于支承并传动高速旋转的砂轮主轴。砂轮架装在滑鞍8上,当需磨削短圆锥面时,砂轮架可以在水平面内调整至一定角度位置(±30°)。

e.尾座:尾座6和头架2的顶尖一起支承工件。

f.滑鞍及横向进给机构:转动横向进给手轮9,可以使横向进给机构带动滑鞍8及其上的砂轮架做横向进给运动。

g.工作台:工作台3由上下两层组成。上工作台可绕下工作台的水平面内回转一个角度(±10°),用以磨削锥度不大的长圆锥面。上工作台的上面装有头架2和尾座6,它们可随着工作台一起,沿床身导轨做纵向往复运动。

②M1432A 机床的传动系统:如图4.2所示为 M1432A 型万能外圆磨床传动系统图。

a.主运动:

砂轮主轴:

电机 —— $\dfrac{\phi 127}{\phi 113}$ —— 砂轮主轴 1 670 r/min,1 440 r/min(4 kW)

内圆磨头:

电机 —— $\dfrac{\phi 170}{\phi 150}$ —— 磨头主轴 2 840 r/min,10 000 r/min,1.1 kW,15 000 r/min

b.工件圆周运动:

电机——I(700/1 360 r/min,0.55/1.1 kW 双速电机)

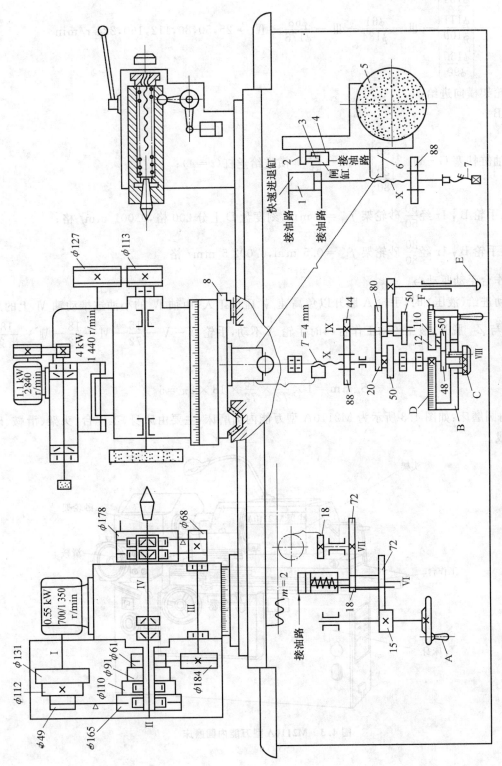

图 4.2 M1432A 型万能外圆磨床传动系统图

$$\left\{\begin{matrix}\dfrac{\phi 48}{\phi 164}\\ \dfrac{\phi 111}{\phi 109}\\ \dfrac{\phi 130}{\phi 90}\end{matrix}\right\}-\text{III}-\dfrac{\phi 61}{\phi 184}-\text{III}-\dfrac{\phi 68}{\phi 178}-\text{IV}\to 25,50,80,112,160,224\ \text{r/min}$$

c. 砂轮架横向进给:

手轮 B

进给油缸柱塞 G—Ⅷ—$\left[\begin{matrix}\dfrac{50}{50}\\ \dfrac{20}{80}\end{matrix}\right]$—Ⅸ—$\dfrac{44}{88}$—横进给丝杠($t=4$);

粗进:手轮 B↓1r 经 $\dfrac{50}{50}$ 砂轮架 $f_{横}=2$ mm,刻度盘 D 上分 200 格,0.001 mm/ 格;

细进:手轮 B↓1r 经 $\dfrac{20}{80}$ 砂轮架 $f_{横}=0.5$ mm,0.002 5 mm/ 格。

d. 工作台手动驱动↔

当自动进给(液压)时,手轮 A 脱开以免高速 ↓ 碰伤工人,由轴 Ⅳ 的小油缸推动轴 Ⅵ 上的双联齿轮,使 Z_{18} 与 Z_{72} 脱开,液压传动工作台↔时手轮 A 不动,手轮 A—Ⅴ—$\dfrac{15}{72}$—Ⅵ—$\dfrac{18}{72}$—Ⅶ—$\dfrac{18}{齿条}$—纵向↔

$$S/\text{mm}=1\times\dfrac{15}{72}\times\dfrac{18}{72}\times 18\times 2\pi=6$$

(2)内圆磨床:如图 4.3 所示为 M2110A 型万能内圆磨床,主要由床身、工作台、头架、滑鞍、砂轮架等部件组成。

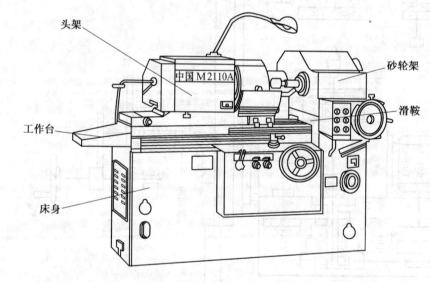

图 4.3　M2110A 型万能内圆磨床

> **技术提示：**
> 　　内圆磨床用于磨削各种圆柱形和圆锥形的通孔、盲孔、阶梯孔、断续表面的孔。普通内圆磨床自动化程度不高，磨削尺寸靠人工测量来控制，因而只适用于单件、小批量切削加工。

　　(3) 平面磨床：如图 4.4 所示为 M7120A 型平面磨床，主要由床身、工作台、砂轮架、液压操纵系统、立柱、滑座等部件组成。

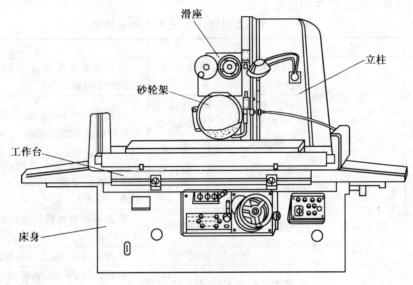

图 4.4　M7120A 型平面磨床

　　① 床身：床身的作用是支承磨床各部件。它的上面有水平导轨，作为工作台的移动导向。床身内部装有液压传动装置和纵、横向进给机构。

　　② 工作台：工作台在手动或液压传动系统的驱动下，可以沿水平导轨做纵向往复进给运动。工作台上装有电磁吸盘，用于装夹具有导磁性的工件，对没有导磁性的工件，可以利用夹具装夹。工作台前侧有换向撞块，能自动控制工作台的往复行程。

　　③ 砂轮架：砂轮架的砂轮主轴与电动机主轴直接连接，得到高速旋转运动（即主运动）。

　　④ 液压操纵系统。

　　⑤ 立柱：立柱用于支承滑座和砂轮架，其侧面有两条垂直导轨，转动升降手轮，可以使滑座连同砂轮架一起沿垂直导轨上下移动，以实现垂直进给运动。

　　⑥ 滑座：滑座下部有燕尾形导轨与砂轮架相连，其内部有液压缸，用以驱动砂轮架做横向间歇进给运动或连续移动，也可以转动横向进给手轮实现手动进给。

4.1.2　磨削加工方法

1. 普通磨具

　　(1) 普通磨具的类型：所谓普通磨具是指用普通磨料制成的磨具，如刚玉类磨料、碳化硅类磨料和碳化硼磨料制成的磨具。按磨料的结合形式分为固结磨具、涂附磨具和研磨膏。根据不同的使用方式，固结磨具可制造成砂轮、油石、砂瓦、磨头、抛磨块等，涂附磨具可制成纱布、砂纸带、砂带等。研磨膏可分成硬膏和软膏。

(2)砂轮的特性及其选择：砂轮是最重要的磨削工具。它是用结合剂把磨粒黏结起来，经压坯、干燥、焙烧及车整而成的多孔疏松物体。

砂轮的工作特性由以下几个要素衡量：磨料、粒度、结合剂、硬度、组织、强度、形状和尺寸等。各种特性的砂轮，都有其适用的范围，需按照具体的磨削条件选择。

① 磨料：磨料及砂粒，是制造砂轮的主要材料，直接担负切削工作。磨料应具有高硬度、高耐热性和一定的韧性，在磨削过程中受力破坏后还要能形成锋利的几何形状。磨料分天然磨料和人造磨料两大类。天然磨料有刚玉和金刚石等。天然刚玉含杂质多，质地不均，且价格昂贵，很少采用，所以目前制造砂轮的磨料主要是各种人造磨料。人造磨料分刚玉类、碳化硅类、超硬类三大类。

常用磨料的名称、代号、特性和用途见表4.1。

表4.1 常用磨料的名称、代号、特性和用途

磨料名称	代号	特点	适用范围
棕刚玉	A	有足够的硬度，韧性大，价格便宜	磨削碳素钢等，特别适用于磨未淬硬钢，调质钢以及粗磨工序
白刚玉	WA	比棕刚玉硬而脆，自锐性好，磨削力和磨削热量小，价格比棕刚玉高	磨削淬硬钢，高速钢、高碳钢、螺纹、薄壁薄片零件以及刃磨刀具等
铬刚玉	PA	硬度与白刚玉相近而韧性较好	可磨削合金钢、高速钢、锰钢等高强度材料以及粗糙度要求低的工序，也适于成型磨削，刃磨刀具等
单晶刚玉	SA	硬度和韧性都比白刚玉高	磨削不锈钢和高钒高速钢等韧性大、硬度高的材料
微晶刚玉	MA	强度高，韧性和自锐性好	磨削不锈钢、轴承钢和特种球墨铸铁等
黑碳化硅	C	硬度比白刚玉高，但脆性大	磨削铸铁、黄铜、软青铜以及橡皮、塑料等非金属材料
绿碳化硅	GC	硬度与黑碳化硅相近，而脆性大	磨削硬质合金，光学玻璃等
金刚石	SD	硬度最高，磨削性能好，价格昂贵	磨削硬质合金，光学玻璃等高硬度材料

② 粒度：粒度是指磨料颗粒尺寸的大小。粒度分为磨粒和微粉两类。对于颗粒尺寸大于 40 μm 的磨料，称为磨粒。用筛选法分级，粒度号以磨粒通过的筛网上每英寸长度内的孔眼数来表示。如60#的磨粒表示其大小刚好能通过每英寸长度上有60孔眼的筛网。对于颗粒尺寸小于 40 μm 的磨料，称为微粉。用显微测量法分级，用 W 和后面的数字表示粒度号，其 W 后的数值代表微粉的实际尺寸。如 W20 表示微粉的实际尺寸为 20 μm。各种粒度号的磨粒尺寸及适用范围分别见表4.2、4.3。

表4.2 磨料粒度号及其颗粒尺寸

粒度号	颗粒尺寸/μm	粒度号	颗粒尺寸/μm	粒度号	颗粒尺寸/μm
14#	1 600～1 250	70#	250～200	W40	40～28
16#	1 250～1 000	80#	200～160	W28	28～20
20#	1 000～800	100#	160～125	W20	20～14
24#	800～630	120#	125～100	W14	14～10
30#	630～500	150#	100～80	W10	10～7
36#	500～400	180#	80～63	W7	7～5
46#	400～315	240#	63～50	W5	5～3.5
60#	315～250	280#	50～40	W3.5	3.5～2.5

表 4.3　不同粒度砂轮的适用范围

粒度号	颗粒尺寸范围 /μm	适用范围	粒度号	颗粒尺寸范围 /μm	适用范围
12—36	2 000～1 600 500～400	粗磨、荒磨、切断钢坯、打磨毛刺	W40—20	40～28 20～14	精磨、超精磨、螺纹磨、珩磨
46—80	400～315 200～160	粗磨、半精磨、精磨	W14—10	14～10 10～7	精磨、精细磨、超精磨、镜面磨
100—280	165～125 50～40	精磨、成型磨、刀具刃磨、珩磨	W7—3.5	7～5 3.5～2.5	超精磨、镜面磨、制作研磨剂等

技术提示：

(1) 比 14# 粗的磨粒及比 W3.5 细的微粉很少使用，表中未列出。
(2) 粒度号数值越大其磨料砂粒越细小。
(3) 磨料粒度的选择，主要与加工表面粗糙度和生产率有关：

粗磨时，磨削余量大，工件的表面粗糙度值较大，可选用粒度号小的磨粒。因为磨粒粗、气孔大，磨削深度可较大，砂轮不易堵塞和发热；精磨时，余量较小工件的粗糙度值较低，可选取粒度号大的磨粒。一般来说，粒度号越大，磨粒越细，磨削表面粗糙度越好。

③ 结合剂：结合剂是将磨料黏结在一起，使砂轮具有必要的形状和强度的材料。结合剂的性能对砂轮的强度、抗冲击性、耐热性、耐腐蚀性，以及对磨削温度和磨削表面质量都有较大的影响。

常用结合剂的种类有陶瓷、树脂、橡胶及金属等。陶瓷结合剂的性能稳定，耐热，耐酸碱，价格低廉，应用最为广泛。树脂结合剂强度高，韧性好，多用于高速磨削和薄片砂轮。橡胶结合剂适用于无心磨的导轮、抛光轮、薄片砂轮等。金属结合剂主要用于金刚石砂轮。

常用的结合剂种类、性能及用途见表 4.4。

表 4.4　常用的结合剂种类、性能及用途

种类	代号	性能	用途
陶瓷	V	耐热性、耐腐蚀性好，气孔率大，易保持轮廓，弹性差	应用广泛，适用于 $v < 35$ m/s 的各种成形磨削、磨齿轮、磨螺纹等
树脂	B	强度高、弹性大、耐冲击、坚固性和耐热性差、气孔率小	适用于 $v > 50$ m/s 的高速磨削，可制成薄片砂轮，用于磨槽、切割等
橡胶	R	强度和弹性更高、气孔率小、耐热性差、磨粒易脱落	适用于无心磨的砂轮和导轮、开槽和切割的薄片砂轮、抛光砂轮等
金属	M	韧性和成形性好、强度大，但自锐性差	可制造各种金刚石磨具

④ 硬度：砂轮的硬度是指砂轮工作表面的磨粒在磨削力的作用下脱落的难易程度。它反映磨粒与结合剂的粘固强度。磨粒不易脱落，称砂轮硬度高；反之，称砂轮硬度低。砂轮的硬度和磨料的硬度是

两个不同的概念。同一种磨料可以做成不同硬度的砂轮,它主要决定于结合剂的性能、数量以及砂轮制造的工艺。磨削与切削的显著差别是砂轮具有"自锐性",选择砂轮的硬度,实际上就是选择砂轮的自锐性,希望还锋利的磨粒不要太早脱落,也不要磨钝了还不脱落。

砂轮的硬度从低到高分为超软、软、中软、中、中硬、硬、超硬7个等级,分别用大写字母 D 等表示,其表示方法见表4.5。

表4.5 砂轮硬度等级代号

硬度等级名称		代号
大级	小级	
超软	超软	D,E,F
软	软1	G
	软2	H
	软3	J
中软	中软1	K
	中软2	L
中	中1	M
	中2	N
中硬	中硬1	P
	中硬2	Q
	中硬3	R
硬	硬1	S
	硬2	T
超硬	超硬	Y

技术提示:

选择砂轮硬度的一般原则:

1. 根据材料硬度

加工软金属时,为了使磨料不致过早脱落,则选用硬砂轮。加工硬金属时,为了能及时使磨钝的磨粒脱落,从而露出具有尖锐棱角的新磨粒(即自锐性),选用软砂轮。前者是因为在磨削软材料时,砂轮的工作磨粒磨损很慢,不需要太早的脱离;后者是因为在磨削硬材料时,砂轮的工作磨粒磨损较快,需要较快的更新。

2. 加工方法

对于精磨和成形磨削,为了保持砂轮的廓形精度,应选用较硬的砂轮;粗磨时应选用较软的砂轮,以提高磨削效率。

⑤组织:砂轮的组织是指砂轮中磨粒、结合剂和气孔三者间的体积比例关系。按磨粒在砂轮中所占体积的不同,砂轮的组织分为紧密、中等和疏松三大类。生产中常用的是中等组织的砂轮。

(3)砂轮的形状、尺寸与标志:根据不同的用途、磨削方式和磨床类型,砂轮被制成各种形状和尺寸,并已标准化。在砂轮端面上印有砂轮的标志,其顺序是形状、尺寸、磨料、粒度号、硬度、组织号、结合剂和允许的最高线速度。

如:PSA400×100×127A60L5B35

表示形状为双面凹砂轮、尺寸外径为400 mm、厚度为100 mm、内径为127 mm、磨料为棕刚玉(A)、粒度为60#、硬度为中软(L)、组织号为5号(中等)、结合剂为树脂(B)、最高线速度为35 m/s。

2. 超硬磨具

超硬磨具是指用金刚石、立方氮化硼等以显著高硬度为特征的磨料制成的磨具,可分为金刚石磨具、立方氮化硼磨具和电镀超硬磨具。超硬磨具一般由基体、过渡层和超硬磨料层三部分组成,磨料层厚度为 1.5～5 mm,主要由结合剂和超硬磨粒组成,起磨削作用。

超硬磨具的粒度、结合剂等特性与普通磨具相似,浓度是超硬磨具所具有的特殊性。浓度是指超硬磨具磨料层内每立方厘米体积内所含的超硬磨料的重量,它对磨具的磨削效率和加工成本有着重大的影响。浓度过高,很多磨粒易过早脱落,导致磨料的浪费;浓度过低,磨削效率不高,不能满足加工要求。

3. 磨削方式及工艺特征

(1) 磨削的运动:如图 4.5 所示为机床几种典型的加工方法。由图可以看出,机床必须具备以下运动:外磨或内磨砂轮的旋转运动 $n_砂$,工件圆周进给运动 $n'_工$,以及工作台的纵向 $f_纵$ 或横向 $f_横$ 进给运动。此外,机床还有砂轮架快速进退和尾座套筒缩回两个辅助运动。

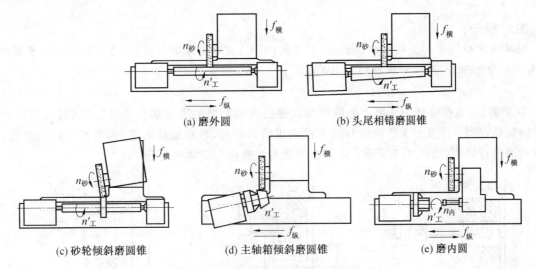

图 4.5 万能外圆磨床加工示意图

(2) 中心磨削。

① 外圆磨削:外圆磨削是以砂轮旋转做主运动,工件旋转、移动(或砂轮径向移动)做进给运动,对工件的外旋转面进行的磨削加工。它能磨削圆柱面、圆锥面、轴肩端面、球面及特殊形状的外表面。按不同的进给方向,又有纵磨法和横磨法之分,如图 4.6 所示。

a. 纵磨法:采用纵磨法磨外圆时,以工件随工作台的纵向移动做进给运动(见图 4.6(b)、图 4.6(c)),每次单行程或往复行程终了时,砂轮做周期性的横向切入进给,逐步磨出工件径向的全部余量。纵磨法每次的切入量少,磨削力小,散热条件好,有利于提高工件的磨削精度和表面质量,是目前生产中使用最广泛的一种外圆磨削方法。

b. 横磨法:采用横磨法磨外圆时,砂轮宽度大于工件磨削表面宽度,以砂轮缓慢连续(或不连续)地沿工件径向的移动做进给运动,工件则不需要纵向进给(见图 4.6(d)、图 4.6(e)、图 4.6(f)、图 4.6(g)),直到达到工件要求的尺寸为止。

横磨法可在一次行程中完成磨削过程,加工效率高,常用于成形磨削(如图 4.6(e)、图 4.6(g) 所示)。

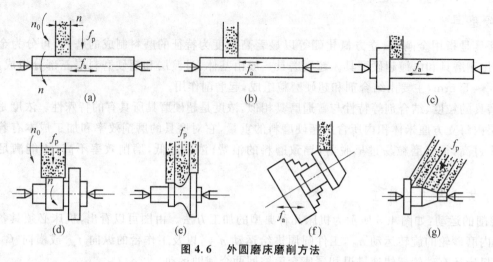

图 4.6　外圆磨床磨削方法

> **技术提示：**
> 横磨法中砂轮与工件接触面积大，磨削力大，因此，要求磨床刚性好，动力足够；同时，磨削热集中，需要充分的冷却，以免影响磨削表面质量。

② 内圆磨削：是在普通内圆磨上磨削内圆。普通内圆磨削的主运动仍为砂轮的旋转，工件旋转为圆周进给运动，砂轮（或工件）的纵向移动为纵向进给。同时，砂轮做横向进给，可对零件的通孔、盲孔及孔口端面进行磨削，如图 4.7 所示。内圆磨削也有纵磨法与横向法之分。

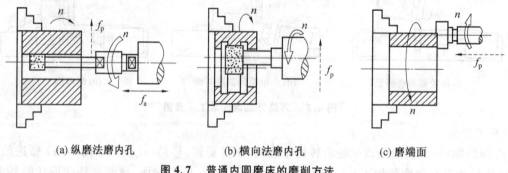

(a) 纵磨法磨内孔　　(b) 横向法磨内孔　　(c) 磨端面

图 4.7　普通内圆磨床的磨削方法

> **技术提示：**
> 与外圆磨削相比，内圆磨削具有以下特点：
> (1) 砂轮尺寸受到工件孔径的限制，尺寸小，损耗快，需要经常休整和更换；
> (2) 磨削速度低、刚性差；
> (3) 砂轮与工件内切，接触面积大，散热条件差，易发生烧伤；
> (4) 切削液不易进入磨削区，排屑困难。

（3）无心磨削：无心磨外圆时，工件不用夹持于卡盘或支承于顶尖，而是直接放于砂轮与导轮之间的托板上，以外圆柱面自身定位，如图 4.8 所示。磨削时，砂轮旋转为主运动，导轮旋转带动工件旋转和工件轴向移动（因导轮与工件轴线倾斜一个 α 角度，旋转时将产生一个轴向分速度）为进给运动，对工件进行磨削。

适用范围：各种等径轴类、杆件、管件外圆表面磨削抛光；超长不锈钢管、锅炉管、高精度钛合金棒；工程机械液压杆、汽车及摩托车减震器、气门杆、油田抽油光杆；有色金属棒、管、塑料、橡胶管、纺机光杆以及各种线材。

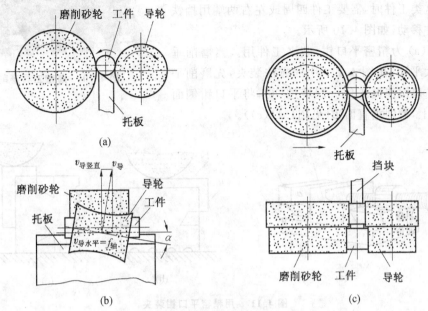

图 4.8　无心外圆磨削加工示意图

无心磨外圆也有纵磨法（如图 4.8(a)、图 4.8(b) 所示）和横磨法（如图 4.8(c) 所示）。纵磨法适用于不带台阶的光轴零件，加工时工件由机床前面送至托板，工件自动轴向移动磨削后从机床后面出来。

横磨法可用于带台阶的轴加工，加工时先将工件支承在托板和导轮上，再由砂轮做横向切入磨削工件。

无心外圆磨是一种生产率很高的精加工方法，且易于实现生产自动化，但机床调整费时，故主要用于大批量生产。由于无心磨以外圆表面自身作定位基准，故不能提高零件位置精度。

> **技术提示：**
> 当零件加工表面与其他表面有较高的同轴要求或加工表面不连续（例如有长键槽）时，不宜采用无心外圆磨削。

（4）平面磨削：当采用砂轮周边磨削方式时，磨床主轴按卧式布局；当采用砂轮端面磨削方式时，磨床主轴按立式布局。平面磨削时，工件可安装在做往复直线运动的矩形工作台上，也可安装在做圆周运动的圆形工作台上，如图 4.9 所示。

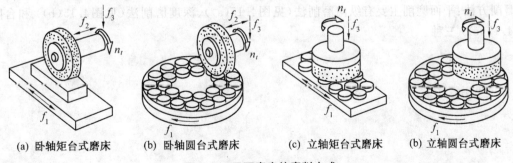

(a) 卧轴矩台式磨床　　(b) 卧轴圆台式磨床　　(c) 立轴矩台式磨床　　(b) 立轴圆台式磨床

图 4.9　平面磨床的磨削方式

① 工件的装夹：在平面磨床上，采用电磁吸盘工作台吸住工件。当磨削键、垫圈、薄壁套等小的零件时，由于工件与工作台接触面积小，吸力弱，容易被磨削力弹出造成事故，所以装夹这类工件时，需要工件四周或左右两端用挡铁围住，以防工件移动，如图4.10所示。

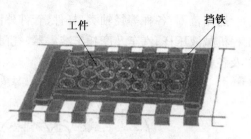

图4.10 薄壁工具磨削的装夹

如图4.11(a)为精密平口钳，装夹工件用。当磨削垂直面时，磨削大平面，按图4.11(b)的方法装夹，先磨削平面A，然后将平口钳连同工件一起转过90°，将平口钳侧面吸在电磁吸盘上，磨削垂直面B(见图4.11(c))。

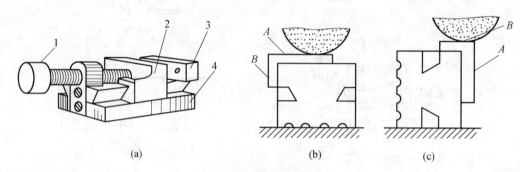

图4.11 用精密平口钳装夹

1—螺杆；2—活动钳口；3—固定钳口；4—底座

另外磨削垂直面时，可以用精密角铁装夹磨削垂直面，或用导磁直角铁装夹，以及用精密V形架装夹，如图4.12、图4.13、图4.14所示。

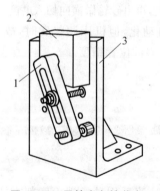 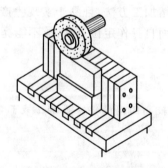 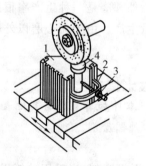

图4.12 用精密角铁装夹 　图4.13 用导磁直角铁装夹　　图4.14 用精密V形架装夹

1—压板；2—工件；3—精密角铁　　　　　　　　　　　　　　1—V形架；2—弓架；

　　　　　　　　　　　　　　　　　　　　　　　　　　　　3—夹紧螺钉；4—工件

② 磨削方法：平面磨削主要有纵向磨削法(见图4.15(a))、深度磨削法(见图4.15(b))和台阶磨削法(见图4.15(c))三种。

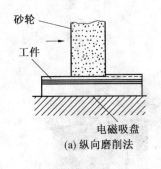 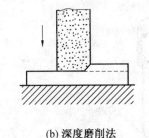 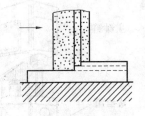

(a) 纵向磨削法　　　　(b) 深度磨削法　　　　(c) 台阶磨削法

图 4.15　平面磨削方法

4.2 其他机床加工

引言

在普通机械加工中,除了车削加工、铣削加工、磨削加工外,其他的一些加工如钻削加工、镗削加工、刨削加工、插削加工、拉削加工等也是常见的普通机械加工,下面将逐一作简要介绍。

知识汇总

- 其他机床种类、结构、加工特点、刀具
- 其他机床应用

4.2.1　钻床及其加工

1. 钻床

主要用钻头在工件上加工孔的机床称为钻床,它以钻头回转作为主运动,钻头的轴向移动为进给运动。钻床的主要功能为钻孔和扩孔,也可以用来铰孔、攻螺纹、锪沉头孔、锪端面等。常用的钻床有坐标镗钻床、深孔钻床、卧式钻床、台式钻床、立式钻床和摇臂钻床等。其中立式钻床和摇臂钻床应用最广泛。

(1) 立式钻床:立式钻床又分为圆柱立式钻床、方柱立式钻床和可调多轴立式钻床三个系列。

如图 4.16 所示为 Z5135 型方柱立式钻床,其主轴是垂直布置的,在水平方向上的位置固定不动,必须通过工件的移动,找正被加工孔的位置。立式钻床生产率不高,大多用于单件小批量生产加工中小型工件。

圆柱立式钻床,简称台钻。它是一种小型钻床,主要用于电器、仪表工业及机器制造业的钳工装配工作中。适用于加工小型工件,加工的孔径一般小于 $\phi 16$ mm。图 4.17 所示为台式钻床的一种形式。

(2) 摇臂钻床:在大型工件上钻孔,希望工件不动,钻床主轴能任意调整其位置,这就需用摇臂钻床。如图 4.18 所示为 Z3040 型摇臂钻床的外形图。摇臂钻床广泛地用于大、中型工件的加工。

摇臂钻床特点:

① 机械变速、操作简便。
② 主要导轨面采用淬火处理,可以延长机床的使用寿命。
③ 电气系统安全可靠。
④ 结构可靠、制造精良、能保证机床精度等特性。

2. 钻削加工

钻削加工是用钻头在工件上加工孔的一种加工方法。在钻床上加工时,工件固定不动,刀具做旋转主运动的同时沿轴向做进给运动。

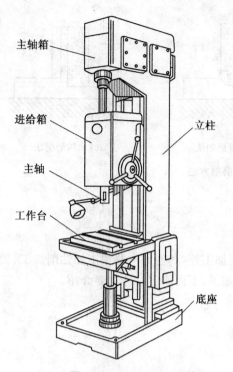
图4.16 Z5135型立式钻床

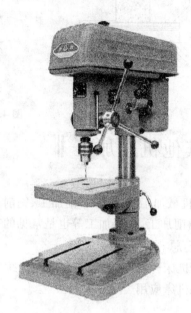
图4.17 台式钻床

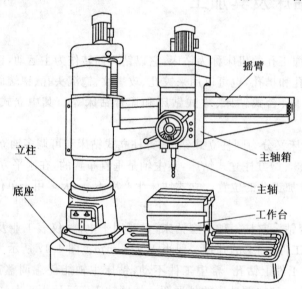
图4.18 Z3040型摇臂钻床

(1)钻削的特点：
① 钻头在半封闭的状态下进行切削的,切削量大,排屑困难。
② 摩擦严重,产生热量多,散热困难。
③ 转速高、切削温度高,致使钻头磨损严重。
④ 挤压严重,所需切削力大,容易产生孔壁的冷作硬化。
⑤ 钻头细而悬伸长,加工时容易产生弯曲和振动。
⑥ 钻孔精度低,尺寸精度为IT13～IT12,表面粗糙度Ra为12.5～6.3 μm。

(2)钻削加工的工艺范围：如图4.19所示,在钻床上采用不同的刀具,可以完成钻中心孔、钻孔、扩孔、铰孔、攻螺纹、锪孔和锪平面等。通过钻孔—扩孔—铰孔可加工出精度为IT6～IT8,表面粗糙度为

1.6～0.4 μm 的孔，还可以利用夹具加工有位置要求的孔系。

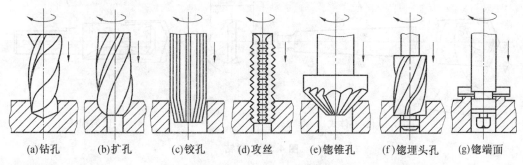

图 4.19　钻削加工范围

(3) 钻削刀具。

① 麻花钻：麻花钻属于粗加工刀具，尺寸公差等级为 IT13～IT11，表面粗糙度 Ra 值为 25～12.5 μm。麻花钻的工作部分包括切削部分和导向部分。

麻花钻的组成如图 4.20 所示，由柄部、颈部和工作部分组成。

a. 柄部：柄部是钻头的夹持部分，钻孔时用于传递转矩。

b. 颈部：麻花钻的颈部凹槽是磨削钻头柄部时的砂轮退刀槽，槽底通常刻有钻头的规格及厂标。

c. 工作部分：麻花钻的工作部分是钻头的主要部分，由切削部分和导向部分组成。

切削部分担负着切削工作，由两个前面、主后面、副后面、主切削刃、副切削刃及一个横刃组成；导向部分是当切削部分切入工件后起导向作用，也是切削部分的备磨部分。

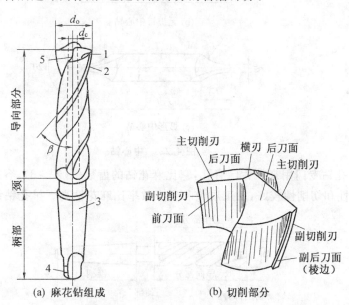

图 4.20　麻花钻的组成

1—刃瓣；2—棱边；3—莫氏锥度；4—扁尾；5—螺旋槽

② 扁钻：如图 4.21 所示为一扁钻的结构形式，扁钻是使用最早的钻孔刀具。其特点是结构简单、刚性好、成本低、刃磨方便。

扁钻有整体式和装配式两种，前者用于数控机床，常用于较小直径（<φ12 mm）孔的加工，后者适用于较大直径（>φ63.5 mm）孔的加工。

③ 中心钻：中心钻是用来加工轴类零件中心孔的刀具，其结构主要有带护锥中心钻、无护锥中心钻、弧形中心钻三种形式，如图 4.22 所示。

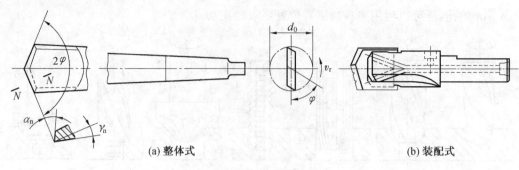

(a) 整体式　　　　　　　　　　(b) 装配式

图 4.21　扁钻

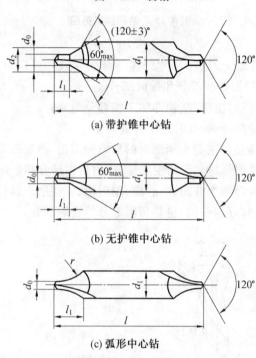

(a) 带护锥中心钻

(b) 无护锥中心钻

(c) 弧形中心钻

图 4.22　中心钻

④扩孔钻：扩孔钻专门用来扩大已有孔，它比麻花钻的齿数多（$Z>3$），容屑槽较浅，无横刃，强度和刚度均较高，导向性和切削性较好，加工质量和生产效率比麻花钻高。扩孔钻结构如图 4.23 所示。

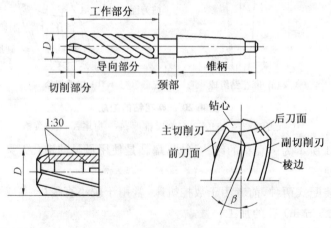

图 4.23　扩孔钻

扩孔常用于已铸出、锻出或钻出孔的扩大。扩孔可作为铰孔、磨孔前的预加工，也可以作为精度要求不高的孔的最终加工。扩孔比钻孔的质量好,生产效率高。扩孔对铸孔、钻孔等预加工孔的轴线的偏斜,有一定的校正作用。扩孔精度一般为IT10左右,表面粗糙度 Ra 值可达 $6.3\sim3.2~\mu m$。

⑤铰刀:铰刀常用来对已有孔进行最后精加工,也可对要求精确的孔进行预加工。铰孔尺寸精度一般为 IT9~IT7级,表面粗糙度 Ra 一般为 $3.2\sim0.8~\mu m$。对于中等尺寸、精度要求较高的孔(例如IT7级精度孔),铰刀可分为手动铰刀和机动铰刀,如图4.24所示。

铰孔的工艺特点及应用:钻—扩—铰工艺是生产中常用的典型加工方案。

铰孔余量对铰孔质量的影响很大,余量太大,铰刀的负荷大,切削刃很快被磨钝,不易获得光洁的加工表面,尺寸公差不易保证;余量太小,不能去掉上工序留下的刀痕,自然也就没有改善孔加工质量的作用。一般粗铰余量取为 $0.35\sim0.15$ mm,精铰取为 $0.15\sim0.05$ mm。

铰孔通常采用较低的切削速度以避免产生积屑瘤。进给量的取值与被加工孔径有关,孔径越大,进给量取值越大。

铰孔时必须用适当的切削液进行冷却、润滑和清洗,以防止产生积屑瘤并减少切屑在铰刀和孔壁上的黏附。与磨孔和镗孔相比,铰孔生产率高,容易保证孔的精度;但铰孔不能校正孔轴线的位置误差,孔的位置精度应由前工序保证。铰孔不宜加工阶梯孔和盲孔。

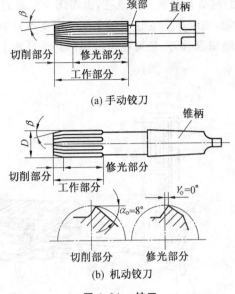

图4.24 铰刀

技术提示:
铰孔时,由于切削振动、刀齿的径向跳动、刀具与工具的安装误差、积屑瘤等原因,会产生铰出的孔径大于铰刀校准部分的实际外径的孔扩张现象。一般扩张量为 $0.003\sim0.02$ mm;有时,对塑性、刚度好的材料,当加工完成后因工件弹性变形或热变形的恢复也会出现铰出的孔径小于铰刀校准部分的实际外径的孔收缩现象。其收缩量一般为 $0.005\sim0.02$ mm。

4.2.2 镗床及其加工

镗削加工是箱体零件上孔加工的主要方法。镗削加工具有加工精度高、适用范围广的特点,故在生产中得到了广泛的应用。

1. 镗床

镗床类机床主要用于加工尺寸较大、形状复杂、要求孔精度较高的零件,如各种箱体、床身、机架等。镗床的主要功用是用镗刀进行镗孔,它也可进行钻孔、铣平面和车削加工。镗床可分为卧式镗床、坐标镗床和金刚镗床等。

(1)卧式镗床:卧式镗床除镗孔外,还可进行钻孔、铣平面和车端面、车螺纹等加工,可在一次装夹中完成零件多道工序的加工,因其工艺适应性强,故在生产中得到广泛应用。如图4.25所示为某卧式镗床的外观图,其各部件为:

前立柱7固定连接在床身10上,在前立柱的侧面轨道上,安装着可沿立柱导轨上下移动的主轴箱8

和尾筒9；加工时可做旋转运动的平旋盘5上铣有径向T形槽，供安装刀夹或刀盘；平旋盘端面的燕尾形导轨槽中可安装径向刀架4，装在径向刀架上的刀杆座可随刀架在燕尾导轨槽中做径向进给运动；镗轴6的前端有精密莫氏锥孔，也可用于安装刀具或刀杆；后立柱2和工作台部件3均能沿床身导轨做纵向移动，安装于后立柱上的支架1可支承悬伸较长的镗杆，以增加其刚度；装于工作台上除能随下滑座11沿轨道纵移外，还可在上滑座的环形导轨上绕垂直轴转动。

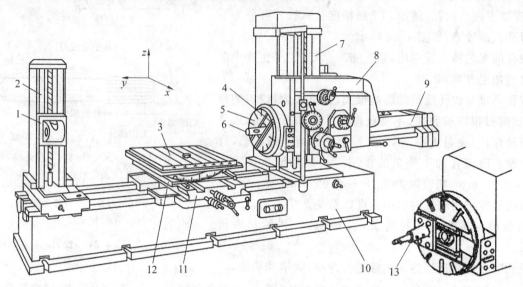

图 4.25　卧式镗床
1—支架；2—后立柱；3—工作台；4—径向刀架；5—平旋盘；6—镗轴；7—前立柱；
8—主轴箱；9—后尾筒；10—床身；11—下滑座；12—上滑座；13—刀座

① 卧式镗床具有以下运动：

a. 镗杆或平旋盘的旋转主运动。

b. 五个进给运动：镗杆的轴向进给运动，用于孔加工；主轴箱的垂直进给运动，用于铣平面；工作台的横向进给运动，用于铣平面；工作台的纵向进给运动，用于孔加工；平旋盘上刀架的进给运动，用于车削端面。

② 卧式镗床的加工方法：图 4.26 为卧式镗床的典型加工方法。

(2) 坐标镗床：因机床上具有坐标位置的精密测量装置而得名。这种机床的主要零部件的制造和装配精度都很高，并具有良好的刚性和抗震性。依靠坐标测量装置，能精密地确定工作台、主轴箱等移动部件的位移量，实现工件和刀具的精确定位。主要用于镗削高精度的孔，尤其适合于相互位置精度很高的孔系，如钻模、镗模等孔系的加工。如图 4.27 所示为立式单柱坐标镗床。

双柱坐标镗床如图 4.28 所示，它具有由两个立柱、顶梁和床身构成的龙门框架，主轴箱2装在可沿立柱3导轨上下调整位置的横梁1上，工作台4直接支承在床身5的导轨上。镗孔坐标位置由主轴箱沿横梁导轨移动和工作台沿床身导轨移动来确定。双柱坐标镗床主轴箱悬伸距离小，且装在龙门框架上，较易保证机床刚度。另外，工作台和床身之间层次少，承载能力较强。因此，双柱式一般为大、中型机床。

2. 镗孔的工艺特点及应用范围

镗孔是在工件已有的孔上进行扩大孔径的加工方法。

镗孔和钻—扩—铰工艺相比，孔径尺寸不受刀具尺寸的限制，且镗孔具有较强的误差修正能力，可通过多次走刀来修正原孔轴线偏斜误差，而且能使所镗孔与定位表面保持较高的位置精度。

模块 4 | 磨削加工与其他机床加工

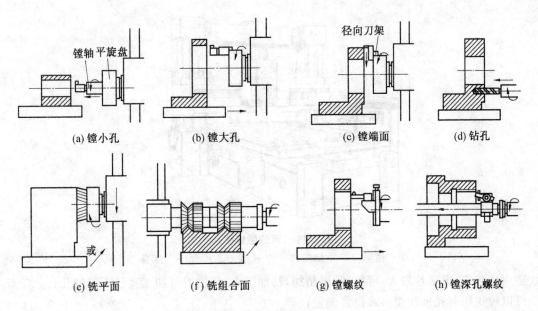

图 4.26 卧式镗床的典型加工方法

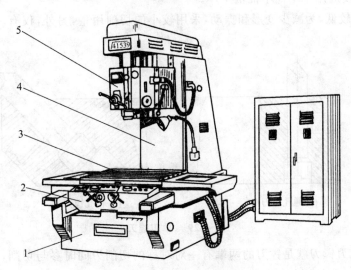

图 4.27 立式单柱坐标镗床
1—底座；2—滑座；3—工作台；4—立柱；5—主轴箱

镗孔和车外圆相比，由于刀杆系统的刚性差、变形大，散热排屑条件不好，工件和刀具的热变形比较大；因此，镗孔的加工质量和生产效率都不如车外圆高。

综上分析可知，镗孔工艺范围广，可加工各种不同尺寸和不同精度等级的孔，对于孔径较大、尺寸和位置精度要求较高的孔和孔系，镗孔几乎是唯一的加工方法。

镗孔的加工精度为 IT9～IT7 级，表面粗糙度值 Ra 为 3.2～0.4 μm。镗孔可以在镗床、车床、铣床等机床上进行，具有机动灵活的优点。在单件或成批生产中，镗孔是经济易行的方法。在大批大量生产中，为提高效率，常使用镗模。

镗孔可分为粗镗（IT13～IT11，Ra 50～12.5 μm）、半精镗（IT10～IT9，Ra 6.3～3.2 μm）和精镗（IT8～IT6，Ra 1.6～0.8 μm）。

镗孔方式有主轴进给和工作台进给两种，当工件较大、孔较短时采用主轴进给，反之则采用工作台进给。

(1) 单刃镗刀：镗孔如图 4.29 所示（刀头结构与车刀类似）。具有如下几个特点。

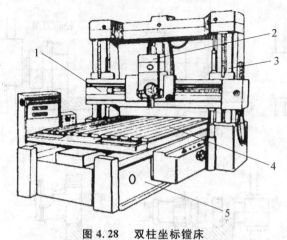

图 4.28 双柱坐标镗床
1—横梁；2—主轴箱；3—立柱；4—工作台；5—床身

① 适应性较广，灵活性较大，可粗加，半精加，精加工，一把镗刀可加工直径不同的孔；
② 可以校正原有孔轴线歪斜或位置偏差；
③ 生产率较低，较适用于单件小批量生产。

单刃镗刀的刚度较低，为减少变形和振动，采用较小的切削用量，另外，仅有一个主切削刃工作，所以生产率较低。

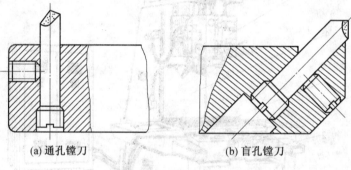

(a) 通孔镗刀　　　　　　　(b) 盲孔镗刀

图 4.29 单刃镗刀

(2) 双刃镗刀：双刃镗刀就是镗刀的两端有一对对称的切削刃同时参与切削，切削时可以消除径向切削力对镗杆的影响，工件孔径的尺寸精度由镗刀来保证。双刃镗刀分为固定式和浮动式两种，如图 4.30 所示为一浮动式双刃镗刀。

① 加工质量较高，刀片浮动可抵偿偏摆引起的不良影响，较宽的修光刃可减少孔壁粗糙度值；
② 生产率较高，两刀刃同时工作，故生产率较高；
③ 刀具成本较单刃镗刀高。

浮动镗刀主要用于批量生产，精加工箱体零件上直径较大的孔。

4.2.3 拉削加工

1. 拉削与拉刀

(1) 拉削加工：拉孔是一种高生产率的精加工方法，它是用特制的拉刀在拉床上进行的。拉床分卧式拉床和立式拉床两种，以卧式拉床最为常见。如图 4.31 是在卧式拉床上拉削圆孔的加工示意图。

如图 4.32 表示拉刀刀齿尺寸逐齿增大切下金属的过程。图中 a_f 是相邻两刀齿半径上的高度差，即齿升量。齿升量一般根据被加工材料、拉刀类型、拉刀及工件刚性等因素选取，用普通拉刀拉削钢件圆

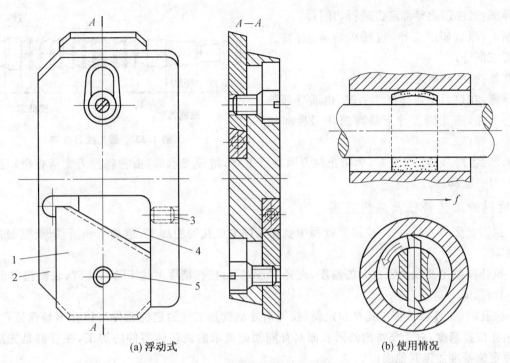

(a) 浮动式　　　　　(b) 使用情况

图 4.30　浮动式双刃镗刀
1—刀片；2—刀体；3—调节螺钉；4—斜面垫块；5—夹紧螺钉

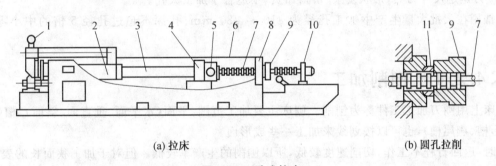

(a) 拉床　　　　　(b) 圆孔拉削

图 4.31　卧式拉床
1—压力表；2—压力缸；3—活塞拉杆；4—液压支架；5—夹头；6—床身；
7—拉刀；8—开板；9—工件；10—滑动支架；11—球面支持垫圈

孔时，粗切刀齿的齿升量为 0.15～0.03 mm/齿，精切刀齿的齿升量为 0.005～0.015 mm/齿。刀齿切下的切屑落在两齿间的空间内，此空间称为容屑槽。拉刀同时工作的齿数一般应不少于 3 个，否则拉刀工作不平稳，容易在工件表面产生环状波纹。为了避免产生过大的拉削力而使拉刀断裂，拉刀工作时，同时工作刀齿数一般不应超过 6～8 个。

（2）拉刀：如图 4.33 所示为圆孔拉刀的结构组成，分别介绍如下。

头部：夹持刀具、传递动力的部分；
颈部：连接头部与其后各部分，也是打标记的地方；
过渡锥部：使拉刀前导部易于进入工件孔中，起对准中心作用；

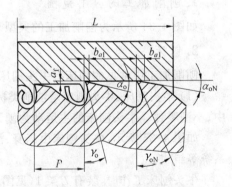

图 4.32　拉刀拉孔过程
齿升量 a_f、齿距 P、刃带宽度 b_{a1}、
前角 γ_0、后角 α_0

前导部:工件以前导部定位进行切削;

切削部:担负切削工作,包括粗切齿、过渡齿与精切齿三部分;

校准部:校准和刮光已加工表面;

后导部:在拉刀工作即将结束时,由后导部继续支承住工件,防止因工件下垂而损坏刀齿和碰伤已加工表面;

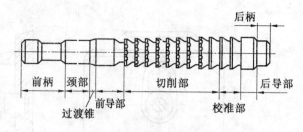

图 4.33 圆孔拉刀结构

支承部:当拉刀又长又重时,为防止拉刀因自重下垂,增设支承部,由它将拉刀支承在滑动托架上,托架与拉刀一起移动。

2.拉削的工艺特征及应用范围

(1)拉刀是多刃刀具,在一次拉削行程中就能顺序完成孔的粗加工、精加工和精整、光整加工工作,生产效率高。

(2)拉孔精度主要取决于拉刀的精度,在通常条件下,拉孔精度可达 IT9~IT7,表面粗糙度 Ra 可达 $6.3~1.6~\mu m$。

(3)拉孔时,工件以被加工孔自身定位(拉刀前导部就是工件的定位元件),拉孔不易保证孔与其他表面的相互位置精度;对于那些内外圆表面具有同轴度要求的回转体零件的加工,往往都是先拉孔,然后以孔为定位基准加工其他表面。

(4)拉刀不仅能加工圆孔,而且还可以加工成形孔、花键孔。

(5)拉刀是定尺寸刀具,形状复杂、价格昂贵,不适合于加工大孔。

拉孔常用在大批大量生产中加工孔径为 $\phi 10 \sim \phi 80$ mm、孔深不超过孔径 5 倍的中小零件上的通孔。

4.2.4 刨削加工

在刨床上用刨刀加工工件称为刨削。刨床主要加工范围:平面(水平面、垂直面、斜面)、槽(直槽、T形槽、V形槽、燕尾槽),也可以按划线来加工一些成形面。

刨削时,返回行程不工作,切削速度较低,所以刨削的生产率较低。但对于加工狭而长的表面,生产率较高。同时由于刨削刀具简单,加工调整灵活方便,故在单件生产及修配工作中得到较广泛应用。刨削加工的精度一般为 IT9~IT8,表面粗糙度 Ra 值为 $6.3~1.6~\mu m$。

1.刨削加工的应用范围

如图 4.34 所示为刨削加工的典型表面。

2.刨床

刨削加工中常见的刨床有牛头刨床和龙门刨床两种。

(1)牛头刨床:牛头刨床是刨削类机床中应用较广的一种。它适合刨削长度不超过 1 000 mm 的中、小型零件。牛头刨床的主运动为刨刀往复运动,进给运动为工作台横向进给运动。

如图 4.35 所示,牛头刨床由床身、滑枕、摇杆机构、变速箱、走刀箱、横梁、工作台及润滑系统、电气系统等组成。

牛头刨床工作时,装有刀架 1(见图 4.36)的滑枕 3 由床身 4 内部的摆杆带动,沿床身顶部的导轨做直线往复运动,由刀具实现切削过程的主运动;夹具或工件安装在工作台 6 上,加工时,工作台 6 带动工件沿横梁 5 上的导轨做间歇横向进给运动,横梁 5 可沿着床身的垂直轨道上下移动,以调整工件与刨刀的位置;刀架 1 还可以沿刀架座上的导轨上下移动(一般为手动),以调整刨刀深度,以及在加工垂直平

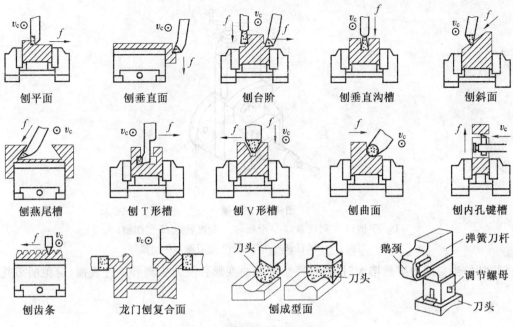

图 4.34 刨削加工的典型表面

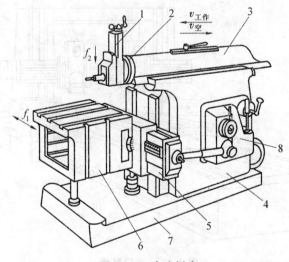

图 4.35 牛头刨床

1—刀架；2—转盘；3—滑枕；4—床身；5—横梁；6—工作台；7—底座；8—变速箱

面和斜面时做进给运动，调整转盘 2 可以使刀架做左右回旋，以便加工斜面和斜槽。

(2) 龙门刨床：龙门刨床具有体型大、动力大、结构复杂、刚性好、工作稳定、工作行程长、适应性强和加工精度高等特点，主要参数为刨削宽度，主要用来刨削大型零件的平面，尤其是窄而长的平面。对中小型零件，它可以一次装夹好几个，用几把刨刀同时刨削。龙门刨床如图 4.37 所示，因有一个"龙门"式的框架结构而得名。

3. 刨刀

刨刀与车刀相似，其几何角度的选择原则也与车刀基本相同，但因刨削过程中冲击力大，所以刨刀的角度都比车刀小 5°～6°。

如图 4.38 所示，刨刀有直头和弯头两种，直头刨削时，如遇到加工余量不均或有硬质点时，切削力会突然增大，增加刨刀的弯曲变形，造成切削刃扎入已加工的表面，降低加工表面质量，也容易损坏刀

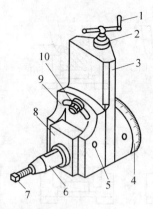

图 4.36 刀架

1—手柄;2—刻度盘;3—滑板;4—刻度转盘;5—摆轴;
6—刀夹;7—螺钉;8—抬刀板;9—刀座;10—螺母

具;弯头刨削时,当切削力突然增大时,刀杆产生的弯曲变形会使刀尖离开工件表面,避免削刃扎入工件表面。

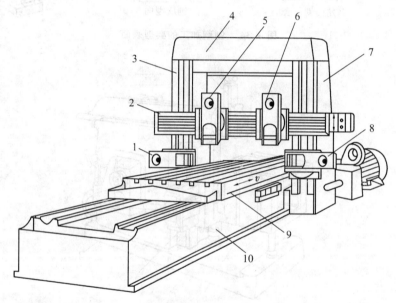

图 4.37 龙门刨床

1,8—左右侧刀架;2—横梁;3,7—立柱;4—顶梁;5,6—垂直刀架;9—工作台;10—床身

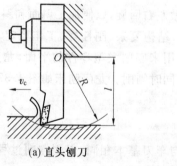
(a) 直头刨刀

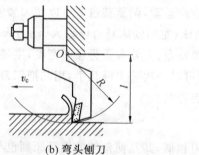
(b) 弯头刨刀

图 4.38 刨刀刀杆形状

4.2.5 插削加工

插销和刨削的切削方式基本相同,只是插削是在竖直方向进行,因此可以认为插削是一种立式刨床,图4.39是插床的外形图。插削加工时,滑枕2带动插刀沿垂直方向做直线往复运动,实现切削过程的主运动;工件安装在圆形工作台1上,圆形工作台可实现纵向、横向和圆周的间歇进给运动;此外,圆形工作台还可以利用分度装置5进行圆周分度;滑枕导轨座3和滑枕一起可绕销轴4在垂直平面内相对立柱倾斜 $0°\sim 8°$,以便插削斜槽和斜面。

插床的主参数是插削长度,主要用于单件、小批量生产加工工件的内表面,如方孔、多边形孔和键槽等。在插床上加工内表面比刨床方便,但插刀刚性差,为防止"扎刀",前角不宜过大,因此加工精度比刨削低。

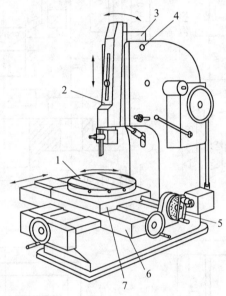

图 4.39 插床

1— 圆形工作台;2— 滑枕;3— 滑枕导轨座;4— 销轴;5— 分度装置;6— 床鞍;7— 溜板

4.3 箱体类零件的加工

引言

箱体是构成机器的主要零件,也是箱体部件的基础零件。它的作用是使箱体部件内各有关零件(如轴、轴承、齿轮、拨叉等)保持正确的相互位置,彼此按照一定的传动关系工作。所以,箱体零件的加工质量,直接影响机器的工作精度、性能和使用寿命。箱体类零件的结构复杂,加工表面多、要求高、工作量大。通常箱体要加工的主要表面是平面和孔。本项目将围绕案例箱体类零件的技术要求、孔系的加工和平面的加工等知识点进行介绍。

知识汇总

- 箱体类零件结构、技术要求、箱体孔系、箱体平面
- 箱体孔系、平面的加工方法

案例

如图4.40所示为某车床主轴箱,分别按小批生产、大批生产拟定其加工工艺过程。

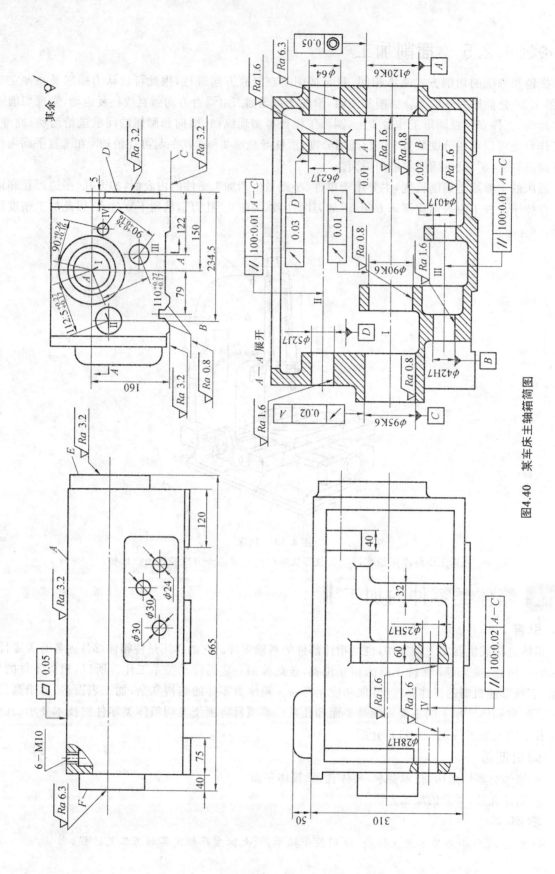

图4.40 某车床主轴箱简图

4.3.1 箱体类零件的功用和技术要求

1. 箱体类零件的功用与结构特点

箱体类零件是各类机器及其部件的基础件,如汽车上的变速器壳体、发动机缸体,机床上的主轴箱、进给箱等都属于箱体类零件。箱体的主要功用是将一些轴、套、轴承和齿轮等零件装配起来,保证各种零部件具有正确的相对位置,并能协调地运转和工作。因此,箱体零件的质量优劣,直接影响着机器的性能、精度和寿命。

如图 4.41 所示为几种箱体类零件的结构简图。

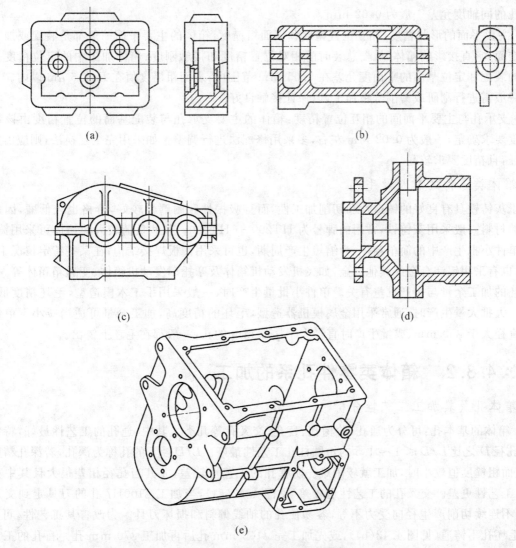

图 4.41 箱体类零件的结构简图

箱体类零件的尺寸大小和结构形式随其用途不同有很大差别,但在结构上仍有共同的特点:结构复杂,箱壁薄且不均匀,内部呈腔型。在箱壁上既有许多精度要求较高的轴承支承孔和平面,也有许多精度较低的紧固孔。箱体不仅需要加工的表面较多,且精度要求高,加工难度大。

2. 箱体零件的主要技术要求

箱体零件的主要加工表面为孔系和平面。为保证箱体部件的装配精度,箱体零件的加工主要有以下技术要求。

(1) 支承孔的尺寸精度、形状精度和表面粗糙度：箱体上的主要支承孔(如主轴孔)的尺寸公差等级为 IT6 级、圆度允差为 $0.006\sim0.008$ mm、表面粗糙度值为 $Ra0.8\sim0.4$ μm。箱体上的其他支承孔的尺寸公差等级为 IT6～IT7 级、圆度允差为 0.01 mm 左右、表面粗糙度值为 $Ra1.6\sim0.8$ μm。

(2) 支承孔之间的相互位置精度：箱体上有齿轮啮合关系的孔系之间，应有一定的孔距尺寸精度和平行度要求，否则会影响齿轮的啮合精度，使工作时产生噪声和振动、缩短齿轮使用寿命。这项精度主要取决于传动齿轮副的中心距允许偏差和精度等级。同一轴线的孔应有一定的同轴度要求，否则使轴装配困难，即便装上也会使轴的运转情况不良，将加剧轴承的磨损和发热，温升增高，影响机器的精度和正常工作。支承孔间中心距允差一般为 ±0.05 mm；轴线的平行度允差为 $0.03\sim0.1$ mm/300 mm；同轴线孔的同轴度允差一般为 0.02 mm。

(3) 主要平面的形状精度、相互位置精度和表面粗糙度：箱体的主要平面一般都是装配或加工中的定位基准面，它直接影响箱体、机器总装时的相对位置精度和接触刚度、箱体加工中的定位精度。一般箱体上的装配和定位基面的平面度允差在 0.05 mm 范围内；表面粗糙度值在 $Ra1.6$ μm 以内。主要结合平面一般需进行刮研或磨削等精加工，以保证接触良好。

(4) 支承孔与主要平面间的相互位置精度：箱体的主要支承孔与装配基面的位置精度由该部件装配后精度要求确定，一般为 0.02 mm 左右，多采用修配法进行调整。如采用完全互换法，则应由加工精度来保证，且精度要求较高。

3. 箱体类零件的材料及毛坯

由于灰铸铁具有良好的铸造性和切削加工性，而且吸振性和耐磨性较好，价格也较低廉，因此箱体类零件的材料一般采用灰铸铁，常用的牌号为 HT200～HT400。某些负荷较大的箱体可采用铸钢件；而对于单件小批生产中的简单箱体，为缩短生产周期，也可采用钢板焊接结构；在某些特定情况下，为减轻重量，也有采用铝镁合金或其他合金，如飞机发动机箱体及摩托车发动机箱体、变速箱箱体等。

毛坯的加工余量与生产批量有关。单件小批量生产时，一般采用手工木模造型，毛坯精度低，加工余量大。大批大量生产时，通常采用金属模机器造型，毛坯的精度高，加工余量可适当减小。单件小批生产时直径大于 $\phi50$ mm、成批生产时直径大于 $\phi30$ mm 的孔，一般都在毛坯上铸出。

4.3.2 箱体类零件孔系的加工

1. 箱体孔及其加工工艺性分析

(1) 箱体的基本孔：可分为通孔、阶梯孔、盲孔、交叉孔等几类。其中，通孔的工艺性最好，特别是孔长 L 与孔径 D 之比 $L/D\leqslant1\sim1.5$ 的短圆柱孔工艺性最好。$L/D\geqslant5$ 的孔称为深孔，若深孔精度要求较高、表面粗糙度值较小时，加工就较困难。阶梯孔的工艺性较差，尤其当孔径相差很大且其中小孔又较小时，工艺性更差。交叉孔的工艺性也较差(见图 4.42(a))，当加工 $\phi100$H7 孔的刀具走到交叉口处时，由于不连续切削产生径向受力不等，容易使孔的轴线偏斜和损坏刀具。为改善其工艺性，可将 $\phi70$ mm 的毛坯孔不铸通(见图 4.42(b))，或先加工完 $\phi100$ mm 孔后再加工 $\phi70$ mm 孔。盲孔的工艺性最差，应尽量避免。如有可能，可将箱体的盲孔钻通而改成阶梯孔，以改善其结构工艺性。

(2) 箱体的同轴孔：箱体上同一轴线上各孔的孔径排列方式有三种，如图 4.43 所示。图 4.43(a) 为孔径大小向一个方向递减，且相邻两孔直径之差大于孔的毛坯加工余量，这种排列方式便于镗杆和刀具从一端伸入同时加工同轴线上的各孔，对单件小批生产，这种结构适用于在通用机床上加工。图 4.43(b) 为孔径大小从两边向中间递减，对大批量生产，这种结构便于采用组合机床从两边同时加工，使镗杆的悬伸长度大大减短，提高了镗杆的刚度。图 4.43(c) 为孔径外小内大，加工时要将刀杆伸入箱体后装刀、对刀，结构工艺性差，应尽量避免。

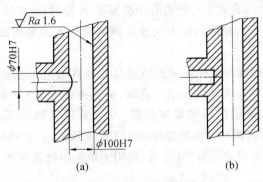

图 4.42 交叉孔的结构工艺性

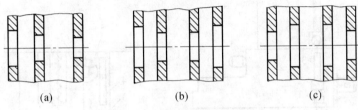

图 4.43 同轴孔的结构工艺性

2. 箱体孔系的加工

有相互位置精度要求的一组孔称为孔系。孔系一般可分为平行孔系、同轴孔系和垂直孔系(见图 4.44)。

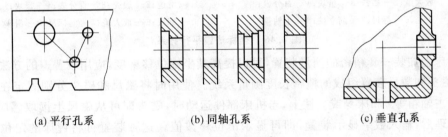

(a) 平行孔系　　(b) 同轴孔系　　(c) 垂直孔系

图 4.44 孔系分类

(1) 平行孔系的加工：平行孔系的主要技术要求是各平行孔轴线间、孔轴线与基准面间的距离尺寸精度和平行度。单件小批生产中的中小型箱体及大型箱体或机架上的平行孔系，一般采用试切法和坐标法来加工。批量较大的中小型箱体则常采用镗模法加工。

① 试切法：如图 4.45 所示，首先将第一个孔按图样尺寸镗到直径 D_1，然后根据划线将镗床主轴调整到第二孔的中心处，并把此孔镗到比图样尺寸 D_2 小的尺寸 D'_2，测量出两孔中心距 A_1($A_1 = D_1/2 + D'_2/2 + L_1$)，再按 A_1 与图样要求的孔中心距 A 差值的一半，调整主轴位置，进行第二次试切。通过多次

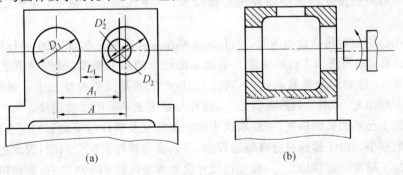

图 4.45 试切法镗平行孔系

试切,逐渐接近中心距 A 的尺寸,直到中心距符合图样要求 A 值时,才将第二个孔镗到图样上规定的直径值 D_2。如果箱体上孔不止两个,则用同样方法逐次镗削其他孔。采用试切法镗孔,精度和生产率都较低,只适用于单件小批生产。

② 坐标法:坐标法镗孔是把被加工孔系间的位置尺寸换算成直角坐标的尺寸,用镗床上的标尺或其他装置来定主轴中心坐标。当位置精度要求不高时,可直接采用镗床上的游标尺和放大镜测量装置,其定位精度为 ±0.1 mm。如果定位精度要求较高,则可采用量规和百分表来调整主轴位置,如图 4.46(a) 所示(工作台横向位置的调整可参照如图 4.46(b) 所示方法)。用量规和百分表进行调整,定位精度为 ±0.02 mm,其操作难度较大,生产效率低,适用于单件小批量生产。

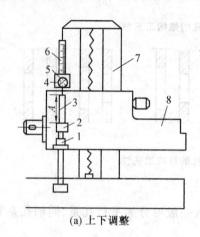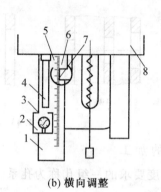

(a) 上下调整　　　　　　　　　　　　　　(b) 横向调整

1—放大镜;2—挡铁;3—量块;4—百分表;　　1—滑道;2—表壳;3—百分表;4—量块;
5—表壳;6—标尺;7—前立柱;8—主轴箱　　　5—标尺;6—放大镜;7—游标尺;8—滑座

图 4.46　坐标法镗平行孔系

在普通镗床上加装一套精密的测量装置,可以提高其坐标位移精度,应用较普遍的方法是装一套由磁尺(磁栅)、磁头和数显装置组成的精密长度测量系统。使用时将磁尺和磁头分别固定在机床运动部件(如工作台、主轴箱等)和床身或立柱上,当机床部件运动时,磁头即可从磁尺上读取感应信号,信号经集成电路处理后,输入数字显示装置,即可显示出位移数值。这种装置可将镗床的定位精度提高到 ±0.01 mm。

用坐标法加工孔系时,原始孔(第一个加工孔)及镗孔顺序的选择十分重要,因为孔距精度是靠坐标尺寸间接保证的,坐标尺寸的累积误差必然会影响孔距精度,所以在选择时应注意以下几方面。

原始孔(第一个加工孔)应选择主轴孔,然后加工其他各孔,这有利于保证主轴的传动精度。因为主轴孔在箱体的一侧,这样依次加工各孔时,工作台可朝一个方向移动,以避免往返移动工作台,因丝杠和螺母的间隙而增加误差。

原始孔应有较高的精度和较小的表面粗糙度值,以便在加工过程中,可重复校正原始孔的中心位置。

当两孔的中心距与齿轮啮合相关时,两孔加工顺序应紧连在一起,以减少坐标尺寸的累积误差。

③ 镗模法:采用镗模法加工孔系的优点是能保证孔系的加工精度,根据镗模上的导向套即可确定各孔的坐标位置,工件的定位夹紧迅速,不需找正,生产效率高。用镗模加工孔系的方法如图 4.47 所示。镗模两端有导向套,可引导镗杆进行加工,镗杆与镗床主轴采用浮动连接。

采用镗模加工孔系的孔距精度,主要取决于镗模的精度及镗杆与导向套的配合精度和刚度,而机床主轴精度的影响很小。由于镗模自身有制造误差,导向套与镗杆有配合间隙,因此用镗模加工孔系不可能达到很高的加工精度。镗模加工,一般孔径尺寸公差等级可达 IT7 级左右,表面粗糙度值为 $Ra1.6 \sim 0.8\ \mu m$,孔距精度一般为 ±0.05 mm,孔与孔之间的平行度和同轴度精度可达 0.02~0.03 mm(从一端加工)或 0.04～0.05 mm(从两端加工)。

由于镗模的精度要求高、制造周期长、成本高,所以镗模法加工,只在中批以上生产中才普遍采用。镗模既可在通用机床上使用,也可在专用机床或组合机床上使用。

(2)同轴孔系的加工:同轴孔系的主要技术要求是各孔的同轴度误差。箱体同轴孔系的加工方法与生产批量有关。当成批或大量生产时,采用镗模镗孔;当单件或小批生产时,可用下列方法加工。

① 穿镗法:用镗杆从孔壁一端进行镗孔,逐渐深入,这种镗削方法称为穿镗法。具体方法有下列几种:

a.悬伸镗孔:用短镗杆不加支承从一端进行镗孔,称悬伸镗孔。这种方法适用于箱壁间距不大的小型箱体,由于镗杆悬伸量不大,所以其加工精度和生产率较高。但悬伸镗孔不适合镗削两壁间距大的箱体。因为孔壁间距大,镗杆的悬伸长度大,当镗杆进给时,悬伸长度还要增加,镗杆因切削力产生的变形逐渐增加,同时镗杆自重引起的镗杆下垂,也随悬伸长度的增加而增加。这两方面的因素均使前、后加工的两孔产生同轴度误差。若采用工作台进给镗孔,虽镗杆伸出长度不变,镗杆因自重及切削力引起的变形对前后孔的影响是一致的,但导轨的直线度误差及镗杆与导轨的平行度误差,将使前后孔产生同轴度误差。

b.导向支承套镗孔:当镗两壁间距较大或同一轴线上的几个同轴的孔时,可将前壁上的孔镗好后,在该孔内装上一个导向套作为支承,引导镗杆加工后壁上的孔,以保证两孔的同轴度要求,如图 4.48 所示。

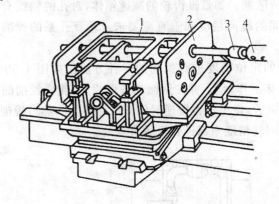

图 4.47 用镗模加工孔系
1— 工件;2— 镗模;3— 镗杆;4— 主轴

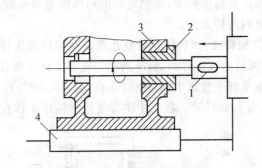

图 4.48 用导向支承套镗孔
1— 镗刀杆;2— 导向支承套;3— 箱体零件;4— 工作台

c.后立柱上导向套支承镗孔:这种方法镗孔时,镗杆由两端支承,所以刚性较好,但后立柱上导向套的位置调整较麻烦且费时,需要用心轴和量块找正,还需较长的镗杆,此法多用于大型箱体的同轴孔系加工。

② 调头镗法:调头镗法是在工件一次安装时,先镗出箱体一端的孔后将镗床工作台回转 180°,再镗箱体另一端同一轴线的孔。采用调头镗时,应确保镗床工作台精确地回转 180°,否则两端所镗出的孔轴线不平行,同时还应保证镗杆轴线与已加工孔的轴线位置相重合,才能达到两端孔的同轴度要求。

普通镗床工作台的回转精度一般不高,为了确保调头镗孔的镗削精度,可采用图 4.49 所示方法进行安装及找正。

在安装工件时,将百分表装在镗杆上,用百分表在与所镗孔轴线相平行的工艺基准面上找正,如图 4.49(a)所示;当工作台回转 180°后,仍用百分表按原来的工艺基准面重新校正,使镗床主轴的轴线与基准面保持平行,如图 4.49(b)所示;在镗杆上装百分表,使其与已加工孔表面接触,转动镗杆再根据百分表的读数调整镗杆位置,直到同轴度符合要求时为止。

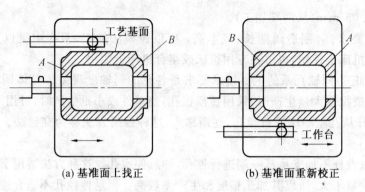

(a) 基准面上找正　　　　(b) 基准面重新校正

图 4.49　调头镗时工件的校正

技术提示：
调头镗的特点是镗杆伸出短、刚性好、镗孔时可以选用较大的切削用量，但调整工作比较麻烦，要求操作者有较高的技术水平。

(3) 垂直孔系的加工：箱体上几个轴线相互垂直的孔构成垂直孔系。垂直孔系的主要技术要求，除各孔自身的精度要求外，则根据箱体功用的不同而有所区别。如带锥齿轮的减速箱体，对孔的轴线有垂直度和位置精度要求；带蜗轮副的箱体则是两孔轴线间的距离精度和垂直度要求。垂直孔系的镗削常采用下列两种方法：

① 回转法：回转法镗垂直孔系是利用回转工作台的定位精度进行镗削的一种方法。如图 4.50 所示，用回转法镗工件的 A、B 两孔。先将工件安装在镗床工作台上，并按侧面或基面找正，使要镗削的 A 孔轴线平行于镗床主轴，镗削 A 孔（见图 4.50(a)）结束后，将工作台按逆时针方向回转 90°，然后镗削 B 孔（见图 4.50(b)）。加工中主要是依靠镗床工作台的回转精度来保证孔系垂直度的。

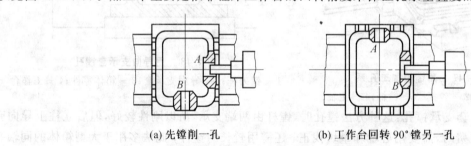

(a) 先镗削一孔　　　　(b) 工作台回转 90°镗另一孔

图 4.50　回转法镗垂直孔系

② 心轴校正法：如图 4.51 所示，当镗床工作台回转精度不能保证孔系的垂直度要求时，可利用工件上已加工过的 B 孔（见图 4.51(a)），选配相同直径的心轴插入 B 孔中，用百分表校对轴的两端，根据百分

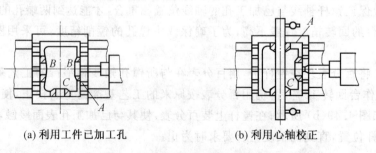

(a) 利用工件已加工孔　　　　(b) 利用心轴校正

图 4.51　心轴校正法镗垂直孔系

表所示的读数来调整工作台的位置镗削 C 孔(见图 4.51(b))。另一种方法是,如果工件的结构许可,在镗削 B 孔的同时铣出找正基准面 A(见图 4.51(a)),然后转动工作台用百分表找正 A 面,使之与镗床主轴轴线平行,然后镗削 C 孔,可保证孔系的垂直度要求。

4.3.3 箱体类零件平面的加工

1. 箱体零件平面及其加工工艺性分析

(1) 箱体的端面:箱体的外端面凸台,应尽可能在同一平面上(见图 4.52(a)),若采用图 4.52(b)所示形式,加工就较麻烦。箱体的内端面加工比较困难,为了加工方便,箱体内端面尺寸应尽可能小于刀具需穿过的孔加工前的直径,如图 4.53(a)所示。否则,必须先将刀杆引入孔后再装刀具,加工后卸下刀具后才能将刀杆退出,如图 4.53(b)所示,加工很不方便。另外,箱体孔内部端面的加工,一般都是采用铣、锪加工方法,这就要求加工的端面不宜过大,否则因为加工时轴向切削力很大,易产生振动,影响加工质量。

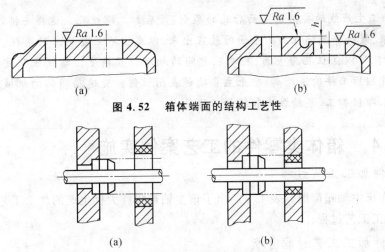

图 4.52 箱体端面的结构工艺性

图 4.53 箱体内表面的结构工艺性

(2) 箱体的装配基面:箱体装配基面的尺寸应尽可能大,形状力求简单,以利于加工、装配和检验;另外,箱体上的紧固孔的尺寸规格应尽量一致,以减少加工换刀的次数。

2. 箱体平面的加工

箱体平面的加工常用的是刨、铣和磨三种方法。刨削和铣削常用作平面的粗加工和半精加工,磨削则用作平面的精加工。

(1) 刨削:刨削加工,使用的刀具结构简单、机床调整方便。在龙门刨床上可以利用几个刀架,在一次装夹中同时或依次完成若干个表面的加工,从而能经济地保证这些表面间相互位置精度要求。精刨还可以代替刮削。精刨后的表面粗糙度值可达 $Ra2.5 \sim 0.63\ \mu m$,平面度可达 $0.002\ mm/m$。

(2) 铣削:铣削生产率高于刨削,在中批以上生产中多用铣削加工平面。当加工尺寸较大的箱体平面时,常在多轴龙门铣床上,用几把铣刀同时加工几个平面,如图 4.54 所示。这样既能保证平面间的相互位置精度,又提高了生产效率。近年来端铣刀在结构、制造精度、刀具材料等方面都有很大改进。如不重磨刃端铣刀的齿数少,平行切削刃的宽度较大,每齿进给量可达数毫米,进给量在铣削深度较小 $(0.3\ mm)$ 的情况下可达 $6\ 000\ mm/min$,其生产率较普通精加工端铣刀高 $3\sim5$ 倍,加工表面的表面粗糙度可达 $Ra1.25\ \mu m$。

(3) 平面磨削:平面磨削的加工质量比刨和铣都高。磨削表面的表面粗糙度值可达 $Ra1.25 \sim 0.32\ \mu m$。生产批量较大时,箱体的主要平面常用磨削来精加工。为了提高生产率和保证平面间的相互位置精度,还常采用组合磨削(见图4.55)来精加工平面。

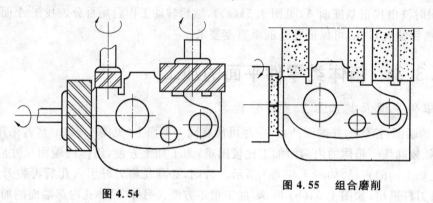

图 4.54　　　　　　　　　　图 4.55　组合磨削

> **技术提示：**
> 箱体机械加工生产线的安排是先面后孔的原则,最后加工螺纹孔。这样安排,可以首先把铸件毛坯的气孔、砂眼、裂纹等缺陷在加工平面时暴露出来,以减少不必要的工时消耗。此外,以平面为定位基准加工内孔可以保证孔与平面、孔与孔之间的相对位置精度。螺纹底孔攻丝安排在生产线后段工序加工,能缩短工件输送距离,防止主要输送表面拉伤。变速箱箱体的机械加工工艺过程基本上分三个阶段,即粗加工、半精加工和精加工阶段。

4.3.4　箱体类零件的工艺案例实施

1. 箱体类零件加工工艺过程

图4.40为某车床主轴箱简图。表4.1给出了该主轴箱零件大批生产的加工工艺过程,表4.2为该零件小批生产的加工工艺过程。

2. 箱体类零件加工工艺过程分析

从表4.6、表4.7可以看出,主轴箱生产批量不同,其加工工艺过程亦不同,它们之间既有各自的特性,也有其共性。

表4.6　车床主轴箱大批生产工艺过程

序号	工序内容	定位基准	序号	工序内容	定位基准
1	铸造	.	10	精镗各纵向孔	顶面A及两工艺孔
2	时效	.	11	精镗主轴孔Ⅰ	顶面A及两工艺孔
3	涂底漆	.	12	加工横向孔及各面上的次要孔	.
4	铣顶面A	Ⅰ孔与Ⅱ孔	13	磨B、C导轨面及前面D	顶面A及两工艺孔
5	钻、扩、铰 2—ϕ8H7工艺孔	顶面A及外形	14	将2—ϕ8H7及4—ϕ7.8 mm均扩钻至ϕ8.5 mm,攻6×M10	
6	铣两端面E、F及前面D	顶面A及两工艺孔			
7	铣导轨面B、C	顶面A及两工艺孔	15	清洗、去毛刺、倒角	
8	磨顶面A	导轨面B、C			
9	粗镗各纵向孔	顶面A及两工艺孔	16	检验	.

表 4.7　车床主轴箱零件小批量生产工艺过程

序号	工序内容	定位基准	序号	工序内容	定位基准
1	铸造	·	7	粗、精加工两端面 E、F	B、C 面
2	时效	·	8	粗、半精加工各纵向孔	B、C 面
3	涂底漆	·	9	精加工各纵向孔	B、C 面
4	划线：考虑主轴孔有加工余量，并尽量均匀。划 C、A 至 E、D 面加工线		10	粗、精加工横向孔	B、C 面
			11	加工螺纹孔及各次要孔	·
			12	清洗、去毛刺	·
5	粗、精加工顶面 A	按线找正	13	检验	
6	粗、精加工 B、C 面及侧面 D	顶面 A 并校正主轴线			

(1) 不同批量箱体生产的共性。

① 加工顺序：加工顺序为先面后孔，因为箱体孔的精度一般都较高，加工难度大，若先以孔为粗基准加工好平面，再以平面为精基准加工孔，这样既能为孔的加工提供稳定可靠的精基准，同时可以使孔的加工余量均匀。由于箱体上的孔一般是分布在外壁和中间隔壁的平面上，先加工平面，可通过切除毛坯表面的凸凹不平和夹砂等缺陷，减少不必要的工时消耗。还可以减少钻孔时刀具引偏及崩刃，有利于保护刀具，为提高孔加工精度创造了有利条件。

上例某车床主轴箱大批生产时，先将顶面 A 磨好后才加工孔系。

② 加工阶段粗、精分开：因为箱体的结构复杂，壁厚不均，刚性不好，而加工精度要求又高。将粗、精加工分开进行，可在精加工中消除由粗加工所产生的内应力以及切削力、夹紧力和切削热造成的变形，有利于保证箱体的加工质量。同时还能根据粗、精加工的不同要求合理地选用设备，有利于提高效率和确保精加工的精度。

技术提示：
单件小批生产的箱体加工，如果从工序上也安排粗、精分开，则机床、夹具数量要增加，工件转运也费时费力，所以实际生产中将粗、精加工在一道工序内完成。但粗加工后要将工件由夹紧状态松开，然后再用较小的夹紧力夹紧工件，使工件因夹紧力而产生的弹性变形在精加工前得以恢复。虽然是一道工序，但粗、精加工是分开进行的。

③ 工序间安排时效处理：箱体结构比较复杂，铸造内应力较大。为了消除内应力，减少变形，铸造之后要安排人工时效处理。

普通精度的箱体，一般在铸造之后安排一次人工时效处理即可。对一些高精度的箱体或形状特别复杂的箱体，在粗加工之后还要再安排一次人工时效处理，以消除粗加工所造成的残余应力。有些精度要求不高的箱体毛坯，有时不安排时效处理，而是利用粗、精加工工序间的停放和运输时间，使之进行自然时效处理。

技术提示：
箱体零件的结构复杂，壁厚也不均匀，因此，在铸造时会产生较大的残余应力。为了消除残余应力，减少加工后的变形和保证精度的稳定，所以，在铸造之后必须安排人工时效处理。人工时效的工艺规范为：加热到 500～550 ℃，保温 4～6 h，冷却速度小于或等于 30 ℃/h，出炉温度小于或等于 200 ℃。

④粗基准的选择：一般用箱体上的重要孔作粗基准，这样可以使重要孔加工时余量均匀。主轴箱上主轴孔是最重要孔，所以常用主轴孔作粗基准。

(2) 不同批量箱体生产的特殊性。

①粗基准的选择：虽然箱体类零件一般都选择重要孔为粗基准，随着生产类型不同，实现以主轴孔为粗基准的工件装夹方式是不同的。

②精基准的选择：箱体加工精基准的选择因生产批量的不同而有所区别。

单件小批生产用装配基准作定位基准。图 4.40 车床主轴箱单件小批加工孔系时，选择箱体底面导轨 $B、C$ 面作为定位基准。$B、C$ 面既是主轴孔的设计基准，也与箱体的主要纵向孔系、端面、侧面有直接的相互位置关系，故选择导轨 $B、C$ 面作定位基准，不仅消除了基准不重合误差，而且在加工各孔时，箱口朝上，便于安装调整刀具、更换导向套、测量孔径尺寸、观察加工情况和加注切削液等。

大批量生产时采用一面两孔作定位基准。大批量生产的主轴箱常以顶面和两定位销孔为精基准，如图 4.56 所示。这种定位方式箱口朝下，中间导向支架可固定在夹具上。由于简化了夹具结构，提高了夹具的刚度，同时工件装卸也较方便，因而提高了孔系的加工质量和生产率。

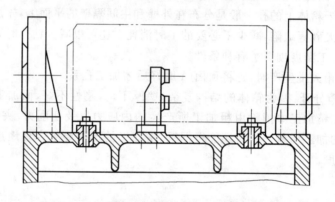

图 4.56　用箱体顶面和两定位销的镗床夹具

这种定位方式也同样存在一定问题。由于定位基准与设计基准不重合，产生了基准不重合误差。为保证箱体的加工精度，必须提高作为定位基准的箱体顶面和两定位孔的加工精度。因此，大批大量生产的主轴箱工艺过程中，安排了磨 A 面工序，严格控制 A 面的平面度和 A 面至底面、A 面至主轴孔轴心线的尺寸精度与平行度，并将两定位销孔通过钻、扩、铰等工序使其直径精度提高到 H7，增加了箱体加工的工作量。此外，这种定位方式，箱口朝下，不便于在加工中直接观察加工情况，也无法在加工过程中测量尺寸和调整刀具。但在大批大量生产中，广泛采用自动循环的组合机床、定尺寸刀具，加工情况比较稳定，问题也就不十分突出了。

(3) 所用设备依批量不同而异：单件小批生产一般都在通用机床上加工，各工序的加工质量靠工人技术水平和机床工作精度来保证。除个别必须用专用夹具才能保证质量的工序外，一般很少采用专用夹具。而大批量箱体的加工则广泛采用组合机床，如平面加工多采用多轴龙门铣床、组合磨床；各主要孔则采用多工位组合机床、专用镗床等。专用夹具用得也很多，从而大大地提高了生产率。

4.4　齿轮类零件的加工

引言

齿轮是用来按规定的速比传递运动和动力的重要零件，在各种机器和仪器中有广泛应用。齿轮有何作用和技术要求？齿轮类零件有何特点？齿形的加工方法有哪几种？齿轮类零件加工机床和刀具有哪些、如何选择？如何科学合理分析并制定齿轮类零件的加工工艺？下面将通过齿轮类零件加工的相关知识点介绍，逐一解答以上疑惑。

知识汇总
- 齿轮类零件结构、技术要求
- 齿轮加工方法、成形法、展成法
- 齿轮加工机床、刀具

案例

图 4.57 为一直齿圆柱齿轮的简图,要求制定出该齿轮的加工工艺方案。

模数	m	3.5
齿数	z	63
压力角	α	20°
精度等级		655CH
基节极限偏差	F_B	±0.006
公法线长度变动公差	E_∞	0.016
跨齿数	k	8
公法线平均长度		$80.58^{-0.14}_{-0.22}$
齿向公差	F_F	0.007
齿形公差	F_f	0.007

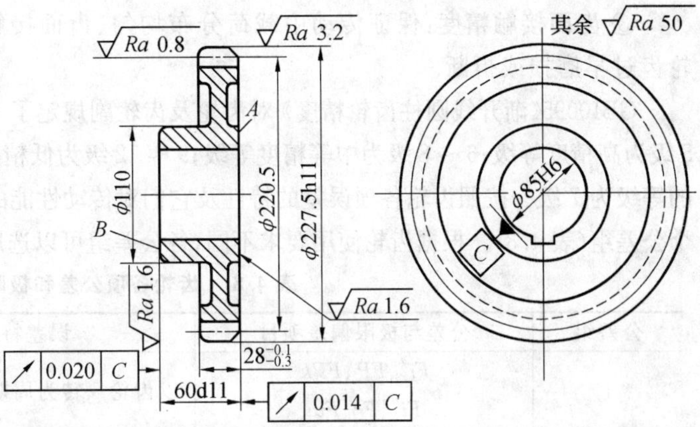

图 4.57 直齿圆柱齿轮

❖ 4.4.1 齿轮的功用和技术要求

1. 齿轮的功用和结构特点

齿轮是用来按规定的速比传递运动和动力的重要零件,在各种机器和仪器中有广泛应用,其中以直齿圆柱齿轮应用最为普遍。齿轮传动以其传动比准确、传动力大、效率高、结构紧凑、可靠耐用等优点,在各种机械及仪表中得到了广泛的应用。随着技术的发展,对齿轮的传动精度和耐用程度等要求越来越高。

图 4.58 是常用直齿圆柱齿轮的结构形式,按照齿轮的使用场合和要求,圆柱齿轮的结构形式可分为盘形齿轮(又分为单联、双联和三联)、内齿轮、连轴齿轮、套筒齿轮、扇形齿轮、齿条、装配齿轮等。

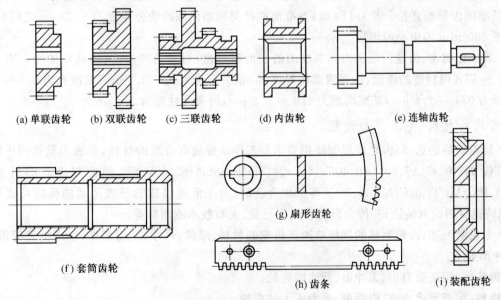

(a) 单联齿轮 (b) 双联齿轮 (c) 三联齿轮 (d) 内齿轮 (e) 连轴齿轮

(f) 套筒齿轮 (g) 扇形齿轮 (h) 齿条 (i) 装配齿轮

图 4.58 直齿圆柱齿轮的结构形式

2.齿轮的技术要求

齿轮自身的精度将影响其使用性能和寿命,通常对齿轮的制造提出以下技术要求。

(1)齿轮精度。

① 运动精度:确保齿轮传递运动的准确性和恒定的传动比,要求最大转角误差不能超过相应的规定值。

② 工作平稳性:要求传动平稳,振动、冲击、噪声小。

③ 齿面接触精度:保证传动中载荷分布均匀、齿面接触均匀,避免局部载荷过大、应力集中等造成轮齿过早磨损或折断。

GB10095《渐开线圆柱齿轮精度》对齿轮及齿轮副规定了12个精度等级。其中,1、2级为超精密等级;3～5级为高精度等级;6～8级为中等精度等级;9～12级为低精度等级。用切齿工艺方法加工、机械中普遍应用的等级为7级。按照齿轮各项误差的特性及它们对传动性能的主要影响,齿轮的各项公差和极限偏差分为三个公差组(表4.8)。根据齿轮使用要求不同,各公差组可以选用不同的精度等级。

表4.8 齿轮各项公差和极限偏差的分组

公差组	公差与极限偏差项目	误差特性	对传动性能的主要影响
Ⅰ	F_i'、F_P、F_{Pk} F_i''、F_r、F_w	以齿轮一转为周期的误差	传递运动的准确性
Ⅱ	f_i'、f_i''、f_f $\pm f_{Pt}$、$\pm f_{Pb}$、f_β	在齿轮一周内,多次周期地重复出现的误差	传动的平稳性,噪声,振动
Ⅲ	F_β、F_b、$\pm F_{Px}$	齿向线的误差	载荷分布的均匀性

(2)齿侧间隙:齿轮副的侧隙是指齿轮副啮合时,两非工作齿面沿法线方向的距离(即法向侧隙),侧隙用以保证齿轮副的正常工作。加工齿轮时,用齿厚的极限偏差来控制和保证齿轮副侧隙的大小。要求传动中的非工作面留有间隙,以补偿温升、弹性变形和加工装配等引起的误差,并利于润滑油的储存和油膜的形成。

(3)齿轮基准表面的精度:齿轮基准表面的尺寸误差和形状位置误差直接影响齿轮与齿轮副的精度。因此GB10095附录中对齿坯公差作了相应规定。对于精度等级为6～8级的齿轮,带孔齿轮基准孔的尺寸公差和形状公差为IT6～IT7级,连轴齿轮基准轴的尺寸公差和形状公差为IT5～IT6级,用作测量基准的齿顶圆直径公差为IT8级;基准面的径向和端面圆跳动公差在11～22 μm之间(分度圆直径不大于400 mm的中小齿轮)。

(4)表面粗糙度:齿轮齿面及齿坯基准面的表面粗糙度,对齿轮的寿命、传动中的噪声有一定的影响。IT6～IT8级精度的齿轮,齿面表面粗糙度Ra值一般为0.8～3.2 μm,基准孔为0.8～1.6 μm,基准轴颈为0.4～1.6 μm,基准端面为1.6～3.2 μm,齿顶圆柱面为3.2 μm。

3.齿轮的材料、毛坯及热处理

(1)齿轮材料的选择:齿轮应根据使用要求和工作条件选取合适的材料,普通齿轮选用中碳钢和中碳合金钢,如40、45、50、40MnB、40Cr、45Cr、42SiMn、35SiMn2MoV等;强度要求高的齿轮可选取20Mn2B、18CrMnTi、30CrMnTi、20Cr等低碳合金钢;对于低速轻载的开式传动的齿轮可选取ZG40、ZG45等铸钢材料或灰铸铁;非传力齿轮可选取尼龙、夹布胶木或塑料等。

(2)齿轮的毛坯:齿轮毛坯的选择取决于齿轮的材料、形状、尺寸、使用条件、生产批量等因素,常用的毛坯种类如下。

① 铸铁件:用于受力小、无冲击、低速的齿轮。

② 棒料:用于尺寸小、结构简单、受力不大的齿轮。

③ 锻坯:用于高速、重载齿轮。

④ 铸钢坯：用于结构复杂、尺寸较大不宜锻造的齿轮。

（3）齿轮的热处理：在齿轮加工工艺中，热处理工序的位置安排十分重要，它直接影响齿轮的力学性能及切削加工的难易程度。一般在齿轮加工中有两类热处理工序，介绍如下。

① 毛坯热处理：为了消除铸造、锻造和粗加工造成的残余应力，改善齿轮材料内部的金相组织和切削加工性能，通常在齿轮毛坯加工前后安排调质或正火等预热处理。

② 齿面热处理：为了提高齿面硬度、增加齿轮的承载能力和耐磨性，通常在滚、插、剃齿之后，珩、磨齿之前安排齿面高频感应加热淬火、渗碳淬火、氮碳共渗和渗氮等热处理工序。

4.4.2 齿形的加工方法

按照齿面形成的原理不同，齿面加工方法可分为两类：一类是成形法，用于被切齿轮齿槽形状相符的成形刀具切出齿面，如铣齿、拉齿和成型磨齿等；另一类是展成法，齿轮刀具与工件按齿轮副的啮合关系作展成运动，工件的齿面由刀具的切削刃包络而成，如滚齿、插齿、剃齿、磨齿和珩齿等。

1. 成形法

成形法加工齿轮，要求所用刀具的切削刃形状与被切齿轮的齿槽形状相吻合，例如在铣床上用盘形铣刀或指形铣刀铣削齿轮，如图4.59所示。由于形成渐开线齿廓（母线）采用的是成形法，因此机床不需要提供运动。而形成齿线（导线）的方法是相切法，机床需提供两个成形运动：一个是铣刀的旋转运动 B_1，一个是铣刀沿齿坯的轴向移动 A_2，两个都是简单成形运动。

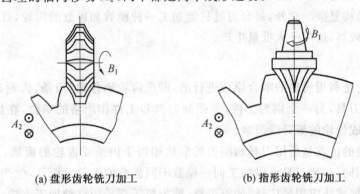

(a) 盘形齿轮铣刀加工　　(b) 指形齿轮铣刀加工

图 4.59　成形法加工齿轮

（1）盘形齿轮铣刀：盘形齿轮铣刀是一种铲齿成形铣刀，其外形和结构如图4.60所示。盘形齿轮铣刀前角为零时，其刃口形状就是被加工齿轮的渐开线齿形。齿轮齿形的渐开线形状由基圆大小决定，基圆越小，渐开线越弯曲；基圆越大，渐开线越平直；基圆为无穷大时，渐开线变为直线，即为齿条齿形。而基圆直径又与齿轮的模数、齿数、压力角有关。当被加工齿轮的模数和压力角都相同，只有齿数不同时，其渐开线形状显然不同，出于经济性的考虑，不可能对每一种齿数的齿轮对应设计一把铣刀，而是将齿数接近的几个齿轮用相同的一把铣刀去加工，这样虽然使被加工齿轮产生了一些齿形误差，但大大减少了铣刀数量。加工压力角为20°的直齿渐开线圆柱齿轮用的盘形齿轮铣刀已标准化，根据JB/T 7970.1.1999，当模数为0.3～8 mm时，每种模数的铣刀由8把组成一套；当模数为9～16 mm时，每种模数的铣刀由15把组成一套。一套铣刀中的每一把都有一个号码，称为刀号，使用时可以根据齿轮的齿数予以选择。

（2）指形齿轮铣刀：指形齿轮铣刀如图4.61所示，它实质上是一种成形立铣刀，有铲齿和尖齿结构，主要用于加工10～100 mm的大模数直齿、斜齿以及无空刀槽的人字齿齿轮等。指形齿轮铣刀工作时相当于一个悬臂梁，几乎整个刃长都参加切削，因此切削力大，刀齿负荷重，宜采用小进给量切削。指形齿轮铣刀还没有标准化，需根据需要进行专门设计和制造。使用成形刀具加工齿轮时，每次只能加工一个齿槽,然后通过分度的方式,让齿坯依照齿数 z 严格地转过一个角度 $360°/z$,再加工下一个齿槽。这种加工方法的优点是机床简单,可以使用通用机床稍加调整进行加工。缺点是对于同一模数的齿轮,只要齿数不同,齿廓形状就不相同,需采用不同的成形刀具。在实际生产中,为了减少成形刀具的数量,每一种模数通常只配有 8 把刀具,各自适应一定的齿数范围,因此加工出来的齿形是近似的,存在不同程度的齿形误差,加工精度较低。另外,加工时的分度误差,还会造成轮齿的圆周分布不均匀。因此成形法加工齿轮效率低、精度低,只适合于单件小批量生产。

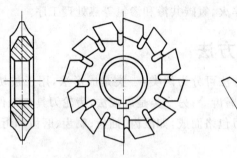
图 4.60 盘形齿轮铣刀

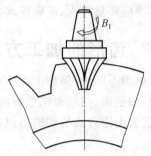
图 4.61 指形齿轮铣刀

用多齿廓成形刀具加工齿轮时,在一个工作循环中即可加工出全部齿槽。例如,用齿轮拉刀或齿轮推刀加工内齿轮和外齿轮。采用这种成形刀具,可得到较高的加工精度和生产率,但要求刀具具有较高的制造精度且刀具结构复杂。此外,每套刀具只能加工一种模数和齿数的齿轮,且机床也必须是特殊结构的,因而加工成本较高,适用于大批量生产。

2. 展成法

展成法加工齿轮是利用齿轮的啮合原理进行的,即把齿轮啮合副(齿条、齿轮或齿轮、齿轮)中的一个开出切削刃,做成刀具,另一个则为工件,并强制刀具和工件作严格的啮合,在齿坯(工件)上留下刀具刃形的包络线,生成齿轮的渐开线齿廓。

展成法加工齿轮的优点是所用刀具切削刃的形状相当于齿条或齿轮的齿廓,只要刀具与被加工齿轮的模数和压力角相同,一把刀具可以加工同一模数不同齿数的齿轮。而且,生产率和加工精度都比较高。在齿轮加工中,展成法应用最广泛,如滚齿机、插齿机等都采用这种加工方法。

(1)滚齿。

① 滚齿加工原理:滚齿加工是根据展成法原理来加工齿轮轮齿的,是由一对轴线交错的斜齿轮啮合传动演变而来,如图 4.62 所示。用齿轮滚刀加工齿轮的过程,相当于一对斜齿轮啮合滚动的过程,如图 4.62(a)所示,将其中一个齿轮的齿数减少到几个或一个,使其螺旋角增大(即螺旋升角很小),此时齿轮已演变成蜗杆,如图 4.62(b)所示,沿蜗杆轴线方向开槽并铲背后,则成为齿轮滚刀,如图 4.62(c)所示。因此,齿轮滚刀实质上就是一个螺旋角很大、螺旋升角很小、齿数很少、牙齿很长、绕了很多圈的斜齿圆柱齿轮。在它的圆柱面上均匀地开有容屑槽,经过铲背、淬火以及对各个刀齿的前、后面进行刃磨,即形成一把切削刃分布在蜗杆螺旋表面上的齿轮滚刀。当齿轮滚刀在按所给定的切削速度回转运动,并与被切齿轮作一定速比的啮合运动过程中,在齿坯上就滚切出齿轮的渐开线齿形。

图 4.63(a)的滚切过程中,分布在螺旋线上的滚刀各切削刃相继切去齿槽中一薄层金属,每个齿槽在滚刀旋转过程中由若干个刀齿依次切出,渐开线齿廓则在滚刀与齿坯的对滚过程中由切削刃一系列瞬间位置包络而成,如图 4.63(b)所示。滚刀的旋转运动 B_1 和工件的旋转运动 B_2 组合而成的复合成形运动,即为展成运动。当滚刀与工件连续不断地旋转时,便在工件整个圆周上依次切出所有齿槽,形成齿轮的渐开线齿廓。

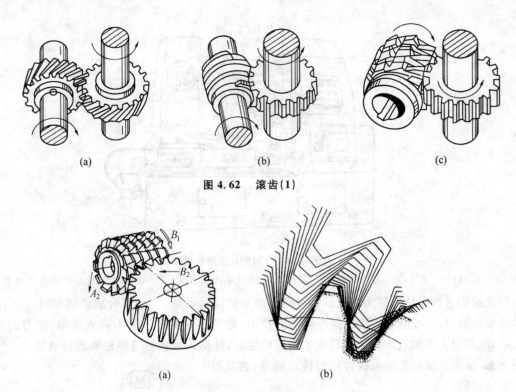

图 4.62 滚齿(1)

图 4.63 滚齿(2)

> **技术提示：**
> 为了得到所需的渐开线齿廓和齿轮齿数，滚切齿形时滚刀和工件之间必须保证严格的运动关系为：当滚刀转过 1 转时，工件必须相应转过 k/z 转（k 为滚刀头数，z 为工件齿数），以保证两者的对滚关系。

② 滚齿加工机床与刀具：常见的中型通用滚齿机有立柱移动式和工作台移动式两种。Y3150E 型滚齿机属于后者，该滚齿机能够加工直齿和斜齿圆柱齿轮。此外，使用蜗轮滚刀还可以用手动径向进给的方式来滚切蜗轮。

a. Y3150E 型滚齿机的结构及其传动链：Y3150E 型滚齿机外形如图 4.64 所示，立柱 2 固定在床身 1 上，刀架溜板 3 带动滚刀架 5 可以沿立柱导轨做垂直方向进给运动或快速移动。滚刀安装在刀杆 4 上，由滚刀架的主轴带动做旋转主运动。滚刀架可绕自己的水平轴线转动，以调整滚刀的安装角度。工件安装在工作台 9 的心轴 7 上或者直接安装在工作台上，随同工作台一起做旋转运动。工作台和后立柱 8 装在同一溜板上，可沿床身水平导轨移动，以调整工件的径向位置或做手动径向进给运动。后立柱上的支架 6 可通过轴套或顶尖支承工件心轴的上端，这样可以提高滚切工作的平稳性。

b. Y3150E 型滚齿机主要技术参数：最大工件直径为 500 mm；最大加工宽度为 250 mm；最大加工模数为 8 mm；最少加工齿数为 $5×k$（滚刀头数）；滚刀主轴转速及级数 /(r·min^{-1})9 级：40、50、63、80、100、125、160、200、250；刀架轴向进给量及级数 /(mm·r^{-1})12 级：0.4、0.56、0.63、0.87、1、1.16、1.41、1.6、1.8、2.5、2.9、4；机床外形尺寸（长×宽×高）/mm 为 2 439×1 272×1 770；机床质量约 3 450 kg。

c. Y3150E 型滚齿机的传动链组成（加工直齿圆柱齿轮的运动为例）：加工直齿圆柱齿轮的成形运动包括形成渐开线齿廓（母线）的运动和形成直线形齿线（导线）的运动。前者依靠滚刀旋转运动 B_{11} 和工件旋转运动 B_{12} 组成的复合成形运动（即展成运动）实现；后者靠滚刀沿工件轴向的直线进给运动 A_2 来

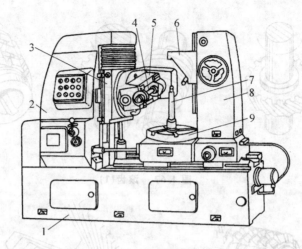

图 4.64　Y3150E 型滚齿机
1— 床身；2— 立柱；3— 刀架溜板；4— 刀杆；5— 滚刀架；6— 支架；7— 心轴；8— 后立柱；9— 工作台

实现。因此滚切直齿圆柱齿轮实际上只需要两个独立的成形运动：一个复合成形运动（$B_{11}+B_{12}$）和一个简单成形运动 A_2。习惯上往往根据各运动的作用，称工件的旋转运动为展成运动，滚刀的旋转运动为主运动，滚刀沿工件轴线方向的运动为轴向进给运动，并据此来命名这些运动的传动链。

图 4.65 所示为滚切直齿圆柱齿轮的传动原理，它具有以下三条传动链：

主运动传动链：电动机（M）—1—2—u_v—3—4— 滚刀（B_{11}），是一条将动力源（电动机）与滚刀相联系的传动链，滚刀和动力源之间没有严格的相对运动要求，是一条外联系传动链。由于滚刀的材料、直径及工件的材料、硬度、加工精度等诸多因素的不同，需要对滚刀的转速 B_{11} 随时调整，换置机构 u_v 所起的就是这个作用，即根据工艺条件所确定的滚刀转速来调整传动比。滚刀转速 B_{11} 的大小，并不影响渐开线齿廓的形状，只影响渐开线齿廓的形成快慢。

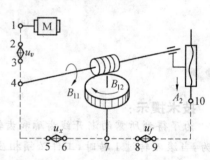

图 4.65　滚切直齿圆柱齿轮的传动原理

展成运动传动链：滚刀（B_{11}）—4—5—u_x—6—7— 工作台（B_{12}），是一条联系滚刀主轴与工作台之间的内联系传动链，由它决定齿轮齿廓的渐开线形状。其中，换置机构为 u_x，用于适应工件齿数和滚刀头数的变化。根据蜗轮蜗杆的啮合原理，工作台（相当于蜗轮）的展成运动方向取决于滚刀（相当于蜗杆）的旋向。采用右旋滚刀加工时，工件按逆时针方向（俯视）转动，用左旋滚刀加工时，工件按顺时针方向转动，即"右逆左顺"。

轴向进给运动传动链：工作台（B_{12}）—7—8—u_f—9—10— 刀架（A_2），为了切出工件的全齿长，在滚刀旋动的同时，滚刀架还要带动滚刀沿工件轴线方向移动。这个运动是维持切削得以连续进行的运动，是进给运动。传动链中换置机构 u_f 用于调整轴向进给量的大小和进给方向，以适应不同加工表面粗糙度的要求。轴向进给运动的快慢，并不影响直线形齿线的轨迹（靠刀架导轨保证），只影响形成齿线的快慢及被加工齿面的粗糙度。因此，滚刀的轴向进给运动是一个简单成形运动，传动链属于外联系传动链。

Y3150E 型滚齿机的运动合成机构：滚齿机既可用于加工直齿圆柱齿轮，又可用于加工斜齿圆柱齿轮，所以滚齿机的传动设计必须满足两者的要求。通常，滚齿机是根据加工斜齿圆柱齿轮的要求设计的。在传动系统中设有一个运动合成机构，以便将展成运动传动链中工作台的旋转运动 B_{12} 和附加运动传动链中工作台的附加运动 B_{22} 合成为一个运动后传送到工作台。加工直齿圆柱齿轮时，断开附加运动传动链,同时把运动合成机构调整为一个如同"联轴器"的结构形式即可。

滚齿机所用的运动合成机构通常是圆柱齿轮或锥齿轮行星机构。图 4.66 所示为 Y3150E 型滚齿机所用的运动合成机构,由模数 $m=3$、齿数 $z=30$、螺旋角 $\beta=90°$ 的四个弧齿锥齿轮组成。

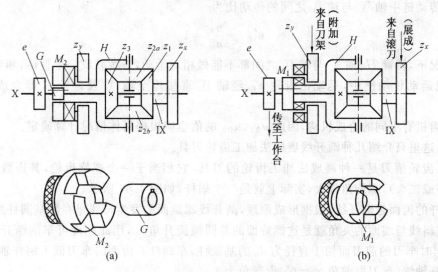

图 4.66 Y3150E 型滚齿机运动合成机构

当需要附加运动时,由图 4.66(a)可知,先在轴 X 上装上套筒 G(用键与轴连接),再将离合器 M_2 空套在套筒 G 上。离合器 M_2 的端面齿与空套齿轮 z_y 的端面以及转臂 H 的端面齿同时啮合,将它们连接成一个整体,因而来自刀架的运动可通过齿轮 z_y 传递给转臂 H,与来自滚刀的运动(由 z_x 传入)经四个锥齿轮合成后,由 X 轴经齿轮 e 传往工作台。

设 n_X、n_{IX}、n_H 分别为轴 X、IX 及转臂 H 的转速,根据行星齿轮机构传动原理,可以列出运动合成机构的传动比计算式为

$$\frac{n_X - n_H}{n_{IX} - n_H} = (-1) \frac{z_1}{z_{2a}} \times \frac{z_{2a}}{z_3}$$

式中的(-1)由锥齿轮传动的旋转方向确定,将锥齿轮齿数 $z_1 = z_{2a} = z_{2b} = z_3 = 30$ 代入上式,则得

$$\frac{n_X - n_H}{n_{IX} - n_H} = -1$$

进一步可得运动合成机构中传动件的转速 n_X 与两个主动件的转速 n_{IX} 及 n_H 的关系式为

$$u_X = 2n_H - n_{IX}$$

在展成运动传动链中,来自滚刀的运动由齿轮 z_x 经合成机构传至轴 X,可设 $n_H=0$,则轴 IX 与 X 之间的传动比为

$$u_{合1} = \frac{n_X}{n_{IX}} = -1 \tag{4.1}$$

在附加运动传动链中,来自刀架的运动由齿轮 z_y 传给转臂 H,再经合成机构传至轴 X;可设 $n_{IX}=0$,则转臂 H 与轴 X 之间的传动比为

$$u_{合2} = \frac{n_X}{n_H} = 2 \tag{4.2}$$

综上所述,加工斜齿圆柱齿轮时,展成运动和附加运动同时通过合成机构传动,并分别按传动比 $u_{合1}=1$ 及 $u_{合2}=2$ 经轴 X 和齿轮 e 传往工作台。

加工直齿圆柱齿轮时,不需要工作台的附加运动,可卸下离合器 M_2 及套筒 G。然后将离合器 M_1 装在轴 X 上,如图 4.66(b)所示,M_1 通过键和轴 X 连接,其端面齿只和转臂 H 的端面齿连接,所以此时有

$$n_H = n_X$$
$$n_X = 2n_X \cdot n_{IX}$$
$$n_X = n_{IX}$$

展成运动传动链中轴 X 与轴 IX 之间的传动比为

$$u'_{合1} = \frac{n_X}{n_{IX}} = 1 \tag{4.3}$$

在上述状况下,转臂 H、轴 X 与轴 IX 之间都不能做相对运动,三者联成一个整体,相当于一个联轴器,因此在展成运动传动链中,运动由齿轮 z_X 经轴 IX 直接传至轴 X 及齿轮 e,即合成机构传动比 $u'_{合1}=1$。

不同的滚齿机有不同的合成机构,因此 $u_{合1}$、$u_{合2}$ 的值也应根据具体情况计算确定。

滚齿刀具:这里只介绍几种渐开线展成法加工齿轮刀具。

齿轮滚刀:齿轮滚刀是一种展成法加工齿轮的刀具,它相当于一个螺旋齿轮,其齿数很少(或称头数,通常是一头或二头),螺旋角很大,实际上就是一个蜗杆,如图 4.67 所示。

渐开线蜗杆的齿面是渐开线,根据形成原理,渐开线螺旋面的发生母线是在与基圆柱相切的平面中的一条斜线,这斜线与端面的夹角就是这螺旋面的基圆螺旋升角 λ_b,用此原理可车削渐开线蜗杆,如图 4.68 所示,车削时车刀的前刀面切于直径为 d_b 的基圆柱,车蜗杆右齿面时车刀低于蜗杆轴线,车左齿面时车刀高于蜗杆轴线,车刀取前角 $\gamma_f = 0°$,齿形角为 λ_b。

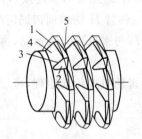

图 4.67 滚刀的基本蜗杆
1— 蜗杆表面;2— 前面;3— 侧刃;
4— 侧铲面;5— 后刀面

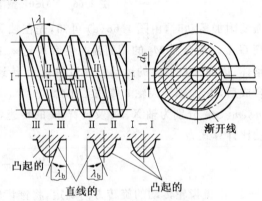

图 4.68 渐开线蜗杆齿面的形成

用滚刀加工齿轮的过程类似于交错轴螺旋齿轮的啮合过程,如图 4.69 所示,滚齿的主运动是滚刀的螺旋运动,滚刀转一圈,被加工齿轮转过的齿数等于滚刀的头数,以形成展成运动;为了在整个齿宽上都加工出齿轮齿形,滚刀还要沿齿轮轴线方向进给;为了得到规定的齿高,滚刀还要相对于齿轮做径向进给运动;加工斜齿轮时,除上述运动外,齿轮还有一个附加运动,附加转动的大小与斜齿轮螺旋角大小有关。

蜗轮滚刀:蜗轮滚刀加工涡轮的过程是模拟蜗杆与蜗轮啮合的过程,如图 4.70 所示,蜗轮滚刀相当于原蜗杆,只是上面制作出切削刃,这些切削刃都在原蜗杆的螺旋面上。蜗轮滚刀的外形很像齿轮滚刀,但设计原理各不相同,蜗轮滚刀的基本蜗杆的类型和基本参数都必须与原蜗杆相同,加工每一规格的蜗轮需用专用的滚刀。用滚刀加工蜗轮可采用径向进给或切向进给,如图 4.71 所示。用径向进给方式加工蜗轮时,滚刀每转一转,蜗轮转动的齿数等于滚刀的头数,形成展成运动;滚刀在转动的同时,沿着蜗轮半径方向进给,达到规定的中心距后停止进给,而展成运动继续,直到包络好蜗轮齿形。用切向进给方式加工蜗轮时,首先将滚刀和蜗轮的中心距调整到等于原蜗杆与蜗轮的中心距;滚刀和蜗轮除做展成运动外,滚刀还沿本身的轴线方向进给切入蜗轮,因此滚刀每转一转,蜗轮除需转过与滚刀头数相等的齿数外,由于滚刀有切向运动,蜗轮还需要有附加的转动。

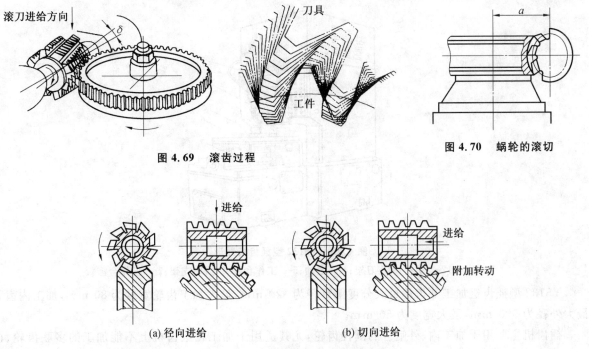

图 4.69 滚齿过程　　　　　图 4.70 蜗轮的滚切

(a) 径向进给　　　　(b) 切向进给

图 4.71 蜗轮滚刀的进给方式

(2) 插齿。

① 插齿原理：插齿加工相当于把一对相互啮合的直齿圆柱齿轮中一个齿轮的轮齿加工出切削刃，以这一齿轮作为插齿刀进行加工，如图 4.72(a) 所示，在插齿刀与相啮合的齿坯之间强制保持一对齿轮啮合的传动比关系的同时，插齿刀做往复运动，就能包络出合格的渐开线齿廓，如图 4.72(b) 所示。从齿廓成形的原理上来讲，插齿也属于展成法。

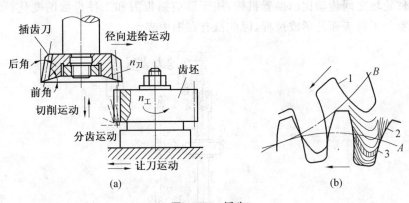

图 4.72 插齿

▶▶▶

技术提示：
　　插齿加工可加工直齿和斜齿圆柱齿轮，特别适合加工在滚齿机上不能加工的多联齿轮和内齿轮。

② 插齿机床和刀具。
插齿机的组成：如图 4.73 所示为 Y5132 型插齿机外形。它由床身 1、立柱 2、刀架 3、插齿刀主轴 4、

工作台 5、工作台溜板 7 等部件组成。

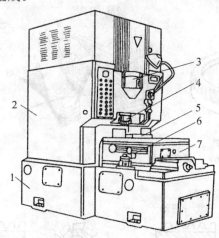

图 4.73　Y5132 型插齿机外形
1— 床身；2— 立柱；3— 刀架；4— 主轴；5— 工作台；6— 挡块支架；7— 工作台溜板

Y5132 型插齿机加工外齿轮最大分度圆直径为 320 mm，最大加工齿轮宽度为 80 mm，加工内齿轮最大外径为 500 mm，最大宽度为 50 mm。

插齿机主要用于加工内、外啮合的圆柱齿轮，尤其适用于加工在滚齿机上不能加工的多联齿轮、内齿轮和齿条。

插齿机的传动原理：插齿机的传动原理如图 4.74 所示。图中表示了三个成形运动的传动链。图中传动链：电动机 M—1—2—u_v—3—4—5— 曲柄偏心盘 A— 插齿刀心轴为主运动传动链，u_v 为调整插齿刀每分钟往复行程数的换置机构。曲柄偏心盘 A—5—4—6—u_f—7—8—9— 蜗杆蜗轮副 B— 插齿刀主轴为圆周进给运动传动链，其中 u_f 为调整插齿刀圆周进给量大小的换置机构。插齿刀主轴（插齿刀转动）— 蜗杆蜗轮副 B—9—8—10—u_x—11—12— 蜗杆蜗轮副 C— 工作台为展成运动传动链，其中 u_x 为调整插齿刀与工件轮坯之间传动比的换置机构，用于适应插齿刀和工件齿数的变化。让刀运动及径向切入运动不直接参与工件表面的形成过程，因此没有在图中表示。

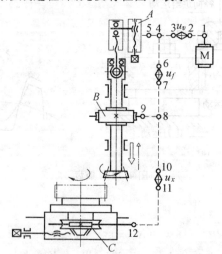

图 4.74　插齿机的工作原理

插齿刀：插齿刀是利用展成原理加工齿轮的一种刀具，它可用来加工直齿、斜齿、内圆柱齿轮和人字齿轮等，而且是加工内齿轮、双联齿轮和台肩齿轮最常用的刀具。插齿刀的形状很像一个圆柱齿轮，其模数、齿形角与被加工齿轮对应相等，只是插齿刀有前角、后角和切削刃。

常用的直齿插齿刀已标准化,按照 GB/T6081—2001 规定,直齿插齿刀有盘形、碗形和锥柄插齿刀,如图 4.75 所示。在齿轮加工过程中,插齿刀的上下往复运动是主运动,向下为切削运动,向上为空行程;此外还有插齿刀的回转运动与工件的回转运动相配合的展成运动;开始切削时,在机床凸轮的控制下,插齿刀还有径向的进给运动,沿半径方向切入工件至预定深度后径向进给停止,而展成运动仍继续进行,直至齿轮的牙齿全部切完为止;为避免插齿刀回程时与工件摩擦,还有被加工齿轮随工作台的让刀运动,如图 4.76 所示。

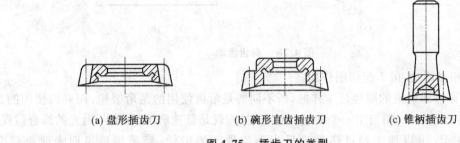

(a) 盘形插齿刀　　(b) 碗形直齿插齿刀　　(c) 锥柄插齿刀

图 4.75　插齿刀的类型

(3) 齿形的精加工方法。

① 剃齿:剃齿原理可用两个轴线相交 90°的斜齿条的啮合来说明。如图 4.77 所示,若齿条 A 以 v_A 的速度沿图示方向运动,则齿条 B 被迫以 v_B 的速度沿着和齿条 A 成直角的方向运动。很显然,要使运动从一个方向转移到另一个方向,则齿条的齿侧面必然产生滑移速度 $v_{滑}$,如果齿条 A 的齿两侧面开出切削沟槽,并将两构件 A 与 B 之间施加压力,则构件将以拉刀方式,从齿条 B 上切除微量金属。

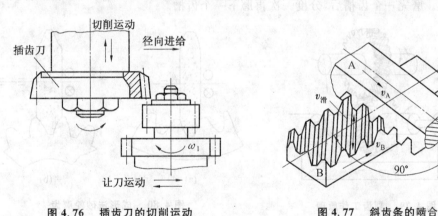

图 4.76　插齿刀的切削运动　　　　图 4.77　斜齿条的啮合

若将上述一对斜齿条转化为一对相互啮合的螺旋齿轮,则齿条两侧平面由于分布在圆柱体上,就变成渐开线螺旋面了。在螺旋面两侧开一些沟槽作切削刃,如图 4.78(a) 所示,这就是剃齿刀。当剃齿刀同滚齿或插齿加工后的齿轮以自由啮合的方式相啮合,组成如图 4.78(b) 所示的轴线即不平行也不相交的螺旋齿轮啮合关系,并使剃齿刀和被剃齿轮紧密啮合旋转以及被剃齿轮做纵向往复移动,剃齿刀就在齿轮侧面切除像细发状的微细切屑。

剃齿用于精加工淬火前的 IT6～IT8 级精度的直齿和斜齿圆柱齿轮。

剃齿刀常用于为淬火前的软齿面圆柱齿轮的精加工,其精度可达 IT8 级左右,且生产效率很高,因此应用十分广泛。如图 4.79 所示,由于剃齿在原理上属于一对交错轴斜齿轮啮合传动过程,所以剃齿刀实质上是一个高精度的螺旋齿轮,并且在齿面上沿齿向开了很多刀刃槽,其加工过程就是剃齿刀带动工件做双面无侧隙的对滚,并对剃齿刀和工件施加一定压力,在对滚过程中二者沿齿向和齿形面均产生相对滑移,利用剃齿刀沿齿向开出的锯齿刀槽沿工件齿向切去一层很薄的金属,在工件的齿面方向因剃

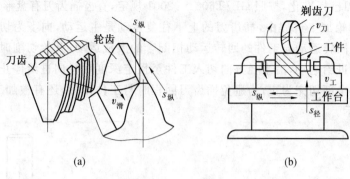

图 4.78 剃齿运动

齿刀无刃槽,虽有相对滑动,但不起切削作用。

② 珩齿:珩齿原理和剃齿的原理是一样的,所不同的是珩齿使用的是珩磨轮,而剃齿使用的是剃齿刀。珩磨轮在珩齿的过程中,相当于一个砂轮,珩齿的过程就是低速磨削、研磨与抛光的综合过程。

珩齿的特点在于:可以加工经过热处理后齿面淬硬了的齿轮;经珩齿后齿面表面粗糙度可达 $Ra0.32\sim0.63$,而且齿面上不会产生烧伤和裂痕;珩齿的生产率要比磨齿高出数倍;珩齿机具有较高的切削速度、较小的进给量和较高的刚度,因此加工精度也比较高。

③ 磨齿:齿轮的磨削方法通常分为成形法和展成法两大类。

a.成形法磨齿:如图 4.80(a)所示是磨削内啮合齿轮的加工情况,如图 4.80(b)所示是磨削外啮合齿轮的加工情况。在用成形法来磨削齿轮时,砂轮磨成齿槽的形状,磨齿时,砂轮高速旋转并沿工件轴线方向做往复运动。磨完一个齿槽后,分度一次再磨下一个齿槽。

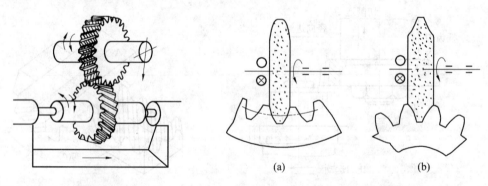

图 4.79 剃齿工作原理　　　　图 4.80 成形法砂轮磨齿

b.展成法磨齿:用展成法磨齿分为连续磨削和单齿分度磨削两大类。

连续磨削:磨齿机床是利用蜗杆形砂轮来磨削轮齿的,因此称为蜗杆砂轮型磨齿机床,如图 4.81(a)所示。它的工作原理和加工过程与滚齿机类似。蜗杆砂轮相当于滚刀,加工时砂轮与工件做展成运动,磨出渐开线。磨削直齿圆柱齿轮的轴向齿线一般由工件沿其轴向做直线往复运动。这种机床能连续磨削,在各类磨齿机床中它的生产效率最高。其缺点是,砂轮修整成蜗杆较困难,且不易得到很高的精度。

单齿分度磨削:这类磨齿机根据砂轮的形状又可分为碟形砂轮型、大平面砂轮型和锥形砂轮型三种,如图 4.81(b)、图 4.81(c)、图 4.81(d)所示。它们的基本工作原理相同,都是利用齿条和齿轮的啮合原理来磨削齿轮的。把砂轮代替齿条的一个齿(见图 4.81(d))、一个齿面(见图 4.81(c))、或者两个齿面(见图 4.81(b)),因此砂轮的磨削面是直线。加工时,被切齿轮在假想中的齿条上滚动,每往复滚动一次,完成一个或两个齿面的磨削,因此需要经过多次分度和加工,才能完成全部轮齿齿面的加工。

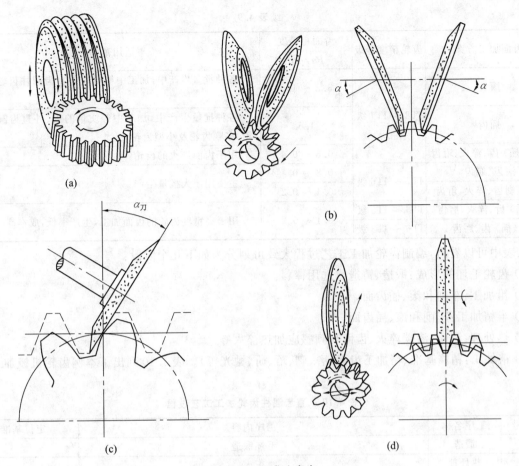

图 4.81 展成法磨齿

4.4.3 圆柱齿轮零件的工艺案例实施

1. 工艺过程示例

图 4.57 为一直齿圆柱齿轮的简图,要求制定出该齿轮的加工工艺方案。

2. 直齿圆柱齿轮齿面(形)加工方法的选择

齿轮齿面的精度要求大多较高,加工工艺复杂,选择加工方案时应综合考虑齿轮的结构、尺寸、材料、精度等级、热处理要求、生产批量及工厂加工条件等。齿轮的加工工艺过程一般应包括以下内容:齿轮毛坯加工、齿面加工、热处理工艺及齿面的精加工。在编制齿轮加工工艺中,常因齿轮结构、精度等级、生产批量以及生产环境的不同,而采用各种不同的方案。常用的齿面加工方案见表 4.9。

表 4.9 齿面加工方案

齿面加工方案	齿轮精度等级	齿面粗糙度 $Ra/\mu m$	适用范围
铣齿	IT9级以下	6.3~3.2	单件修配生产中,加工低精度的外直齿圆柱齿轮、齿条、锥齿轮、蜗轮
拉齿	IT7级	1.6~0.4	大批量生产7级内齿轮,外齿轮拉刀制造复杂,故少用

续表 4.9

齿面加工方案	齿轮精度等级	齿面粗糙度 $Ra/\mu m$	适用范围
滚齿	IT8～IT7 级	3.2～1.6	各种批量生产中,加工中等质量外直齿圆柱齿轮及蜗轮
插齿	IT8～IT7 级	1.6	各种批量生产中,加工中等质量的内、外直齿圆柱齿轮、多联齿轮及小型齿轮
滚(或插)齿、淬火、珩齿	IT7～IT6 级	0.8～0.4	用于齿面淬火的齿轮
滚齿、剃齿	IT7～IT6 级	0.8～0.4	主要用于大批量生产
滚齿、剃齿、淬火、珩齿	IT7～IT6 级	0.4～0.2	主要用于大批量生产
滚(插)齿、淬火、磨齿	IT6～IT3 级	0.4～0.2	用于高精度齿轮的齿面加工,生产率低,成本高
滚(插)齿、磨齿	IT6～IT3 级	0.4～0.2	用于高精度齿轮的齿面加工,生产率低,成本高

从表中可以看出,编制齿轮加工工艺过程大致可划分为如下几个阶段:

(1)齿轮毛坯的形成:锻造、铸造或选用棒料。

(2)粗加工:车削和滚、插齿面。

(3)半精加工:车削和滚、插齿面。

(4)热处理:调质、渗碳淬火、齿面高频感应加热淬火等。

(5)精加工:精修基准、精加工齿面(磨、剃、珩、研、抛光等)。表 4.10 列出了本例齿轮机械加工工艺过程。

表 4.10 直齿圆柱齿轮加工工艺过程

工序号	工序名称	工序内容	定位基准
1	锻造	毛坯锻造	
2	热处理	正火	
3	粗车	粗车外形、各处留加工余量 2 mm	外圆和端面
4	精车	精车各处,内孔至 $\phi 84.8$,留磨削余量 0.2 mm,其余至尺寸	外圆和端面
5	滚齿	滚切齿面,留磨齿余量 0.25～0.3 mm	内孔和端面 A
6	倒角	倒角至尺寸	内孔和端面 A
7	钳工	去毛刺	
8	热处理	齿面:HRC52	
9	插键槽	至尺寸	内孔和端面 A
10	磨平面	靠磨大端面 A	内孔
11	磨平面	平面磨削 B 面	端面 A
12	磨内孔	磨内孔至 $\phi 85H5$	内孔和端面 A
13	磨齿	齿面磨削	内孔和端面 A
14	检验	终检测	

3.齿轮加工工艺过程分析

(1)定位基准的选择:齿轮定位基准的选择常因齿轮的结构不同有所差异。连轴齿轮主要采用顶尖定位,有孔且孔径较大时则采用锥堵。带孔齿轮加工齿面时常采用以下两种定位、夹紧方式:

①以内孔和端面定位:即以工件内孔和端面联合定位,确定齿轮中心和轴向位置,并采用面向定位端面的夹紧方式。这种方式可使定位基准、设计基准、装配基准和测量基准重合,定位精度高,适于批量生产,但对于夹具的制造精度要求较高。

②以外圆和端面定位:若工件和夹具心轴的配合间隙较大,则应用千分表校正外圆以决定中心的位置,同时辅以端面定位,从另一端面施以夹紧。这种方式因每个工件都要校正,故生产效率低;它对齿

坯的内、外圆同轴度要求高,而对夹具精度要求不高,故适于单件、小批量生产。

（2）齿轮毛坯的加工：齿面加工前的齿轮毛坯加工,在整个齿轮加工工艺过程中占有很重要的地位,因为齿面加工和检测所用的基准必须在此阶段加工出来。

> **技术提示：**
> 在齿轮的技术要求中,应适当注意齿顶圆的尺寸精度要求,因为齿厚的检测是以齿顶圆为测量基准的,齿顶圆精度太低,必然使所测量出的齿厚值无法正确反映齿侧间隙的大小。所以,在这一加工过程中应注意下列三个问题：
> （1）当以齿顶圆直径作为测量基准时,应严格控制齿顶圆的尺寸精度。
> （2）保证定位端面和定位孔或外圆的垂直度。
> （3）提高齿轮内孔的制造精度,减少与夹具心轴的配合间隙。

（3）齿端的加工：齿轮的齿端加工有倒圆、倒尖、倒棱和去毛刺等方式,如图 4.82 所示。倒圆、倒尖后的齿轮在换挡时容易进入啮合状态,减少撞击现象。倒棱可除去齿端尖边和毛刺。如图 4.83 所示是用指状铣刀对齿端进行倒圆的加工示意图。倒圆时,铣刀高速旋转,并沿圆弧作摆动,加工完一个齿后,工件退离铣刀,经分度后再快速向铣刀靠近加工下一个齿的齿端。齿端加工必须在齿轮淬火之前进行,通常都在滚（插）齿之后、剃齿之前安排齿端加工。

图 4.82　齿端加工形式

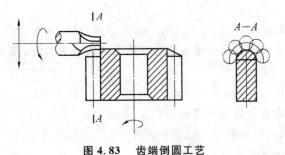

图 4.83　齿端倒圆工艺

重点串联

```
磨削加工与其他机床加工
├─ 磨床及其加工方法
│   ├─ 磨床的分类：磨床的主要组成部件及功用
│   └─ 磨削加工方法
├─ 其他机床加工
│   ├─ 钻床及其加工
│   ├─ 镗床及其加工
│   ├─ 刨床及其加工
│   └─ 插削、拉削加工
├─ 箱体类零件的加工
│   ├─ 箱体类零件的功用和技术要求
│   ├─ 箱体类零件孔系的加工、箱体类零件平面的加工
│   └─ 箱体零件的工艺案例实施
└─ 齿轮类零件的加工
    ├─ 齿轮的功用和技术要求
    ├─ 成形法、展成法
    └─ 齿形的精加工方法
```

拓展与实训

基础训练

1. 单项选择题

（1）最常用的齿轮齿廓曲线是（　　）
  A. 圆弧线　　B. 摆线　　C. 梯形线　　D. 渐开线

（2）4号齿轮铣刀用以铣削21～25齿数范围的齿轮,该铣刀的齿形是按下列哪一种齿数的齿形设计制作的（　　）
  A. 21　　B. 22　　C. 23　　D. 24或25

（3）用螺旋升角为λ的右旋滚刀滚切螺旋角为β的左旋圆柱齿轮时,滚刀轴线与被切齿轮端面倾斜角（即安装角）为（　　）
  A. λ　　B. β　　C. β−λ　　D. β+λ

（4）加工同一模数的一套齿轮铣刀一般分为（　　）
  A. 20个刀号　　B. 10个刀号　　C. 8个刀号　　D. 3个刀号

（5）一般情况下双联齿轮只能在（　　）上加工。
  A. 铣床　　B. 滚齿机　　C. 插齿机　　D. 刨齿机

（6）插齿的径向运动存在于（　　）
  A. 插齿的开始阶段,未达到切深前　　B. 插齿的结束阶段
  C. 插齿的全过程　　D. 插齿的任何阶段

（7）普通车床的传动系统中,属于内联系传动链的是（　　）
  A. 主运动传动链　　B. 机动进给传动链
  C. 车螺纹传动链　　D. 快速进给传动链

（8）插齿的分齿运动存在于（　　）
  A. 插齿的全过程　　B. 插齿的开始阶段

C. 插齿的结束阶段　　　　　　D. 让刀过程中

(9) 高速磨削的砂轮速度至少为（　　）

A. 30 m/s　　B. 50 m/s　　C. 80 m/s　　D. 100 m/s

(10) 一传动系统中，电动机经V带副带动Ⅰ轴，Ⅰ轴通过一对双联滑移齿轮副传至Ⅱ轴，Ⅱ轴与Ⅲ轴之间为三联滑移齿轮副传动，问Ⅲ轴可以获得几种不同的转速（　　）

A. 3种　　　B. 5种　　　C. 6种　　　D. 8种

(11) 扩孔钻的刀齿一般有（　　）

A. 2～3个　　B. 3～4个　　C. 6～8个　　D. 8～12个

2. 判断题

(1) 成形法加工齿轮是利用与被切齿轮的齿槽法向截面形状相符的刀具切出齿形的方法。（　　）

(2) 磨齿是齿形精加工的主要方法，它既可加工未经淬硬的轮齿，又可加工淬硬的轮齿。（　　）

(3) 滚切直齿轮时，刀架沿齿坯轴线方向进给所需的传动链是内联系传动链。（　　）

(4) 展成法加工齿轮是利用齿轮刀具与被切齿轮保持一对齿轮啮合运动关系而切出齿形的方法。（　　）

(5) Y3150是齿轮加工机床中一种滚齿机的型号。（　　）

(6) 滚齿加工属于成形法加工齿轮。（　　）

(7) 砂轮的粒度选择决定于工件的加工表面粗糙度、磨削生产率、工件材料性能及磨削面积大小等。（　　）

(8) 成形法加工齿轮是利用与被切齿轮的齿槽法向截面形状相符的刀具切出齿形的方法。（　　）

(9) 与选择齿轮滚刀一样，蜗轮滚刀只需根据被切蜗轮的模数和压力角选择即可。（　　）

(10) 磨齿是齿形精加工的主要方法，它既可加工未经淬硬的轮齿，又可加工淬硬的轮齿。（　　）

(11) 滚切直齿轮时，刀架沿齿坯轴线方向进给所需的传动链是内联系传动链。（　　）

(12) 砂轮的组织反映了砂轮中磨料、结合剂、气孔三者之间不同体积的比例关系。（　　）

(13) 磨削硬材料时，砂轮与工件的接触面积越大，砂轮的硬度应越高。（　　）

(14) 磨削过程的主要特点是切削刃不规则、切削过程复杂、单位切削力大、切深抗力大、切削温度高、能加工高硬材料等。（　　）

(15) 拉削相当于多刀刨削，粗、半精和精加工一次完成，因而生产率高。（　　）

(16) 在加工质量方面，铣削和刨削一般相同，但对于尺寸较大的平面，由于刨削无明显的接刀痕，故刨削优于铣削。（　　）

3. 问答题

(1) 常用磨床的种类有哪些？解释M1432A型号的含义。

(2) 试述磨削加工的工艺范围和工艺特点。

(3) 常用钻床的种类有哪些？解释Z5135型号的含义。

(4) 试述钻削加工的工艺范围和工艺特点。

(5) 常用刨床的种类有哪些？解释B6065型号的含义。

(6) 试述刨削加工的工艺范围和工艺特点。

(7) 常用镗床的种类有哪些？解释TP619型号的含义。

(8) 试述镗削加工的工艺范围和工艺特点。

(9) 无心磨床与普通外圆磨床在加工原理及加工性能上有哪些区别？

(10) 钻削深孔时，为何通常总是工件做主运动（回转运动），钻头做进给运动（直线移动）？

(11) 卧式铣镗床上加工何种工件时需使用后立柱和后支承架？加工何种工件时需要工作台相对于上滑座转位？

(12)在不同生产类型的条件下,齿坯加工是怎样进行的?如何保证齿坯内外圆同轴度及定位用的端面与内孔的垂直度?齿坯精度对齿轮加工的精度有什么影响?

(13)箱体零件有什么结构特点?技术要求有哪些?

(14)箱体零件加工工序顺序安排应遵循哪些原则?如何安排热处理工序?

(15)举例说明孔系加工的特点。

(16)齿轮类零件毛坯有哪些形式?各应用于什么场合?

(17)试述齿轮滚刀的切削原理。

(18)齿轮滚刀的安装角度的大小对切削条件、刀具寿命等有何影响?

(19)滚齿和插齿各有何特点?

(20)剃齿、珩齿、磨齿各有何特点,用于什么场合?

技能实训

编制如图4.84(a)、图4.84(b)箱体和直齿圆柱齿轮机械加工工艺过程并进行生产(有条件的学校小批量生产)。

1.训练目的

(1)学生能熟练运用课程中的基本理论以及生产实际中学到的实践知识,正确制定一个中等复杂零件的工艺规程。

(2)培养学生熟悉并运用有关工具手册、技术标准、图表等技术资料的能力。

(3)进一步培养学生识图、制图、运算和编写技术文件的基本技能。

(4)综合培养学生的对实际工程问题进行独立分析、独立思考的工程分析能力,培养学生的团队合作精神。

2.训练要求

(1)对零件进行工艺分析。在设计工艺规程之前,首先需要对零件进行工艺分析,其主要内容包括:

① 了解零件在产品中的地位和作用。

② 审查图纸上的尺寸、视图和技术要求是否完整、正确、统一。

③ 审查零件的结构工艺性。

④ 分析零件主要加工表面的尺寸、形状及位置精度、表面粗糙度以及设计基准等。

⑤ 分析零件的材料、热处理工艺性。

(2)选择毛坯种类并确定制造方法。合理选择毛坯的类型,使零件制造工艺简单、生产率高、质量稳定、成本降低。为能合理选择毛坯,需要了解和掌握各种毛坯的特点、适用范围及选用原则等。常用毛坯种类有:铸件、锻件、焊接件、型材、冲压件等。确定毛坯的主要依据是零件在产品中的作用、生产类型以及零件本身的结构,还要考虑企业的实际生产条件。这里假设零件的生产类型为成批生产。

(3)拟定零件的机械加工工艺路线,完成工艺过程卡。在对零件进行分析的基础上,制订零件的工艺路线,划分粗、精加工阶段,这是制定零件机械加工工艺规程的核心。其主要内容包括:选择定位基准、确定加工方法、安排加工顺序以及安排热处理、检验和其他工序等。

对于比较复杂的零件,可以先考虑几条加工路线,进行分析与比较,从中选择一个比较合理的加工方案。

(4)进行工序设计,填写工序卡片。在工序卡片的填写过程中需要完成下述几项工作

① 确定加工设备(机床类型)和工艺装备(刀具、夹具、量具、辅具)。机床设备的选用应当既要保证加工质量又要经济合理。

② 确定各主要工序的技术要求和检验方法。

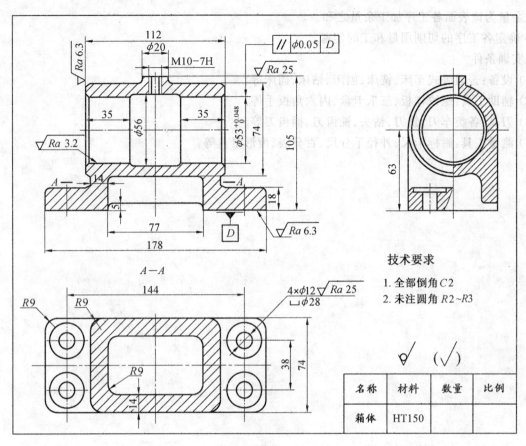

(a) 箱体

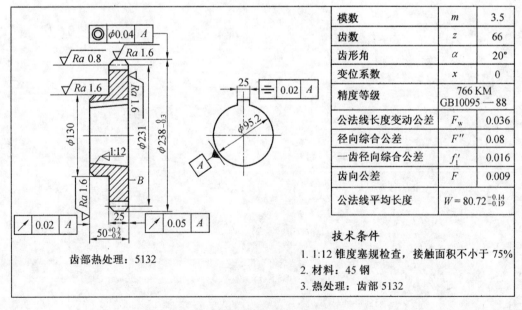

(b) 直齿圆柱齿轮及参数

图 4.84　实训图

③ 确定各工序的加工余量，计算工序尺寸和公差。除终加工工序外，其他各工序根据所采用加工方法的加工经济精度查工艺手册确定工序尺寸公差（终加工工序的公差按设计要求确定），一个表面的

总加工余量为该表面各工序加工余量之和。
　　④ 确定各工序的切削用量和工时定额。
　3.实训条件
　　(1) 设备:普通卧式车床、铣床、刨床、钻床、插床等。
　　(2) 辅助工具:螺纹样板、三爪卡盘、内六角扳手等。
　　(3) 刀具:各类车刀、铣刀、钻头、铣齿刀、插齿刀等。
　　(4) 测量工具:游标卡尺、外径千分尺、百分表、齿形量具等。

模块 5
工序尺寸的确定

知识目标

◆ 掌握加工余量的概念和计算方法。
◆ 掌握确定加工余量的方法。
◆ 掌握确定工序尺寸及公差的方法。
◆ 掌握定位基准与设计基准不重合时尺寸链的计算方法。

技能目标

◆ 能够运用加工余量及工序尺寸的计算方法,确定机械产品加工中各工序的尺寸及其公差。
◆ 会根据机械产品加工工艺路线的不同方案,解算出所需的工序尺寸及其公差。

课时建议

10 课时

课堂随笔

5.1 基准重合工序尺寸的确定方法

引言

在机械加工中,工序尺寸的确定主要分基准(主要指工艺基准与设计基准)重合和基准不重合两类。为了保证机械加工的产品达到图纸要求,除了正确的加工方法、加工工艺路线外,还需要正确确定每一道加工工序的具体尺寸,下面将以某"机床箱体零件孔"的加工为例,介绍各道工序的基本尺寸、余量以及公差的确定方法。

知识汇总
- 加工余量、确定方法
- 工序尺寸及公差

案例 1

某机床箱体零件有一设计尺寸为 $\phi 72_0^{+0.03}$ mm 孔需要加工,表面粗糙度为 $Ra0.4\ \mu m$,加工工艺路线为:毛坯—扩孔—粗镗—精镗—精磨,见表 5.1。试确定孔的毛坯尺寸以及各工序的工序尺寸及其公差。

表 5.1 机床箱体主轴孔加工工艺路线

工序名称	工序余量 /(mm/ 单边)	工序经济精度 /mm	工序基本尺寸 /mm	工序基本尺寸及偏差 /mm	表面粗糙度 /μm
精磨		IT7(0.03)	$\phi 72$	$\phi 72_0^{+0.03}$	$Ra \leqslant 0.4$
精镗					$Ra \leqslant 0.8$
粗镗					$Ra \leqslant 1.6$
扩孔					$Ra = 1.6$
毛坯	——				

5.1.1 加工余量的确定

1. 加工余量的概念

加工余量是指加工过程中从加工表面切去的金属表面层。加工余量可分为工序余量和总余量。

(1) 工序余量:相邻两工序的工序尺寸之差,即在一道工序中从某一加工表面切除的材料层厚度。对于如图 5.1 所示的单边加工表面,其单边加工余量为

$$Z_1 = A_1 - A_2 \tag{5.1}$$

式中 A_1——前道工序的工序尺寸;

A_2——本道工序的工序尺寸。

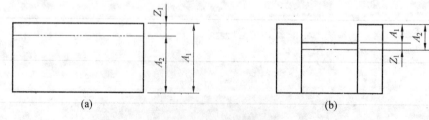

图 5.1 单边加工余量

对于对称表面,其加工余量是对称分布的,为双边加工余量,如图 5.2 所示。

对于轴

$$2Z_2 = d_1 - d_2 \tag{5.2}$$

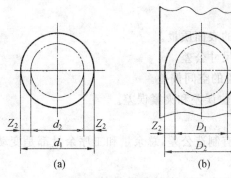

图 5.2 双边加工余量

对于孔 $$2Z_2 = D_2 - D_1 \tag{5.3}$$

式中 $2Z_2$—— 直径上的加工余量；

d_1、D_1—— 前道工序的工序尺寸(直径)；

d_2、D_2—— 本道工序的工序尺寸(直径)。

(2)加工总余量：加工总余量是毛坯尺寸与零件图的设计尺寸之差，也称毛坯余量。加工总余量等于同一个加工表面的各道工序的余量之和，即

$$Z_总 = \sum_{i=1}^{n} Z_i \tag{5.4}$$

式中 $Z_总$—— 加工总余量；

Z_i—— 第 i 道工序加工余量；

n—— 该表面总加工的工序数。

图 5.3 是轴和孔的毛坯余量及各工序余量的分布情况。图中还给出了各工序尺寸及其公差、毛坯尺寸及其公差。

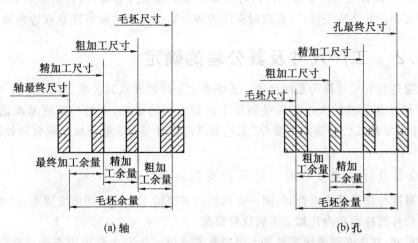

(a) 轴　　　　　　　　　　　　　　　　(b) 孔

图 5.3 轴和孔的毛坯余量及各工序余量的分布情况

> **技术提示：**
> 各工序的偏差按照"入体原则"进行确定：对于被包容面(轴)，基本尺寸为最大工序尺寸，取下偏差；对于包容面(孔)，基本尺寸为最小工序尺寸，取上偏差。毛坯及其他尺寸取对称的双向偏差。

2. 影响加工余量的因素

（1）前工序加工面（或毛坯）的表面质量。

（2）前工序（或毛坯）的工序尺寸公差。

（3）前工序的各表面相互位置的空间偏差。

（4）本工序的安装误差，如定位误差和夹紧误差。

（5）热处理后出现的变形。

由于毛坯尺寸和工序尺寸都有制造公差，总余量和工序余量都是变动的。因此，加工余量有基本余量、最大余量、最小余量三种情况。

如图5.4所示的被包容面表面加工，基本余量是前工序和本工序基本尺寸之差；最小余量是前工序最小工序尺寸和本工序最大工序尺寸之差；最大余量是前工序最大工序尺寸和本工序最小尺寸之差。对于包容面则相反。

3. 确定加工余量的方法

（1）经验估计法：根据工艺人员和工人的长期生产实际经验，采用类比法来估计确定加工余量的大小。此法简单易行，但有时被经验所限，为了防止余量不够而生产出废品，估计的余量一般偏大。此法多用于单件小批量生产。

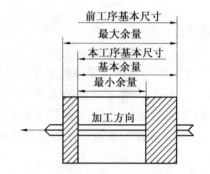

图5.4 被包容面加工余量示意图

（2）分析计算法：以一定的实验资料和计算公式为依据，对影响加工余量的诸多因素进行逐项的分析和计算以确定加工余量的大小。该法所确定的加工余量经济合理，但要有可靠的实验数据和资料，计算较复杂，仅在贵重材料及大批生产和大量生产中采用。

（3）查表修正法：以有关工艺手册和资料所推荐的加工余量为基础，结合实际加工情况进行修正以确定加工余量的大小。此法应用较广，查表时应注意表中数值是单边余量还是双边余量。

5.1.2 工序尺寸及其公差的确定

某工序加工应达到的尺寸称为工序尺寸。正确确定工序尺寸及其公差是制定零件工艺规程的重要工作之一。工序尺寸及公差的大小不仅受到加工余量大小的影响，而且与工序基准的选择有密切关系。一般地，工序尺寸及其公差确定主要分"工艺基准与设计基准"重合和不重合两种情况，本节将讨论第一种情况。

1. 工艺基准与设计基准重合时工序尺寸及其公差的确定

这是指工艺基准与设计基准重合时，同一表面经过多次加工才能达到精度要求，应如何确定工序尺寸及其公差。一般外圆柱面和内孔加工多属这种情况。

要确定工序尺寸，首先必须确定零件各工序的基本余量。生产中常采用查表法确定工序的基本余量。工序尺寸公差也可从有关手册中查得（或按所采用加工方法的经济精度确定）。按基本余量计算各工序尺寸，再由最后一道工序开始向前推算。对于轴，前道工序的工序尺寸等于相邻后续工序尺寸与其基本余量之和；对于孔，前道工序的工序尺寸等于相邻后续工序尺寸与其基本余量之差。计算时应注意，对于某些型材毛坯（如轧制棒料）应按计算结果从材料的尺寸规格中选择一个相等或相近尺寸为毛坯尺寸。在毛坯尺寸确定后应重新修正粗加工（第一道工序）的工序余量；精加工工序余量应进行验算，以确保精加工余量不至于过大或过小。

2. 工艺基准与设计基准重合时工序尺寸及其公差的计算步骤

(1) 确定毛坯总加工余量和工序余量。

(2) 确定工序公差。最终工序尺寸公差等于设计尺寸公差,其余工序公差按经济精度确定,查有关手册。

(3) 求工序基本尺寸。从零件图上的设计尺寸开始,一直往前推算到毛坯尺寸,某工序基本尺寸等于后道工序基本尺寸加上或减去后道工序余量。

(4) 标注工序尺寸公差。最后一道工序的公差按设计尺寸标注,其余工序尺寸公差按入体原则标注,毛坯尺寸公差为双向分布。

3. 案例 1 工序尺寸确定实施

(1) 计算过程实施:先从有关资料或手册查取各工序的基本余量及工序尺寸(表 5.2)。最后一道工序的加工精度应达到外主轴孔的设计要求,其工序尺寸为设计尺寸。其余各工序的工序基本尺寸为相邻后工序的基本尺寸,加上该后续工序的基本余量。经过计算得各工序的工序尺寸见表 5.2。

表 5.2　机床箱体主轴孔工序尺寸确定

工序名称	工序余量 /(mm/ 单边)	工序经济精度 /mm	工序基本尺寸 /mm	工序基本尺寸及偏差 /mm	表面粗糙度 /μm
精磨	0.15	IT7(0.03)	$\phi 72$	$\phi 72^{+0.03}_{0}$	$Ra \leqslant 0.4$
精镗	0.35	IT8(0.046)	$\phi 71.7$	$\phi 71.7^{+0.046}_{0}$	$Ra \leqslant 0.8$
粗镗	1	IT10(0.012)	$\phi 71$	$\phi 71^{+0.12}_{0}$	$Ra \leqslant 1.6$
扩孔	1.5	IT12(0.035)	$\phi 69$	$\phi 69^{+0.35}_{0}$	$Ra = 1.6$
毛坯	——	1	$\phi 66$	$\phi 66 \pm 0.5$	——

(2) 验算磨削余量。

孔径上最小余量:$72 - (71.7 + 0.046) = 0.254$ mm(双边余量);

直径上最大余量:$(72 + 0.03) - 71.7 = 0.33$ mm(双边余量)。

验算结果表明,磨削余量是合适的。

案例 2

加工一外圆柱面,设计尺寸为 $\phi 40^{+0.050}_{+0.034}$,表面粗糙度 Ra 为 0.4 μm。加工的工艺路线为:粗车 — 半精车 — 磨外圆,见表 5.3。试用查表法确定毛坯尺寸、各工序尺寸及其公差。

表 5.3　外圆柱面加工工艺路线

工序名称	工序余量 /(mm/ 单边)	工序经济精度 /mm	工序基本尺寸 /mm	工序基本尺寸及偏差 /mm
磨外圆			$\phi 40$	$\phi 40^{+0.050}_{+0.034}$
半精车				
粗车				
毛坯				

其解算方法同案例 1,经过查表、计算得各工序的工序尺寸见表 5.4。

表 5.4　外圆柱面加工工序尺寸确定

工序名称	工序余量/(mm/单边)	工序经济精度/mm	工序基本尺寸/mm	工序基本尺寸及偏差/mm
磨外圆	0.3	IT6(0.016)	$\phi 40$	$\phi 40^{+0.050}_{+0.034}$
半精车	0.7	IT9(0.062)	$\phi 40.6$	$\phi 40.6^{\ 0}_{-0.062}$
粗车	1.5	IT9(0.25)	$\phi 42$	$\phi 42^{\ 0}_{-0.25}$
毛坯	—	4	$\phi 45$	$\phi 45 \pm 2$

验算磨削余量：

直径上最小余量：$40.6 - 0.062 - (40 + 0.05) = 0.488$ mm（双边余量）；

直径上最大余量：$40.6 - (40 + 0.034) = 0.566$ mm（双边余量）。

验算结果表明，磨削余量是合适的。

> **技术提示：**
> 在计算各工序的基本尺寸时，孔类零件加工后，基本尺寸是由小变大，逐渐达到最终的设计尺寸；而轴类零件加工后，基本尺寸是由大变小，逐渐达到最终的设计尺寸。

5.2　基准不重合工序尺寸的确定方法

引言

零件图上所标注的尺寸公差是零件加工最终所要求达到的尺寸要求，工艺过程中许多中间工序的尺寸及其公差，必须在设计工艺过程中予以确定。根据加工的需要，各中间工序的尺寸可以是零件的尺寸，也可以是设计图上没有而检验需要时的测量尺寸或工艺规程中的工艺尺寸等。当工艺基准和设计基准不重合时，需要将设计尺寸换算成工艺尺寸。此时需要用工艺尺寸链理论进行工序尺寸的分析和计算。

知识汇总

- 工艺尺寸链、组成环、封闭环
- 工艺尺寸链解法

5.2.1　工艺尺寸链

在零件的加工过程中，被加工表面以及各表面之间的尺寸都在不断地变化，这种变化无论是在一道工序内，还是在各工序之间都有一定的内在联系。运用工艺尺寸链理论去揭示这些尺寸间的相互关系，是合理确定工序尺寸及其公差的基础，已成为编制工艺规程时确定工艺尺寸的重要手段。

1. 工艺尺寸链的概念

如图 5.5(a)所示零件，平面 1、2 已加工，要加工平面 3，平面 3 的位置尺寸 A_2 其设计基准为平面 2。当选择平面 1 为定位基准，这就出现了设计基准与定位基准不重合的情况。在采用调整法加工时，工艺人员需要在工序图 5.5(b) 上标注工序尺寸 A_3，供对刀和检验时使用，以便直接控制工序尺寸 A_3，间接保证零件的设计尺寸 A_2。尺寸 A_1、A_2、A_3 首尾相连构成一封闭的尺寸组合。

在机械制造中称这种相互联系且按一定顺序排列的封闭尺寸组合为尺寸链。由工艺尺寸所组成的尺寸链称为工艺尺寸链。尺寸链的主要特征是封闭性,即组成尺寸链的有关尺寸按一定顺序首尾相连构成封闭图形,没有开口。

2. 工艺尺寸的组成

环:组成工艺尺寸链的每一个尺寸称为工艺尺寸链的环。如图 5.5(c)所示尺寸链有 3 个环。工艺尺寸链由一系列的环组成,环又分为:

(1) 组成环:在加工或装配过程中相互联系并影响着,直接保证获得的尺寸称为组成环,用 A_i 表示,如图 5.5 中的 A_1、A_3。

(2) 封闭环(终结环):在加工或装配过程中最后形成的一环,它的大小通过各组成环间接保证而获得的尺寸,称为封闭环,用 A_0 表示。图 5.5(c)所示尺寸链中,A_2 是通过 A_1、A_3 间接保证得到的尺寸,所以 A_2 就是图 5.5(c)所示尺寸链的封闭环。

(3) 增环、减环:由于工艺尺寸链是由一个封闭环和若干个组成环组成的封闭环图形,故尺寸链中组成环的尺寸变化必然引起封闭环的尺寸变化。当某组成环增大(其他组成环保持不变),封闭环也随之增大时,则该组成环称为增环,以 $\overrightarrow{A_i}$ 表示,如图 5.5(c)中的 A_1。当某组成环增大(其他组成环保持不变)时,封闭环反而减小,则该组成环为减环,以 $\overleftarrow{A_i}$ 表示,如图 5.5(c)中的 A_3。

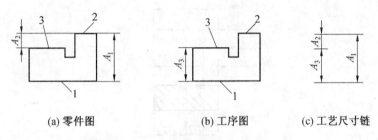

(a) 零件图　　　　(b) 工序图　　　　(c) 工艺尺寸链

图 5.5　零件加工中的工艺尺寸链

3. 增环、减环的判别方法

(1) 直接按照增、减环的定义法进行判别,但是环数太多的尺寸链使用定义判别比较困难,因此一般很少采用。

(2) 回路法:用箭头方法确定,即凡是箭头方向与封闭环箭头方向相反的组成环为增环,相同的组成环为减环。

如图 5.6 所示尺寸链,其中 A_0 为封闭环,通过回路法可确定,A_1、A_3、A_4、A_5 箭头走向与 A_0 相反,为增环;A_2、A_6 箭头走向与 A_0 相同,为减环。

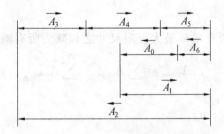

图 5.6　回路法确定增减环

(3) 串并联法:与封闭环串联的尺寸是减环;与封闭环并联的尺寸是增环。如图 5.5(c)所示尺寸链中 A_2(封闭环)与 A_1 为并联关系,所以为增环;与 A_3 为串联关系,所以为减环。

> **技术提示：**
> 在进行增减环的判别时，回路法适用于尺寸链环数比较多、组成比较复杂有相互重叠环的情况，如图5.6所示；而串并联法适用于尺寸链组成比较简单、无互相重叠环的情况，如图5.5(c)所示。

5.2.2 工艺尺寸链的计算公式

工艺尺寸链的计算方法有两种：极值法和概率法。生产中一般多采用极值法（或称极大极小值法）。用极值法解尺寸链是从尺寸链各环均处于极值条件来求解封闭环尺寸与组成环尺寸之间关系的。用概率法解尺寸链则是运用概率论理论来求解封闭环尺寸与组成环尺寸之间关系的。

1. 极值法解尺寸链的计算公式

机械制造中的尺寸公差通常用基本尺寸（A）、上偏差（ES）、下偏差（EI）表示，还可以用最大极限尺寸（A_{max}）与最小极限尺寸（A_{min}）或基本尺寸（A）、中间偏差（Δ）与公差（T）表示，它们之间的关系如图5.7所示。

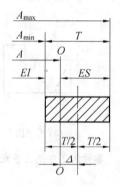

图 5.7 基本尺寸、极限偏差、公差与中间偏差的关系

(1) 封闭环基本尺寸计算：封闭环基本尺寸为所有增环基本尺寸之和减去所有减环基本尺寸之和，即

$$A_0 = \sum_{i=1}^{m}\vec{A}_i - \sum_{i=1}^{n}\overleftarrow{A}_i \tag{5.5}$$

式中　　m——增环数；

　　　　n——减环数。

(2) 极限尺寸的计算：

① 封闭环最大极限尺寸为所有增环最大极限尺寸之和减去所有减环最小极限尺寸之和，即

$$A_{0\max} = \sum_{i=1}^{m}\vec{A}_{i\max} - \sum_{i=1}^{n}\overleftarrow{A}_{i\min} \tag{5.6}$$

式中　　$A_{0\max}$——封闭环最大值；

　　　　$\vec{A}_{i\max}$——增环最大值；

　　　　$\overleftarrow{A}_{i\min}$——减环最小值。

② 封闭环最小极限尺寸为所有增环最小极限尺寸之和减去所有减环最大极限尺寸之和，即

$$A_{0\min} = \sum_{i=1}^{m}\vec{A}_{i\min} - \sum_{i=1}^{n}\overleftarrow{A}_{i\max} \tag{5.7}$$

式中　$A_{0\min}$——封闭环最小值；

　　　$\vec{A}_{i\min}$——增环最小值；

　　　$\cev{A}_{i\max}$——减环最大值。

（3）上下偏差的计算：

① 封闭环上偏差为所有增环上偏差之和减去所有减环下偏差之和，即

$$ESA_0 = \sum_{i=1}^{m} ES\vec{A}_i - \sum_{i=1}^{n} EI\cev{A}_i \qquad (5.8)$$

式中　ESA_0——封闭上偏差；

　　　$ES\vec{A}_i$——增环上偏差；

　　　$EI\cev{A}_i$——减环下偏差。

② 封闭环下偏差为所有增环下偏差之和减去所有减环上偏差之和，即

$$EIA_0 = \sum_{i=1}^{m} EI\vec{A}_i - \sum_{i=1}^{n} ES\cev{A}_i \qquad (5.9)$$

式中　EIA_0——封闭下偏差；

　　　$EI\vec{A}_i$——增环下偏差；

　　　$ES\cev{A}_i$——减环上偏差。

（4）各环公差的计算：封闭环公差为各组成环公差之和，即

$$T_0 = \sum_{i=1}^{m} \vec{T}_i + \sum_{i=1}^{n} \cev{T}_i = \sum_{i=1}^{m+n} T_i \qquad (5.10)$$

式中　T_0——封闭公差；

　　　$\vec{T}_i$——增环公差；

　　　$\cev{T}_i$——减环公差。

（5）各环平均公差计算：各环平均公差为封闭环公差与各组成环数目总和之比，即

$$T_M = \frac{T_0}{m+n} \qquad (5.11)$$

式中　T_M——平均公差。

2. 概率法解尺寸链的计算公式

概率法（统计法）的近似计算是假定各环分布曲线是对称分布于公差值的全部范围内（正态分布），所以有

封闭环公差

$$T_0 = \sqrt{\sum_{i=1}^{m+n} T_i^2} \qquad (5.12)$$

各组成环的平均公差

$$T_M = \frac{T_0}{\sqrt{m+n}} \qquad (5.13)$$

与极值法相比，其概率计算法的各组成环的平均公差放大了$\sqrt{m+n}$倍，从而使零件加工精度降低，成本降低。

5.2.3　工艺尺寸链的应用及解算方法

在制定零件的加工工艺规程时，利用工艺尺寸链进行正确的分析和计算，对充分运用现有工装、优

化工艺、提高生产率有着十分重要的意义。在成批、大量生产中,通过尺寸链的分析计算,有助于确定合适的工序尺寸、公差和余量,减少废品。在机器设计中,常用尺寸链进行分析和计算,以确定合适的零件尺寸公差和技术条件。制定产品和部件的装配工艺和解决装配质量问题及验算部件的配合尺寸公差是否协调也经常需要应用尺寸链。总之,在零件加工过程及产品设计、制造、装配、维修过程中,尺寸链的计算及应用都是不可缺少的。

1. 工艺尺寸链的建立

(1) 确定封闭环:在工艺尺寸链中,由于封闭环是加工过程中自然形成的尺寸,所以当零件的加工方案变化时,封闭环也会随之发生变化。如图5.8所示的零件图,当分别采用两种加工方法时,尺寸链的封闭环将会发生变化。

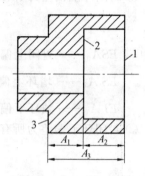

① 以表面3为定位基准车削面1,获得尺寸A_3,再以表面1为测量基准车削面2获得尺寸A_2,此时A_1为间接获得的尺寸,故为封闭环。

② 以加工好的面1为测量基准加工面2,直接获得A_2,然后调头以表面2为定位基准,采用定距装刀法车削3(保证刀具到定位基准面2的距离) 直接保证尺寸A_1,此时A_3为间接获得的尺寸,故为封闭环。

图5.8 封闭环确定示例

(2) 组成环的查找:组成环指加工过程中直接获得的且对封闭环有影响的尺寸,在查找过程中,一定要根据这一特点进行查找,如图5.9(a)所示,无论采用第①或第②加工方法,表面4至表面3的轴向尺寸均不会影响封闭环,所以不属于组成环。

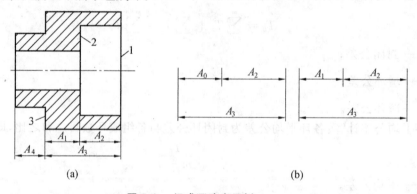

图5.9 组成环确定示例

(3) 画工艺尺寸链图:画工艺尺寸链图的方法是从构成封闭环的两表面同时开始。按照工艺过程的顺序,分别向前查找该表面最近一次加工的加工尺寸,再进一步查找该加工尺寸的工序基准的最近一次的加工尺寸,如此继续向前查找,直到两条路线最后到达的加工尺寸的工序基准重合,形成封闭的轮廓,即得到了工艺尺寸链图,如图5.9(b)所示。

2. 增环、减环的判别

增环、减环的判别采用第5.2.1节第3点介绍的三种方法,此次不再赘述。

技术提示:

增环、减环的判别依据是尺寸链的封闭环,如果封闭环判断错了,整个工艺链的解算也就错了。因此,在确定封闭环时,要根据零件的工艺方案紧紧抓住间接得到的尺寸这一要点。

下面将以具体的案例进行展开讲解尺寸链应用及计算方法。

案例 3

如图 5.10(a)所示套筒零件,两端面已加工完毕尺寸 $10_{-0.36}^{\ 0}$ mm 不便测量,改由面 2 为基准测量尺寸 A_2 的方法加工孔底面 3 间接保证,求工序尺寸 A_2 及其偏差。

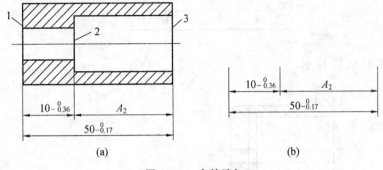

图 5.10 套筒孔加工

计算过程实施:

(1) 画尺寸链,如图 5.10(b)所示。

(2) 封闭环及增环、减环的判别。由题意可知,工序尺寸 $10_{-0.36}^{\ 0}$ mm 为间接获得的尺寸,故为封闭环;由串并联法可得,尺寸 A_2 为减环,尺寸 $50_{-0.17}^{\ 0}$ mm 为增环。

(3) 计算工序尺寸 A_2。

① A_2 基本尺寸,由式(5.5)得

$$10 = 50 - A_2 \qquad 所以 A_2 = 40 \text{ mm}$$

② A_2 上偏差,由式(5.8)得

$$0 = 0 - EIA_2 \qquad 所以 EIA_2 = 0$$

③ A_2 下偏差,由式(5.9)得

$$-0.36 = -0.17 - ESA_2 \qquad 所以 ESA_2 = 0.19$$

所以 $A_2 = 40_{\ 0}^{+0.19}$ mm。

> **技术提示:**
>
> 用极值法求解一般会出现"假废品"问题,需要对有关尺寸复检,并计算实际尺寸。
>
> 根据案例 3 可知:当 A_2 为 39.83 时,与计算结果 A_2 比较应该为不合格产品,但我们要保证的尺寸是 $10_{-0.36}^{\ 0}$ mm 而非 A_2,所以应该代入尺寸 $50_{-0.17}^{\ 0}$ mm 验算。
>
> 如果尺寸 $50_{-0.17}^{\ 0}$ 取 49.83,$A_0 = 49.83 - 39.83 = 10$,在尺寸 $10_{-0.36}^{\ 0}$ 范围内,所以应为合格产品。
>
> 当 A_2 为 40.36 时,与计算结果 A_2 比较应该为不合格产品,如果尺寸 $50_{-0.17}^{\ 0}$ 取 50,$A_0 = 50 - 40.36 = 9.64$,在尺寸 $10_{-0.36}^{\ 0}$ 范围内,所以应为合格产品。

案例 4

如图 5.11 所示轴承碗,当以 B 面定位车削内孔端面 C 时,图中的尺寸 A_0 不便测量。如果先按尺寸 A_1 的要求车出端面 A,然后在以 A 面为测量基准去控制尺寸 X,即可获得尺寸 A_0,已知尺寸 A_1、A_0 见表 5.5,求尺寸 X。

表 5.5 轴承碗各组工序尺寸

	A_0	A_1
1	$40_{-0.2}^{\ 0}$	$10_{-0.2}^{\ 0}$
2	$40_{-0.1}^{\ 0}$	$10_{-0.5}^{\ 0}$

计算过程实施：

(1) 画尺寸链，如图 5.12 所示。

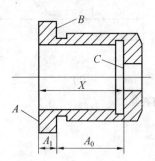 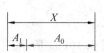

图 5.11 轴承碗孔深的加工　　图 5.12 轴承碗工艺尺寸链图

(2) 封闭环及增环、减环的判别。由于题意可知，工序尺寸 A_0 为间接获得的尺寸，故为封闭环；由串并联法可得，尺寸 A_1 为减环，尺寸 X 为增环。

(3) 计算工序尺寸 X。

当 $A_0 = 40_{-0.2}^{\ 0}$ mm、$A_1 = 10_{-0.2}^{\ 0}$ mm 时：

① X 基本尺寸，由式(5.5)得

　　$40 = X - 10$　　所以 $X = 50$ mm

② X 上偏差，由式(5.8)得

　　$0 = ESX + 0.2$　　所以 $ESX = -0.2$

③ X 下偏差，由式(5.9)得

　　$-0.2 = EIX - 0$　　所以 $EIX = -0.2$

所以 $X = 50_{-0.2}^{-0.2}$ mm。

$T = 0$ 不成立，由于组成环的公差大造成的，故压缩组成环的公差，令 $A_1 = 10_{-0.08}^{\ 0}$ mm，得 $X = 50_{-0.2}^{-0.08}$ mm。

当 $A_0 = 40_{-0.1}^{\ 0}$ mm、$A_1 = 10_{-0.5}^{\ 0}$ mm 时：

① X 基本尺寸，由式(5.5)得

　　$40 = X - 10$　　所以 $X = 50$ mm

② X 上偏差，由式(5.8)得

　　$0 = ESX + 0.5$　　所以 $ESX = -0.5$

③ X 下偏差，由式(5.9)得

　　$-0.1 = EIX - 0$　　所以 $EIX = -0.1$

所以 $X = 50_{-0.1}^{-0.5}$ mm。

$T = -0.4$ 不成立，由于组成环的公差大造成的，故压缩组成环的公差，令 $A_1 = 10_{-0.02}^{\ 0}$ mm，得 $X = 50_{-0.14}^{-0.06}$ mm。

技术提示：

当产品工序尺寸计算出现公差等于零或负公差问题时，那是因为组成环的各公差之和大于或等于封闭环的公差造成的，若组成环的各公差之和等于封闭环的公差，则 $T=0$；若组成环的各公差之和大于封闭环的公差，则 $T<0$。此时应该对易于加工的尺寸进行压缩公差。

案例 5

加工如图 5.13 所示外圆及键槽，其加工顺序为：车外圆至 $\phi 26.4_{-0.083}^{0}$ mm → 铣键槽至尺寸 A → 淬火 → 磨外圆至 $\phi 26_{-0.021}^{0}$ mm。磨外圆后应保证键槽设计尺寸为 $\phi 21_{-0.16}^{0}$ mm。试确定工序尺寸 A 及其公差。

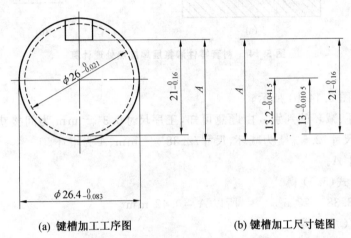

(a) 键槽加工工序图　　　　(b) 键槽加工尺寸链图

图 5.13　键槽加工工序尺寸计算

计算过程实施：

(1) 画尺寸链，如图 5.13(b) 所示。

(2) 封闭环及增环、减环的判别。由题意可知，工序尺寸 $21_{-0.16}^{0}$ mm 为间接获得的尺寸，故为封闭环；由回路法可得，尺寸 $13.2_{-0.0415}^{0}$ 为减环，尺寸 $13_{-0.0105}^{0}$ mm、A 为增环。

(3) 计算工序尺寸 A。

① A 基本尺寸，由式(5.5)得

$21 = A + 13 - 13.2$　　　所以 $A = 21.2$ mm

② A 上偏差，由式(5.8)得

$0 = ESA + 0 + 0.0415$　　　所以 $ESA = -0.042$

③ A 下偏差，由式(5.9)得

$-0.16 = EIA - 0.0105 - 0$　　　所以 $EIA = -0.15$

所以 $A = 21.2_{-0.15}^{-0.042}$ mm。

技术提示：

当产品工序为对称尺寸，而且基准又在对称中心时，如圆柱、孔等，在绘制尺寸链图时，往往只绘制对称尺寸的一半，公差也应该取其一半进行计算。

案例6

如图5.14(a)所示为一需要进行渗氮处理的衬套零件。该零件的孔加工顺序为：磨内孔至尺寸 $\phi 144.76^{+0.04}_{0}$ mm → 渗氮处理 → 精磨内孔至尺寸 $\phi 145^{+0.04}_{0}$ mm，保证渗氮层厚度为 $0.3 \sim 0.5$ mm。试确定热处理渗氮层厚度工序尺寸 A 及其公差。

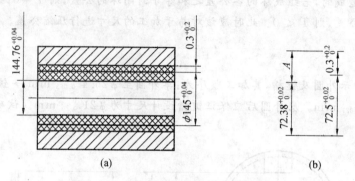

图5.14 衬套零件渗氮层厚度热处理计算

计算过程实施：

(1) 画尺寸链，如图5.14(b)所示。

(2) 封闭环及增环、减环的判别。由题意可知，工序尺寸 $0.3^{+0.2}_{0}$ mm 为间接获得的尺寸，故为封闭环；由串并联法可得，尺寸 $72.5^{+0.02}_{0}$ 为减环，尺寸 $72.38^{+0.02}_{0}$ mm、A 为增环。

(3) 计算工序尺寸 A。

①A 基本尺寸，由式(5.5)得

$0.3 = A + 72.38 - 72.5$ 所以 $A = 0.42$ mm

②A 上偏差，由式(5.8)得

$0.2 = ESA + 0.02 - 0$ 所以 $ESA = 0.18$

③A 下偏差，由式(5.9)得

$0 = EIA + 0 - 0.02$ 所以 $EIA = 0.02$

所以 $A = 0.42^{+0.18}_{+0.02}$ mm。

重点串联

工序尺寸的确定
- 基准重合工序尺寸的确定方法
  - 加工余量的确定
  - 工序尺寸及其公差的确定方法
- 基准不重合工序尺寸的确定方法
  - 工艺尺寸链
  - 工艺尺寸链计算公式
  - 工艺尺寸链的应用及解算方法

拓展与实训

基础训练

1. 填空题

(1) 尺寸链中封闭环与组成环公差间的关系是_____。

(2) 工艺尺寸链中最终由其他尺寸所间接保证的环,称为_____环。

(3) 在工艺尺寸链中,封闭环的公差取决于组成环的公差 $T(A_i)$ 和总组成环数 m,若以极值法原则计算,则封闭环的公差 $T(A_0)$ 为_____。

(4) 毛坯尺寸与零件尺寸之差称表面的_____。

(5) 工序尺寸公差带一般采用"单向入体"原则。对被包容面尺寸,公差标成上偏差为_____,下偏差为_____;对于包容面尺寸,公差标成上偏差为_____,下偏差为_____;对于孔中心距尺寸和毛坯尺寸的公差带一般都取_____公差。

(6) 确定加工余量的方法一般有_____、_____、_____三种。

2. 选择题

(1) 极值法计算尺寸链,尺寸链中的封闭环公差为 T,与组成环 T_i 间的关系是( )。

A. $T \leqslant \sum T_i$ B. $T \geqslant \sum T_i$ C. $T = \sum T_i$

(2) 在线性尺寸链计算中,一个尺寸链只能解( )。

A. 一个环   B. 一个封闭环   C. 一个组成环

(3) 由 n 环组成的尺寸链,各组成环都呈正态分布,则组成环的平均公差采用概率法计算比极值法计算放大( )倍。

A. n B. $n-1$ C. $\sqrt{n-1}$

(4) 一种加工方法的经济精度是指( )。

A. 这种方法的最高加工精度   B. 这种方法的最低加工精度
C. 在正常情况下的加工精度   D. 在最低成本下的加工精度

(5) 在机床上加工工件时所依据的基准是( )。

A. 设计基准   B. 工艺基准   C. 定位基准   D. 工序基准

(6) 本身尺寸增大能使封闭环尺寸增大的组成环为( )。

A. 增环   B. 减环   C. 封闭环   D. 组成环

(7) 某一表面在一道工序中所切除的金属层深度为( )。

A. 加工余量   B. 切削深度   C. 工序余量   D. 总余量

(8) 封闭环公差等于( )。

A. 增环公差   B. 减环公差
C. 各组成环公差之和   D. 增环公差减去减环公差

(9) 对于尺寸链封闭环的确定,下列论述正确的是( )。

A. 图样中未标注尺寸的那一环
B. 在加工过程中最后形成的一环
C. 精度最高的一环
D. 尺寸链中需要求解的那一环

(10) 基准不重合误差的大小与（　　）有关。

A. 本道工序要保证的尺寸大小和技术要求

B. 本道工序的设计基准与定位基准之间的位置误差

C. 定位元件和定位基准本身的制造误差

(11) 工序尺寸的公差一般采用（　　）分布,其公差值可按经济精度查表。毛坯尺寸的公差是采用（　　）分布,其公差值可按毛坯制造方法查表。

A. 单向　　　　B. 双向　　　　C. 双向对称

3. 判断题

(1) 工艺尺寸链计算中,凡间接保证的尺寸精度必然低于直接获得的尺寸精度。（　　）

(2) 加工余量可分为工序余量和总余量两种。（　　）

(3) 当组成尺寸链的尺寸较多时,一条尺寸链中封闭环可以有两个或两个以上。（　　）

(4) 在工艺尺寸链中,封闭环按加工顺序确定,加工顺序改变,封闭环也随之改变。（　　）

(5) 零件工艺尺寸链一般选择最重要的环作封闭环。（　　）

(6) 组成环是指尺寸链中对封闭环没有影响的全部环。（　　）

(7) 尺寸链中,增环尺寸增大,其他组成环尺寸不变,封闭环尺寸增大。（　　）

(8) 封闭环基本尺寸等于各组成环基本尺寸的代数和。（　　）

(9) 尺寸链封闭环公差值确定后,组成环越多,每一环分配的公差值就越大。（　　）

(10) 要提高封闭环的精确度,就要增大各组成环的公差值。（　　）

4. 简答题

(1) 什么是加工余量? 影响加工余量的因素有哪些?

(2) 何为工艺尺寸链和封闭环? 是否公差大的一环就是封闭环?

(3) 在用极值法解工艺尺寸链时,有时所求组成环的公差为零或为负值,其原因是什么? 应采取哪些工艺措施加以解决?

(4) 在工艺尺寸链中,加工余量是否一定为封闭环? 在什么情况下余量为组成环? 举例说明。

(5) 在进行表面处理工艺尺寸计算时,要保证的渗入深度为什么是尺寸链的封闭环? 镀层厚度是否在任何情况下都是封闭环? 为什么?

(6) 试判别图 5.15 中各尺寸链中哪些是增环? 哪些是减环?

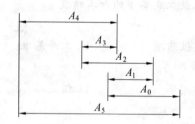 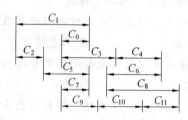

图 5.15　尺寸链图

5. 计算题

(1) 如图 5.16 所示的零件,在外圆、端面、内孔加工后,钻 $\phi 10$ mm 孔。试计算以 B 面定位钻 $\phi 10$ mm 孔的工序尺寸及其偏差。

(2) 加工一批直径为 $\phi 25_{-0.021}^{0}$ mm, $Ra = 0.8$ μm, 长度为 55 mm 的光轴,材料为 45 钢,毛坯为 $\phi(28 \pm 0.3)$ mm 的热轧棒料,试确定其在大批量生产中的工艺路线以及各工序的工序尺寸、工序公差及其偏差。

(3) 加工如图 5.17 所示的一批零件,有关加工过程如下:

① 以左端 A 面及外圆定位,车右端外圆及端面 D、B,保证尺寸 $30_{-0.20}^{0}$ mm;

② 调头以右端外圆及端面 D 定位,车 A 面,保证零件总长为 L;

③ 钻 $\phi 20$ mm 通孔,镗 $\phi 25$ mm 孔,保证孔深 $25.1_{0}^{+0.15}$ mm;

④ 以端面 D 定位磨削 A 面,用测量方法保证 $25.1_{0}^{+0.15}$ mm,加工完毕。

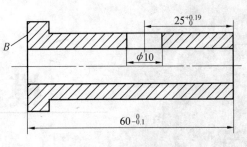

图 5.16 钻孔加工

(4) 加工图 5.18 所示的一轴及其键槽,图纸要求轴径为 $\phi 30_{-0.032}^{0}$ mm,键槽深度尺寸为 $26_{-0.20}^{0}$ mm,有关的加工过程如下:

① 半精车外圆至 $\phi 36_{-0.10}^{0}$ mm;

② 铣键槽至尺寸 A;

③ 热处理;

④ 磨外圆至 $\phi 30_{-0.032}^{0}$ mm。

求工序尺寸 A。

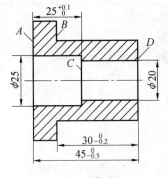

图 5.17 镗孔加工

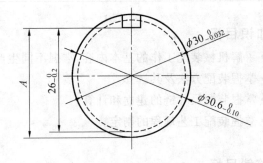

图 5.18 键槽加工

技能实训

热处理渗碳层深度的确定

1. 训练目的

(1) 通过实际计算、加工、测量,加深对工艺尺寸链计算的理解。

(2) 掌握工艺尺寸链的计算方法。

2. 训练要求

设一个零件,材料为 20 号钢,其内孔的加工顺序如下:

(1) 车内孔至 $\phi 31.8_{0}^{+0.14}$ mm;

(2) 渗碳,要求工艺渗碳层深度为 t;

(3) 磨内孔至 $\phi 31.8_{+0.01}^{+0.035}$ mm;要求保证渗碳层深度为 $0.1 \sim 0.3$ mm。试求渗碳工序的工艺渗碳层深度 t。

3. 实训条件

(1) 设备:普通卧式车床、内圆磨床、热处理设备。

(2) 辅助工具:三爪卡盘、内六角扳手、游标卡尺等。

(3) 材料:20# $\phi 50$ 棒料。

模块 6
机械装配工艺

知识目标
◆ 了解机械装配工作的基本内容,掌握不同生产类型装配工艺的特点。
◆ 掌握装配方法及其选择。
◆ 掌握装配尺寸链的建立和计算。
◆ 掌握装配工艺规程的制定。

技能目标
◆ 掌握制订装配工艺的方法和步骤。
◆ 明确组件的装配工艺过程。
◆ 能够根据自己画出的装配系统图进行装配。

课时建议
8课时

课堂随笔

6.1 装配

引言

装配是整个机器制造工艺过程中的最后一个环节。机械产品的精度要求,最终要靠装配工艺来保证。装配过程中,要注意装配工作的基本内容,进行正确的装配,以达到产品的装配精度要求。而零件的精度与产品的装配精度有着密不可分的关系,它影响到产品装配方法的正确选择。

知识汇总

- 机械组成、装配内容
- 装配精度

装配是整个机械制造过程的后期工作。机器的各种零部件只有经过正确的装配,才能完成符合要求的产品。怎样将零件装配成机器,零件精度与产品精度的关系,以及达到装配精度的方法,是装配工艺所要解决的问题。

6.1.1 装配的概念

零件是构成机器(或产品)的最小单元。将若干个零件结合在一起组成机器的一部分,称为部件。直接进入机器(或产品)装配的部件称为组件。

任何机器都是由许多零件、组件和部件组成。根据规定的技术要求,将若干零件结合成组件和部件,并进一步将零件、组件和部件结合成机器的过程称为装配。前者称为部件装配;后者称为总装配。

1. 机械的组成

一台机械产品往往由上千至上万个零件组成,为了便于组织装配工作,必须将产品分解为若干个可以独立进行装配的装配单元,以便按照单元次序进行装配,并有利于缩短装配周期。装配单元通常可划分为 5 个等级。

(1) 零件:零件是组成机械和参加装配的最基本单元。零件直接装入机器的不多,大部分零件都是预先装成套件、组件和部件,再进入总装。

(2) 套件:在一个基准零件上,装上一个或若干个零件就构成了一个套件,它是比零件大一级的装配单元。每个套件只有一个基准零件,它的作用是连接相关零件和确定各零件的相对位置。为形成套件而进行的装配工作称为套装。

> **技术提示:**
> 套件可以是若干个零件永久性的连接(焊接或铆接等)或是连接在一个"基准零件"上少数零件的组合。套件组合后,有的可能还需要加工,如齿轮减速箱箱体与箱盖、柴油机连杆与连杆盖,都是组合后镗孔的,零件之间应对号入座,不能互换。图 6.1(a) 所示属于套件,其中蜗轮为基准零件。

(3) 组件:在一个基准零件上,装上一个或若干个套件和零件就构成一个组件。每个组件只有一个基准零件,它连接相关零件和套件,并确定它们的相对位置。为形成组件而进行的装配称为组装。

组件与套件的区别在于组件在以后的装配中可拆,而套件在以后的装配中一般不再拆开,可作为一个零件参加装配。图 6.1(b) 所示即属于组件,其中蜗轮与齿轮为一个先装好的套件,而后以阶梯轴为基准件,与套件和其他零件组合为组件。

(4) 部件:在一个基准零件上,装上若干个组件、套件和零件就构成部件。同样,一个部件只能有一个基准零件,由它来连接各个组件、套件和零件,决定它们之间的相对位置。为形成部件而进行的装配

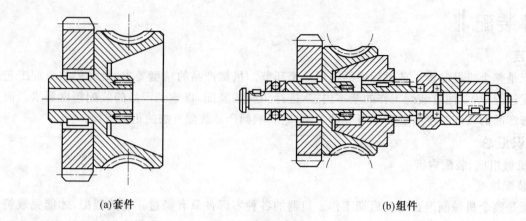

图 6.1 套件与组件示例

工作称为部装,如主轴箱、走刀箱等的装配。

(5)机器:在一个基准零件上,装上若干个部件、组件、套件和零件就成为机器或称产品。一台机器只能有一个基准零件,其作用与上述相同。为形成机器而进行的装配工作,称为总装。机器是由上述全部装配单元组成的整体。

装配单元系统图表明了各有关装配单元间的从属关系。装配过程是由基准零件开始,沿水平线自左向右进行装配的。一般将零件画在上方,把套件、组件、部件画在下方,其排列的顺序就是装配的顺序。图中的每一方框表示一个零件、套件、组件或部件。每个方框分为3个部分,上方为名称,下左方为编号,下右方为数量。有了装配系统图,整个机器的结构和装配工艺就很清楚,因此装配系统图是一个很重要的装配工艺文件,如图 6.2 所示。

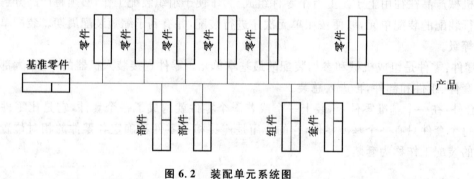

图 6.2 装配单元系统图

2. 装配工作的基本内容

机械装配是产品制造的最后阶段,装配过程中不是将合格零件简单地连接起来,而是要通过一系列工艺措施,才能最终达到产品质量要求。常见的装配工作有以下几项:

(1)清洗:目的是除去零件表面或部件中的油污及机械杂质。

(2)连接:连接的方式一般有两种,即可拆连接和不可拆连接。可拆连接在装配后可以很容易拆卸而不致损坏任何零件,且拆卸后仍重新装配在一起,例如螺纹连接、键连接等。不可拆连接,装配后一般不再拆卸,如果拆卸就会损坏其中的某些零件,例如焊接、铆接等。

(3)调整:包括校正、配作、平衡等。

校正是指产品中相关零、部件间相互位置的找正,并通过各种调整方法,保证达到装配精度要求等。配作是指两个零件装配后确定其相互位置的加工,如配钻、配铰,或者为改善两个零件表面结合精度的加工,如配刮及配磨等。配作是与校正调整工作结合进行的。平衡是指为防止使用中出现振动,装配时应对其旋转零、部件进行平衡。包括静平衡和动平衡两种方法。

(4) 检验和试验：机械产品装配完后，应根据有关技术标准和规定，对产品进行较全面的检验和试验工作，合格后才准出厂。

除上述装配工作外，油漆、包装等也属于装配工作。

6.1.2 装配精度

1. 装配精度

装配精度指产品装配后几何参数实际达到的精度。一般包含如下内容：

(1) 尺寸精度：指相关零、部件间的距离精度及配合精度。如某一装配体中有关零件间的间隙、相配合零件间的过盈量、卧式车床前后顶尖对床身导轨的等高度等。

(2) 位置精度：指相关零件的平行度、垂直度、同轴度等，如卧式铣床刀轴与工作台面的平行度、立式钻床主轴对工作台面的垂直度、车床主轴前后轴承的同轴度等。

(3) 相对运动精度：指产品中有相对运动的零、部件间在运动方向及速度上的精度。如滚齿机垂直进给运动和工作台旋转中心的平行度、车床拖板移动相对于主轴轴线的平行度、车床进给箱的传动精度等。

(4) 接触精度：指产品中两个配合表面、接触表面和连接表面间达到规定的接触面积大小和接触点的分布情况。如齿轮啮合、锥体配合以及导轨之间的接触精度等。

2. 影响装配精度的因素

机械及其部件都是由零件组成的，装配精度与相关零、部件制造误差的累积有关，特别是关键零件的加工精度。例如卧式车床尾座移动对床鞍移动的平行度，就主要取决于床身上两条导轨的平行度。又如车床主轴锥孔轴心线和尾座套筒锥孔轴心线的等高度（A_0），即主要取决于主轴箱、尾座及座板所组成的尺寸 A_1、A_2 及 A_3 的尺寸精度，如图 6.3 所示。

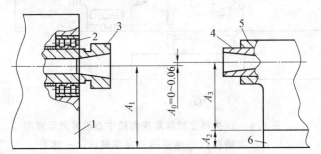

图 6.3 影响车床等高度要求的尺寸链图

1— 主轴箱；2— 主轴轴承；3— 主轴；4— 尾座套筒；5— 尾座；6— 尾座底板

零件精度是影响产品装配精度的首要因素。而产品装配中装配方法的选用对装配精度也有很大的影响，尤其是在单件小批量生产及装配要求较高时，仅采用提高零件加工精度的方法，往往不经济和不易满足装配要求，而通过装配中的选配、调整和修配等手段（合适的装配方法）来保证装配精度非常重要。另外，零件之间的配合精度及接触精度，力、热、内应力等引起的零件变形，旋转零件的不平衡等对产品装配精度也有一定的影响。

总之，机械产品的装配精度依靠相关零件的加工精度和合理的装配方法来共同保证。

6.2 装配尺寸链计算

引言

应用装配尺寸链分析和解决装配精度问题，首先是查明和建立尺寸链，即确定封闭环，并以封闭环为依据查明各组成环,然后确定保证装配精度的工艺方法和进行必要的计算。本项目将阐述装配尺寸链的建立和计算等主要问题。

知识汇总
- 装配尺寸链、长度装配尺寸链、角度装配尺寸链
- 装配尺寸链的计算

6.2.1 装配尺寸链的建立

装配尺寸链是产品或部件在装配过程中,由相关零件的有关尺寸(表面或轴线间距离)或相互位置关系(平行度、垂直度或同轴度等)所组成的尺寸链。其基本特征依然是尺寸组合的封闭性,即由一个封闭环和若干个组成环所构成的尺寸链呈封闭图形。下面分别介绍长度尺寸链和角度尺寸链的建立方法。

1. 长度装配尺寸链

(1)封闭环与组成环的查找:装配尺寸链的封闭环多为产品或部件的装配精度,凡对某项装配精度有影响的零部件的有关尺寸或相互位置精度即为装配尺寸链的组成环。查找组成环的方法,从封闭环两边的零件或部件开始,沿着装配精度要求的方向,以相邻零件装配基准间的联系为线索,分别由近及远地去查找装配关系中影响装配精度的有关零件,直至找到同一基准零件的同一基准表面为止,这些有关尺寸或位置关系,即为装配尺寸链中的组成环。然后画出尺寸链图,判别组成环的性质。如图6.4所示的装配关系中,主轴锥孔轴心线与尾座轴心线对溜板移动的等高度要求A_0为封闭环,按上述方法很快查找出组成环为A_1、A_2和A_3,画出装配尺寸链(见图6.4(b))。

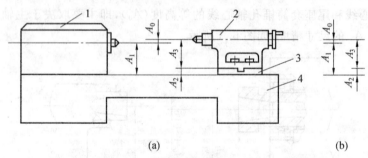

图6.4 床头箱主轴与尾座套筒中心段等高示意图
1— 主轴箱;2— 尾座;3— 尾座底板;4— 床身

(2)建立装配尺寸链的注意事项:

① 装配尺寸链中装配精度就是封闭环。

② 按一定层次分别建立产品与部件的装配尺寸链:机械产品通常都比较复杂,为便于装配和提高装配效率,整个产品多划分为若干部件,装配工作分为部件装配和总装配,因此,应分别建立产品总装尺寸链和部件装配尺寸链。产品总装尺寸链以产品精度为封闭环,以总装中有关零部件的尺寸为组成环。部件装配尺寸链以部件装配精度要求为封闭环(总装时则为组成环),以有关零件的尺寸为组成环。这样分层次建立的装配尺寸链比较清晰,表达的装配关系也更加清楚。

③ 确定相关零件的相关尺寸应采用"尺寸链环数最少"原则(亦称最短路线原则)。由尺寸链的基本理论可知,封闭环公差等于各组成环公差之和。当封闭环公差一定时,组成环越少,各环就越容易加工,因此每个相关零件上仅有一个尺寸作为相关尺寸最为理想,即用相关零件上装配基准间的尺寸作为相关尺寸。同理,对于总装配尺寸链来说,一个部件也应当只有一个尺寸参加尺寸链。

④ 当同一装配结构在不同位置方向有装配精度要求时,应按不同方向分别建立装配尺寸链。例

如,常见的蜗杆副结构,为保证正常啮合,蜗杆副中心距、轴线垂直度以及蜗杆轴线与蜗轮中心平面的重合度均有一定的精度要求,这是三个不同位置方向的装配精度,因而需要在三个不同方向建立尺寸链。

> **技术提示:**
> 装配尺寸链的查找方法:首先根据装配精度要求确定封闭环。再取封闭环两端的任一个零件为起点,沿装配精度要求的位置方向,以装配基准面为查找的线索,分别找出影响装配精度要求的相关零件(组成环),直至找到同一基准零件,甚至是同一基准表面为止。装配尺寸链也可从封闭环的一端开始,依次查找相关零部件直至封闭环的另一端,也可以从共同的基准面或零件开始,分别查到封闭环的两端。

2.角度装配尺寸链

角度装配尺寸链的封闭环就是机器装配后的平行度、垂直度等技术要求。尺寸链的查找方法与长度装配尺寸链的查找方法相同。如图6.5所示的装配关系中,铣床主轴中心线对工作台面的平行度要求为封闭环。分析铣床结构后知道,影响上述装配精度的有关零件有工作台、转台、床鞍、升降台和床身等。其相应的组成环为:

α_1 —— 工作台面对其导轨面的平行度;

α_2 —— 转台导轨面对其下支承平面的平行度;

α_3 —— 床鞍上平面对其下导轨面的平行度;

α_4 —— 升降台水平导轨对床身导轨的垂直度;

α_5 —— 主轴回转轴线对床身导轨的垂直度。

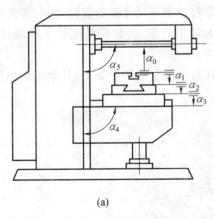
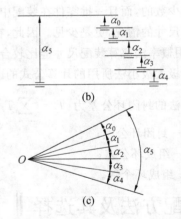

图6.5 角度装配尺寸链

为了将呈垂直度形式的组成环转化成平行度形式,可作一条和床身导轨垂直的理想直线。这样,原来的垂直度和就转化为主轴轴心线和升降台水平导轨相对于理想直线的平行度和,其装配尺寸链如图6.5所示,它类似于线性尺寸链,但是基本尺寸为零,可应用线性尺寸链的有关公式求解。

结合上例可将角度尺寸链的计算步骤的原则简述如下:

(1)转化和统   角度尺寸链的表达形式,即把用垂直度表示的组成环转化为以平行度表示的组成环。图6.5(a)表达形式转化为图6.5(b)表达的尺寸链形式(二者都称为无公共顶角的尺寸链),假设各基线在左侧或右侧有公共顶点,可进一步将图6.5(b)转化为图6.5(c)的形式(称具有公共顶角的角度尺寸链)。

(2)增减环的判定:增减环的判别通常是根据增减环的定义来判断,在角度尺寸链的平面图中,根据角度环的增加或减少来判别对封闭环的影响从而确定其性质。图6.5的尺寸链中可以判断α_5是增环,α_1、α_2、α_3、α_4是减环。

6.2.2 保证装配精度的装配方法及装配尺寸链的计算

1. 计算类型

(1) 正计算法:当已知与装配精度有关的各零、部件的基本尺寸及其偏差时,求解装配精度要求的基本尺寸及其偏差的计算过程。正计算用于对已设计的图纸进行校核验算。

(2) 反计算法:当已知装配精度要求的基本尺寸及其偏差时,求解与该项装配精度有关的各零、部件的基本尺寸及其偏差的计算过程。反计算主要用于产品设计过程。

用反计算法求解问题时,可利用"协调环"来解算。即在组成环中,选取一个比较容易加工或在加工中受到限制较少的组成环作为"协调环",计算时先按经济精度确定其他环的公差及偏差,然后利用公式算出"协调环"的公差及偏差。具体步骤见互换装配法例题。

(3) 中间计算法:已知封闭环及组成环的基本尺寸及偏差,求另一组成环的基本尺寸及偏差。

无论哪一种情况,其解算方法都有两种,即极大极小法和概率法。

2. 计算方法

(1) 极大极小法:用极大极小法解装配尺寸链的计算方法公式与第5章中解工艺尺寸链的公式相同,在此从略。

(2) 概率法:极大极小法的优点是简单可靠,其缺点是从极端情况下出发推导出的计算公式比较保守,当封闭环的公差较小,而组成环的数目又较多时,则各组成环分得的公差是很小的,使加工困难,制造成本增加。生产实践证明,加工一批零件时,其实际尺寸处于公差中间部分的是多数,而处于极限尺寸的零件是极少数的,而且一批零件在装配中,尤其是对于多环尺寸链的装配,同一部件的各组成环,恰好都处于极限尺寸的情况,更是少见。因此,在成批大量生产中,当装配精度要求高而且组成环的数目又较多时,应用概率法解算装配尺寸链比较合理。

概率法和极大极小法所用的计算公式的区别只在封闭环公差的计算上,其他完全相同。

极大极小法的封闭环公差为:$T_0 = \sum_{i=1}^{m} T_i$

式中　T_0—— 封闭环公差;
　　　T_i—— 组成环公差;
　　　m—— 组成环个数。

6.3 装配方法及其选择

引言

机械的装配首先应当保证装配精度和提高经济效益。相关零件的制造误差必然要累积到封闭环上,构成了封闭环的误差。因此,装配精度越高,则相关零件的精度要求也越高。这对机械加工很不经济,有时甚至是不可能达到加工要求的。所以,对不同的生产条件,采取适当的装配方法,在不提高相关零件制造精度的情况下来保证装配精度,是装配工艺的首要任务。在长期的装配实践中,人们根据不同的机械、不同的生产类型条件,创造了许多巧妙的装配工艺方法,归纳起来有:互换装配法、选配装配法、修配装配法和调整装配法四种。本项目将阐述装配方法及其选择等主要问题。

知识汇总

- 装配方法、装配方法选择
- 装配有关计算

机械产品的精度要求,最终要靠装配工艺来保证。因此用什么方法能够以最快的速度、最小的装配工作量和较低的成本来达到较高的装配精度要求,是装配工艺的核心问题。生产中保证产品精度的具体方法有许多种,经过归纳可分为互换法、选配法、修配法和调整法四大类。而且同一项装配精度,因采用的装配方法不同,其装配尺寸链的解算方法亦不相同。

6.3.1 互换法

互换法即零件具有互换性,就是在装配过程中,各相关零件不经任何选择、调整、装配,安装后就能达到装配精度要求的一种方法。产品采用互换装配法时,装配精度主要取决于零件的加工精度。其实质就是用控制零件的加工误差来保证产品的装配精度。按互换程度的不同,互换装配法又分为完全互换法和大数互换法两种。

1. 完全互换法

在全部产品中,装配时各零件不需挑选、修配或调整就能保证装配精度的装配方法称为完全互换法。选择完全互换装配法时,其装配尺寸链采用极值公差公式计算,即各有关零件的公差之和小于或等于装配公差

$$\sum_{i=1}^{m+n} T_i \leqslant T_0 \tag{6.1}$$

故装配中零件可以完全互换。当遇到反计算形式时,可按"等公差"原则先求出各组成环的平均公差

$$T_M \leqslant \frac{T_0}{m+n} \tag{6.2}$$

再根据生产经验,考虑到各组成环尺寸的大小和加工难易程度进行适当调整。如尺寸大、加工困难的组成环应给以较大公差;反之,尺寸小、加工容易的组成环就给较小公差。对于组成环是标准件的尺寸(如轴承 $\phi 260^{+0.010}_{0}$ 尺寸)则仍按标准规定;对于组成环是几个尺寸链中的公共环时,其公差值由要求最严的尺寸链确定。

确定好各组成环的公差后,按"入体原则"确定极限偏差,即组成环为包容面时,取下偏差为零;组成环为被包容面时,取上偏差为零。若组成环是中心距,则偏差按对称分布。按上述原则确定偏差后,有利于组成环的加工。

但是,当各组成环都按上述原则确定偏差时,按公式计算的封闭环极限偏差常不符合封闭环的要求值。因此就需选取一个组成环,它的极限偏差不是事先定好,而是经过计算确定,以便与其他组成环协调,最后满足封闭环极限偏差的要求,这个组成环称为协调环。一般协调环不能选取标准件或几个尺寸链的公共组成环。其余计算公式的解算同工艺尺寸链,不再赘述。

> **技术提示:**
> 采用完全互换法进行装配,使装配质量稳定可靠,装配过程简单,生产率高,易于组织流水作业及自动化装配,也便于采用协作方式组织专业化生产。但是当装配精度要求较高,尤其组成环较多时,零件就难以按经济精度制造。因此,这种装配方法多用于高精度的少环尺寸链或低精度多环尺寸链中。

2. 大数互换法

大数互换法是指在绝大多数产品中,装配时各零件不要挑选、修配或调整就能保证装配精度要求的

装配方法。该方法尺寸链计算采用概率法公差公式计算,即当各组成环呈正态分布时,各有关零件公差值的平方之和的平方根小于或等于装配公差。

$$\sqrt{\sum_{i=1}^{m+n} T_i^2} \leqslant T_0 \tag{6.3}$$

若各组成环的公差相等,则可得各组成环的平均公差 T_M 为

$$T_M = \frac{T_0}{\sqrt{m+n}} = \frac{\sqrt{m+n}}{m+n} T_0 \tag{6.4}$$

将上式和极值法的 $T_M = \dfrac{1}{m+n} T_0$ 相比,可知概率法将组成环的平均公差扩大了 $\sqrt{m+n}$ 倍。其他计算与完全互换法相同。可见,大数互换法的实质是使各组成环的公差比完全互换法所规定的公差大,从而使组成环的加工比较容易,降低了加工成本。但是,封闭环公差在正态分布下的取值范围为 6σ(正态分布有两个参数,即均数 μ 和标准差 σ,可记作 $N(\mu,\sigma)$;均数 μ 决定正态曲线的中心位置;标准差 σ 决定正态曲线的陡峭或扁平程度。σ 越小,曲线越陡峭;σ 越大,曲线越扁平),对应此范围的概率为 0.997 3,即合格率并非 100%,结果会使一些产品装配后超出规定的装配精度,实际生产常忽略不计。

> **技术提示:**
> 大数互换法的特点和完全互换法的特点相似,只是互换程度不同。大数互换法采用概率法计算,因而扩大了组成环的公差,尤其是在环数较多,组成环又呈正态分布,扩大的组成环公差最显著,因而对组成环的加工更为方便。但是,会有少数产品超差。为了避免超差,采用大数互换法时,应有适当的工艺措施。大数互换法常应用于生产节拍不是很严格的成批生产。例如,机床和仪器仪表等产品中,封闭环要求较宽的多环尺寸链应用较多。

6.3.2 选配法

在批量或大量生产中,对于组成环少而装配精度要求很高的尺寸链,若采用完全互换法,则对零件精度要求很高,给机械加工带来困难,甚至超过加工工艺实现的可能性。在这种情况下可采用选择装配法(简称选配法)。该方法是将组成环的公差放大到经济可行的程度,然后选择合适的零件进行装配,以保证规定的装配精度。选择装配法有三种:直接选配法、分组选配法和复合选配法。下面举例说明采用分组选配法时尺寸链的计算方法。

如图 6.6 所示的活塞与活塞销的连接情况,活塞销外径 $d = \phi 28_{-0.0025}^{\ 0}$ mm,相应的销孔直径 $D = \phi 28_{-0.0075}^{-0.0050}$ mm。根据装配技术要求,活塞销孔与活塞销在冷态装配时应有 0.002 5~0.007 5 mm 的过盈,与此相应的配合公差仅为 0.005 mm。若活塞与活塞销采用完全互换法装配,销孔与活塞销直径的公差按"等公差"分配时,则它们的公差只有 0.002 5 mm。显然,制造这样精确的销和销孔都是很困难的,也很不经济。

实际生产中则是先将上述公差值放大四倍,这时销的直径 $d = \phi 28_{-0.010}^{\ 0}$ mm,销孔的直径 $D = \phi 28_{-0.015}^{-0.005}$ mm,这样就可以采用高效率的无心磨和金刚镗分别加工活塞外圆和活塞销孔,然后用精密仪器进行测量,并按尺寸大小分成四组,涂上不同的颜色加以区别(或装入不同的容器内)。并按对应组进行装配,即大的活塞销配大的活塞销孔,小的活塞销配小的活塞销孔,装配后仍能保证过盈量的要求。具体分组情况见图 6.6(b) 和表 6.1。同样颜色的销与活塞可按互换法装配。

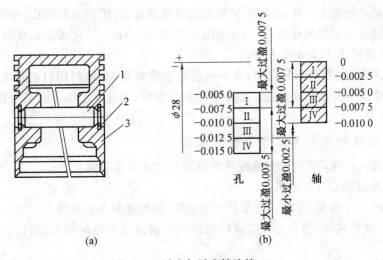

图 6.6 活塞与活塞销连接
1— 活塞销;2— 挡圈;3— 活塞

表 6.1 活塞销和活塞销孔的分组尺寸

组别	标志颜色	活塞销直径 $d = \phi 28_{-0.010}^{0}$	活塞销孔直径 $D = \phi 28_{-0.015}^{-0.005}$	配合情况	
				最小过盈量	最大过盈量
Ⅰ	红	$\phi 28_{-0.0025}^{0}$	$\phi 28_{-0.0075}^{-0.005}$	0.0025	0.0075
Ⅱ	白	$\phi 28_{-0.0050}^{-0.0025}$	$\phi 28_{-0.0100}^{-0.0075}$		
Ⅲ	黄	$\phi 28_{-0.0075}^{-0.0050}$	$\phi 28_{-0.0125}^{-0.0100}$		
Ⅳ	绿	$\phi 28_{-0.0100}^{-0.0075}$	$\phi 28_{-0.0150}^{-0.0125}$		

采用分组装配时,关键要保证分组后各对应组的配合性质和配合公差满足设计要求,所以应注意以下几点:

(1) 配合件的公差应当相等;
(2) 公差要向同方向增大,增大的倍数应等于分组数;
(3) 分组数不宜多,多了会增加零件的测量和分组工作量,从而使装配成本提高。

分组装配法的特点是可降低对组成环的加工要求,而不降低装配精度。但是分组装配法增加了测量、分组和配套工作,当组成环较多时,这种工作就会变得非常复杂。所以分组装配法适用于成批、大量生产中封闭环工厂要求很严、尺寸链组成环很少的装配尺寸链中。例如,精密零件的装配、滚动轴承的装配等。

6.3.3 修配法

在装配精度要求较高而组成环较多的部件中,若按互换法装配,会使零件精度太高而无法加工,这时常常采用修配装配法达到封闭环公差要求。修配法就是将装配尺寸链中各组成环按经济精度加工,装配后产生的累积误差用修配某一组成环来解决,从而保证其装配精度。

1. 修配法的分类

(1) 单件修配法:这种方法是在多环尺寸链中,选定某一固定的零件作为修配环,装配时进行修配以达到装配精度。

(2) 合并加工修配法:这种方法是将两个或多个零件合并在一起当作一个修配环进行修配加工。合并加工的尺寸可看作一个组成环,这样可减少尺寸链的环数,有利于减少修配量。例如,普通车床的尾座装配,为了减少总装时尾座对底板的刮研量,一般先把尾座和底板的配合平面加工好,并配刮横向小导轨,然后再将两者装配为一体,以底板的底面为定位基准,镗尾座的套筒孔,直接控制尾座套筒孔至底板底面的尺寸,这样一来组成环与 A_2、A_3(见图6.2)并成一环 $A_{2,3}$,使加工精度容易保证,而且可以给底板底面留较小的刮研量(0.2 mm左右)。

(3) 自身加工修配法:在机床制造中,有一些装配精度要求,总装时用自己加工自己的方法去保证比较方便,这种方法即自身加工修配法。如牛头刨床总装时,用自刨工作台面来达到滑枕运动方向对工作台面的平行度要求。

2. 修配环的选择和确定其尺寸及极限偏差

采用修配装配法,关键是正确选择修配环和确定其尺寸及极限偏差。

(1) 修配环选择应满足以下要求:

① 要便于拆装、易于修配:一般应选形状比较简单、修配面较小的零件。

② 尽量不选公共组成环:因为公共组成环难于同时满足几个装配要求,所以应选只与一项装配精度有关的环。

③ 确定修配环尺寸及极限偏差:确定修配环尺寸及极限偏差的出发点是,要保证装配时的修配量足够和最小。为此,首先要了解修配环被修配时,对封闭环的影响是逐渐增大还是逐渐减小,不同的影响有不同的计算方法。

(2) 为了保证修配量足够和最小,放大组成环公差后实际封闭环的公差带和设计要求封闭环的公差带之间的对应关系如图6.7所示,图中 T_0、$A_{0\max}$ 和 $A_{0\min}$ 表示设计要求的封闭环公差、最大极限尺寸和最小极限尺寸;T'_0、$A'_{0\max}$ 和 $A'_{0\min}$ 分别表示放大组成环公差后实际封闭环的公差、最大极限尺寸和最小极限尺寸;$C_{\max}$ 表示最大修配量。

① 修配环被修配使封闭环尺寸变大,简称"越修越大"。由图6.7(a)可知无论怎样修配总应满足

$$A'_{0\max} = A_{0\max} \tag{6.5}$$

若 $A'_{0\max} > A_{0\max}$,修配环被修配后 $A'_{0\max}$ 会更大,不能满足设计要求。

② 修配环被修配使封闭环尺寸变小,简称"越修越小"。由图6.7(b)可知,为保证修配量足够和最小,应满足

$$A'_{0\min} = A_{0\min} \tag{6.6}$$

当已知各组成环放大后的公差,并按"入体原则"确定组成环的极限偏差后,就可按式(6.5)或式(6.6)求出修配环的某一极限尺寸,再由已知的修配环公差求出修配环的另一极限尺寸。

按照上述方法确定的修配环尺寸装配时出现的最大修配量为

$$C_{\max} = T'_0 - T_0 = \sum_{i=1}^{m+n} T_i - T_0 \tag{6.7}$$

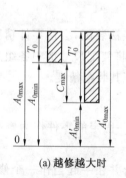 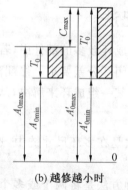

(a) 越修越大时　　　　　(b) 越修越小时

图6.7　封闭环公差带要求值和实际公差带的相对关系

3. 尺寸链的计算步骤和方法

下面举例说明采用修配装配法时尺寸链的计算步骤和方法。

例如，图 6.4(a) 所示普通车床床头和尾座两顶尖等高度要求为 $0 \sim 0.06$ mm(只许尾座高)。设各组成环的基本尺寸 $A_1 = 202$ mm，$A_2 = 46$ mm，$A_3 = 156$ mm，封闭环 $A_0 = 0$ mm。此装配尺寸链如采用完全互换法解算，则各组成环公差平均值为

$$T_M = \frac{T_0}{m+n} = \frac{0.06}{2+1} \text{ mm} = 0.02 \text{ mm}$$

如此小的公差给加工带来困难，不宜采用完全互换法，现采用修配装配法。

计算步骤和方法如下：

(1) 选择修配环：因组成环 A_2 尾座底板的形状简单，表面面积小，便于刮研修配，故选择 A_2 为修配环。

(2) 确定各组成环公差：根据各组成环所采用的加工方法的经济精度确定其公差。A_1 和 A_3 采用镗模加工，取 $T_1 = T_3 = 0.1$ mm；底板采用半精刨加工，取 $T_2 = 0.15$ mm。

(3) 计算修配环 A_2 的最大修配量：

由式(6.7)得

$$C_{max} = T'_0 - T_0 = \sum_{i=1}^{m+n} T_i - T_0 = (0.1 + 0.15 + 0.1 - 0.06) \text{ mm} = 0.29 \text{ mm}$$

(4) 确定各组成环的极限偏差：A_1 与 A_3 是孔轴线和底面的位置尺寸，故偏差按对称分布，即 $A_1 = (202 \pm 0.05)$ mm，$A_3 = (156 \pm 0.05)$ mm。

(5) 计算修配环 A_2 的尺寸及极限偏差：

① 判别修配环 A_2 修配时对封闭环 A_0 的影响。从图中可知，是"越修越小"情况。

② 计算修配环尺寸及极限偏差。用式(6.6) $A'_{0min} = A_{0min} = \sum_{i=1}^{m} A_{imin} - \sum_{i=1}^{m} A_{imax}$ 代入数值后可得

$$A_{2min} = A_{0min} - A_{3min} + A_{1max} = [0 - (156 - 0.05) + (202 + 0.05)] \text{ mm} = 46.1 \text{ mm}$$

又 $T_2 = 0.15$ mm

则 $$A_{2max} = A_{2min} + T_2 = 46.25 \text{ mm}$$

所以 $$A_2 = 46^{+0.25}_{+0.20} \text{ mm}$$

在实际生产中，为提高 A_2 精度还应考虑底板底面在总装时必须留一定的刮研量。而按式(6.6)求出的 A_2，其最大刮研量为 0.29 mm，符合要求，但最小刮研量为 0 时就不符合要求，故必须将 A_2 加大。对底板而言，最小刮研量可留 0.1 mm，故 A_2 应加大 0.1 mm，即 $A_2 = 46^{+0.35}_{+0.20}$ mm。

4. 修配法的特点及应用场合

修配法可降低对组成环的加工要求，利用修配组成环的方法能获得较高的装配精度，尤其是尺寸链中环数较多时，其优点更为明显。但是，修配工作需要技术熟练的工人，且大多是手工操作，逐个修配，所以生产率低，没有一定节拍，不易组织流水装配，产品没有互换性。因而，在大批大量生产中很少采用；在单件小批量生产中广泛采用修配法；在中批量生产中，一些封闭环要求较严的多环装配尺寸链，也大多采用修配法。

6.3.4 调整法

调整法是将尺寸链中各组成环按经济精度加工，装配时将尺寸链中某一预先选定的环，采用调整的方法改变其实际尺寸或位置，以达到装配精度要求。预先选定的环称为调整环(或补偿环)，它是用来补偿其他各组成环由于公差放大后所产生的累计误差。调整法通常采用极值法计算。根据调整方法的不同，调整法分为：固定调整法、可动调整法和误差抵消调整法三种。

调整法和修配法在补偿原则上是相似的,而方法上有所不同。

在尺寸链中选定一组成环为调整环,该环按一定尺寸分级制造,装配时根据实测累积误差来选定合适尺寸的调整零件(常为垫圈或轴套)来保证装配精度,这种方法称为固定调整法。该法主要问题是确定调整环的分组数及尺寸,现举例说明。

如图 6.8(a) 所示齿轮在轴上的装配关系。要求保证轴向间隙为 $0.05 \sim 0.2$ mm,即 $A_0 = 0 + 0.2 + 0.05$ mm,已知 $A_1 = 115$ mm, $A_2 = 8.5$ mm, $A_3 = 95$ mm, $A_4 = 2.5$ mm。画出尺寸链图如图 6.8(b) 所示。若采用完全互换法,则各组成环的平均公差应为

$$T_m = \frac{T_0}{m+n} = \frac{0.2 - 0.005}{5} \text{ mm} = 0.003 \text{ mm}$$

显然,因组成环的平均公差太小,加工困难,不宜采用完全互换法,现采用固定调整法。

组成环 A_k 为垫圈,形状简单,制造容易,装拆也方便,故选择 A_k 为调整环。其他各组成环按经济精度确定公差,即 $T_1 = 0.15$ mm, $T_2 = 0.10$ mm, $T_3 = 0.10$ mm, $T_4 = 0.12$ mm。并按"入体原则"确定极限偏差分别为: $A_1 = 115^{+0.20}_{+0.05}$ mm, $A_2 = 8.5^{\ 0}_{-0.10}$ mm, $A_3 = 9.5^{\ 0}_{-0.10}$ mm, $A_4 = 2.5^{\ 0}_{-0.12}$ mm。四个环装配后的累积误差 T_s(不包括调整环) 为

$$T_s = T_1 + T_2 + T_3 + T_4 = (0.15 + 0.1 + 0.1 + 0.12) \text{ mm} = 0.47 \text{ mm}$$

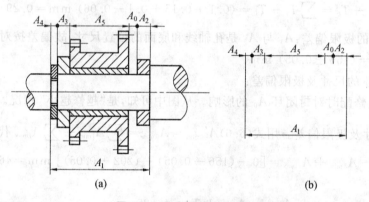

图 6.8 固定调整法装配图示例

为满足装配精度 $T_0 = 0.15$ mm,应将调整环 A_k 的尺寸分成若干级,根据装配后的实际间隙大小选择装入,即间隙大的装上厚一些的垫圈,间隙小的装上薄一些的垫圈。如调整环 A_k 做得绝对准确,则应将调整环分成 $\frac{T_s}{T_0}$ 级,实际上调整环 A_k 本身也有制造误差,故也应给出一定的公差,这里设 $T_k = 0.03$ mm。这样调整环的补偿能力有所降低,此时分级数 m 为

$$m = \frac{T_s}{T_0 - T_k} = \frac{0.47}{0.15 - 0.03} = 3.9$$

m 应为整数,取 $m = 4$。此外分级数不宜过多,否则对调整件的制造和装配均造成麻烦。求得每级的级差为: $T_0 - T_k = (0.15 - 0.03)$ mm $= 0.12$ mm

设 A_{k1} 为调整后最大调整件尺寸,则各调整件尺寸计算如下:

因为

$$A_{0\max} = A_{1\max} - (A_{2\min} + A_{k3\min} + A_{4\min} + A_{0\min})$$

所以

$A_{k1\min} = A_{k1\max} - A_{k2\min} - A_{k3\min} - A_{k4\min} - A_{k0\max} = (115.2 - 8.4 - 94.9 - 2.38 - 0.2)$ mm $= 9.32$ mm

已知 $T_k = 0.03$ mm,级差为 0.12 mm,偏差按"入体原则"分布,则四组调整垫圈尺寸分别为

$A_{k1} = 9.35^{\ 0}_{-0.03}$ mm, $\quad A_{k2} = 9.23^{\ 0}_{-0.03}$ mm, $\quad A_{k3} = 9.31^{\ 0}_{-0.03}$ mm, $\quad A_{k4} = 8.99^{\ 0}_{-0.03}$ mm

> **技术提示：**
> 调整法的特点是可降低对组成环的加工要求，装配比较方便，可以获得较高的装配精度，所以应用比较广泛。但是固定调整法要预先制作许多不同尺寸的调整件，并将它们分组，这给装配工作带来一些麻烦，所以一般多用于大批大量生产和中批生产，而且封闭环要求较严的多环尺寸链。

6.3.5 装配方法的选择

上述各种装配方法各有特点，其中有些方法对组成环的加工要求不严，但装配时就要较严格；相反，有些方法对组成环的加工要求较严，而在装配时就比较方便简单。选择装配方法的出发点是使产品制造过程达到最佳效果。具体考虑的因素有：装配精度、结构特点（组成环环数等）、生产类型及具体生产条件。

一般来说，当组成环的加工比较经济可行时，就要优先采用完全互换装配法。成批生产、组成环又较多时，可考虑采用大数互换法。

当封闭环公差要求较严，采用互换装配法会使组成环加工比较困难或不经济时，就采用其他方法。大量生产时，环数少的尺寸链采用选择装配法；环数多的尺寸链采用调整法。单件小批生产时，则常用修配法。成批生产时可灵活应用调整法、修配法和选配法。

> **技术提示：**
> 一种产品究竟采用何种装配方法来保证装配精度，通常在设计阶段即应确定。因为只有在装配方法确定后，通过尺寸链的解算，才能合理地确定各个零、部件在加工和装配中的技术要求。但是，同一种产品的同一装配精度要求，在不同的生产类型和生产条件下，可能采用不同的装配方法。例如，在大量生产时采用完全互换法或调整法保证的装配精度，在小批生产时可用修配法。因此，工艺人员特别是主管产品的工艺人员必须掌握各种装配方法的特点及其装配尺寸链的解算方法，以便在制定产品的装配工艺规程和确定装配工序的具体内容时，或在现场解决装配质量问题时，根据工艺条件审查或确定装配方法。

6.4 装配工艺规程的制定

引言

装配工艺规程的制定是机械制造工艺学的基本内容之一，具备制定装配工艺规程的能力是本课程的主要任务，本项目将阐述制定装配工艺规程的方法与步骤及解决的主要问题。

知识汇总
- 装配工艺规程要求、内容、步骤
- 制定装配工艺规程

装配工艺规程是指用文件、图表等形式将装配内容、顺序、操作方法和检验项目规定下来，作为指导装配工作和组织装配生产的依据。装配工艺规程对保证产品的装配质量、提高装配生产效率、缩短装配周期、减轻工人的劳动强度、缩小装配车间面积、降低生产成本等方面都有重要作用。制定装配工艺规程的主要依据有产品的装配图纸、零件的工作图、产品的验收标准和技术要求、生产纲领和现有的生产条件等。

6.4.1 制定装配工艺规程的基础知识

制定装配工艺规程的基本要求是在保证产品的装配质量的前提下,提高生产率和降低成本。具体如下:
(1) 保证产品的装配质量,争取最大的精度储备,以延长产品的使用寿命。
(2) 尽量减少手工装配工作量,降低劳动强度,缩短装配周期,提高装配效率。
(3) 尽量减少装配成本,减少装配占地面积。

6.4.2 制定装配工艺规程的步骤

1. 产品分析
(1) 研究产品及部件的具体结构、装配技术要求和检查验收的内容和方法。
(2) 审查产品的结构工艺性。
(3) 研究设计人员所确定的装配方法,进行必要的装配尺寸链分析与计算。

2. 确定装配方法和装配组织形式

选择合理的装配方法,是保证装配精度的关键。要结合具体生产条件,从机械加工和装配的全过程出发应用尺寸链理论,同设计人员一起最终确定装配方法。

装配组织形式的选择,主要取决于产品的结构特点(包括尺寸、重量和复杂程度)、生产纲领和现有的生产条件。装配组织形式按产品在装配过程中是否移动分为固定式和移动式两种。固定式装配全部装配工作在一个固定的地点进行,产品在装配过程中不移动,多用于单件小批生产或重型产品的成批生产,如机床、汽轮机的装配。移动式装配是将零部件用输送带或小车按装配顺序从一个装配地点移动到下一个装配地点,各装配点完成一部分装配工作,全部装配点完成产品的全部装配工作。移动式装配常用于大批大量生产,组成流水作业线或自动线,如汽车、拖拉机、仪器仪表等产品的装配。

3. 划分装配单元,确定装配顺序

(1) 划分装配单元:将产品划分为可进行独立装配的单元是制定装配工艺规程中最重要的一个步骤,这对于大批大量生产结果复杂的产品尤为重要。任何产品或机器都是由零件、合件、组件、部件等装配单元组成。零件是组成机器的最基本单元。若干零件永久连接或连接后再加工便成为一个合件,如镶了衬套的连杆、焊接成的支架等。若干零件或与合件组合在一起成为一个组件,它没有独立完整的功能,如主轴和装在其上的齿轮、轴、套等构成主轴组件。若干组件、合件和零件装配在一起,成为一个具有独立、完整功能的装配单元,称为部件。如车床的主轴箱、溜板箱、进给箱等。

(2) 选择装配基准件:上述各装配单元都要首先选择某一零件或低一级的单元作为装配基准件。基准件应当体积(或质量)较大,有足够的支承面以保证装配时的稳定性。如主轴是主轴组件的装配基准件,主轴箱体是主轴箱部件的装配基准件,床身部件又是整台机床的装配基准件等。

(3) 确定装配顺序的原则:划分好装配单元并选定装配基准件后,就可安排装配顺序。安排装配顺序的原则是:
① 工件要先安排预处理,如倒角、去毛刺、清洗、涂漆等。
② 先下后上,先内后外,先难后易,以保证装配顺利进行。
③ 位于基准件同一方位的装配工作和使用同一工艺装备的工作尽量集中进行。
④ 易燃、易爆等有危险性的工作,尽量放在最后进行。

为了清晰表示装配顺序,常用装配单元系统图来表示。例如,图 6.9(a) 所示是产品的装配系统图;图 6.9(b) 所示是部件的装配系统图。

画装配单元系统图时,先画一条较粗的横线,横线的右端箭头指向装配单元的长方格,横线左端为

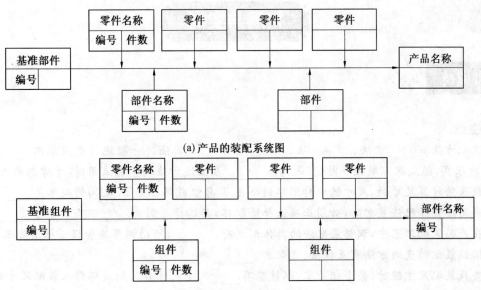

图 6.9 装配系统图

基准件的长方格。再按装配先后顺序,从左向右依次将装入基准件的零件、合件、组件和部件引入。表示零件的长方格画在横线上方;表示合件、组件和部件的长方格画在横线下方。每一长方格内,上方注明装配单元名称,左下方填写装配单元的编号,右下方填写装配单元的件数。

装配单元系统图比较清楚而全面地反应了装配单元的划分、装配顺序和装配工艺方法。它是装配工艺规程制定中的主要文件之一,也是划分装配工序的依据。

4. 划分装配工序,设计工序内容

装配顺序确定以后,根据工序集中与分散的程度将装配工艺过程划分为若干工序,并进行工序内容的设计。工序内容设计包括:制定工序的操作规范、选择设备和工艺装备、确定时间定额等。

5. 填写工艺文件

单件小批生产时,通常只绘制装配单元系统图。成批生产时,除装配单元系统图外还编制装配工艺卡,在其上写明工序次序、工序内容、设备和工装名称、工人技术等级和时间定额等。大批大量生产中,不仅要编制装配工艺卡,而且要编制装配工序卡,以便直接指导工人进行装配。

重点串联

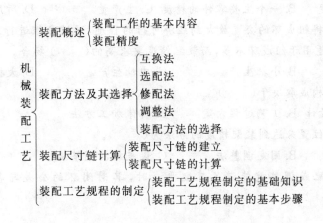

拓展与实训

▶ 基础训练

1. 填空题

(1) 装配方法有_____法、_____法、_____法和_____法。一般地首先应采用_____。当封闭环精度很高,组成环环数较少时,可采用_____。在上述方法均不能采用时,才考虑采用_____。

(2) 极值法计算尺寸链,尺寸链中封闭环的公差 T 与组成环公差 T_i 之间的关系是_____。

(3) 采用按件修配法装配时,必须正确选择修配环,其选择原则是_____、_____、_____。

(4) 在产品装配工艺中,调整装配法的具体形式有:_____、可动调节法和误差抵消法三种。

(5) 保证装配精度的方法有互换法、选配法、_____和_____。

(6) 查找装配尺寸链时,每个相关零、部件能有_____个尺寸作为组成环列入装配尺寸链。

(7) 产品的装配精度包括尺寸精度、位置精度、_____和_____。

(8) 机械的装配精度不但取决于_____,而且取决于_____。

(9) 一般说来,选择装配法时要优先采用_____装配法。成批生产、组成环又较多时,可考虑采用_____装配法。

(10) 装配顺序的一般安排是_____、_____、_____、先重大后轻小、先精密后一般。

2. 选择题

(1) 装配工艺方法有互换法、选配法和调整法。对于大批量生产首先应考虑采用( )。
   A. 修配法　　　B. 选配法　　　C. 互换法　　　D. 调整法

(2) 在装配尺寸链中,作为产品或部件的装配精度指标的是( )。
   A. 封闭环　　　B. 组成环　　　C. 增环　　　D. 减环

(3) 在装配尺寸链中选定某个零件作为调整环的方法是( )。
   A. 互换法　　　B. 选配法　　　C. 固定调整法　　　D. 可动调整法

(4) 在装配过程中,不经任何选择、修配、调整,将加工合格的零件装配起来就能满足装配精度的方法称为( )。
   A. 互换法　　　B. 选配法　　　C. 修配法　　　D. 调整法

(5) 用完全互换法装配机器一般适用于( )的场合。
   A. 大批大量生产　　B. 高精度多环尺寸链　　C. 高精度少环尺寸链　　D. 单件小批生产

(6) 装配尺寸链的出现是由于装配精度与( )有关。
   A. 多个零件的精度　　B. 一个主要零件的精度　　C. 生产量　　D. 所用的装配工具

(7) 分组选配法是将组成环的公差放大到经济可行的程度,通过分组进行装配,以保证装配精度的一种装配方法,因此它适用于组成环不多,而装配精度要求高的( )场合。
   A. 单件生产　　　B. 小批生产　　　C. 中批生产　　　D. 大批大量生产

(8) 装配尺寸链的构成取决于( )。
   A. 零部件结构的设计　　B. 工艺过程方案　　C. 具体加工方法

(9) 用改变零件的位置来达到装配精度的方法为( )。
   A. 可动调整法　　　B. 固定调整法　　　C. 误差抵消调整法

(10) 不作任何修配或调整就能满足装配要求时,其封闭环的公差与各组成环的公差关系为( )。

A.各组成环公差之和　B.$n-1$倍　　　　C.各组成环公差平方之和

(11) 修配法装配机器一般适用于（　　）的场合。

A.大批大量生产　　B.高精度多环尺寸链　C.高精度少环尺寸链

(12) 大量生产时，环数较少的尺寸链采用（　　）装配法。

A.分组　　　　　　B.调整　　　　　　　C.修配

(13) 单件小批生产时，则常采用（　　）装配法。

A.修配　　　　　　B.调整　　　　　　　C.分组

3.判断题

(1) 在装配尺寸链中，封闭环是在装配过程中最后形成的一环。（　　）

(2) 用完全互换法解尺寸链能保证零部件的完全互换性。（　　）

(3) 在查找装配尺寸链时，一个相关零件有时可有两个尺寸作为组成环列入装配尺寸链。（　　）

(4) 一般在装配精度要求较高，而环数又较多的情况下，应用极值法来计算装配尺寸链。（　　）

(5) 修配法主要用于单件、成批生产中装配组成环较多而装配精度又要求比较高的部件。（　　）

(6) 调整法装配与修配法的区别是调整装配法不是靠去除金属，而是靠改变补偿件的位置或更换补偿件的方法。（　　）

(7) 协调环是根据装配精度指标确定组成环公差。（　　）

(8) 每项装配要求一般只对应一个装配尺寸链。（　　）

(9) 互换法适用于批量大、精度要求不很高、装配节奏要求严格的场合。（　　）

(10) 安排装配顺序首先要安排基准件先进入装配。（　　）

4.问答题

(1) 什么是装配？装配的基本内容有哪些？

(2) 装配的组织形式有几种？有何特点？

(3) 何谓装配的精度？包括哪些内容？装配精度与零件精度有什么关系？

(4) 装配尺寸链共有几种？

(5) 如何安排装配工艺顺序？

(6) 极值法解尺寸链与概率法解尺寸链有何不同？各用于何种情况？

(7) 装配方法的选择应考虑哪些因素？

(8) 装配工艺规程的主要内容是什么？

(9) 在制定装配工艺规程前，需要具备哪些原始资料？

(10) 生产中确保装配精度的方法有哪几种？采用分组装配需要具备哪些条件？

5.分析计算题

(1) 图 6.10 为某双联转子（摆线齿轮）泵的轴向装配关系图。已知各基本尺寸为：$A_1=41$ mm，$A_2=A_4=17$ mm，$A_3=7$ mm。根据要求，冷态下的轴向装配间隙 $A_\Sigma=1.5$ mm，求各组成环的公差及其偏差。

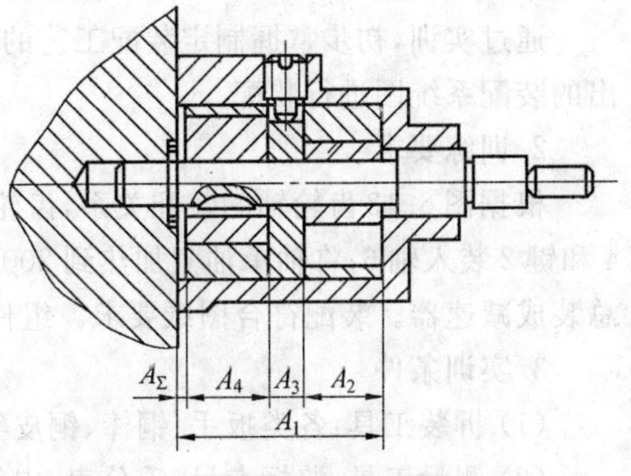

(2) 图 6.11 所示减速器某轴结构的尺寸分别为：$A_1=40$ mm，$A_2=36$ mm，$A_3=4$ mm；要求装配后齿轮端部间隙 A_0 保持在 $0.10\sim0.25$ mm 范围内，如选用完全互换法装配，试确定 A_1、A_2、A_3 的极限偏差。

(3) 图 6.12 所示为车床横刀架座后压板与床身导轨的装配图，为保证横刀架座在床身导轨上灵活移动，压板与床身下导轨面间间隙须保持在 $0.1\sim0.3$ mm

图 6.10　双联转子泵的轴向装配图

范围内,如选用修配法装配,试确定图示修配环 A 与其他有关尺寸的基本尺寸和极限偏差。

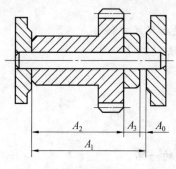

图 6.11 减速器轴结构装配图

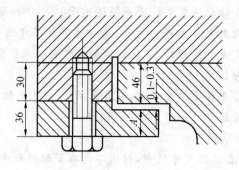

图 6.12 车刀横刀架座后压板与床身导轨装配图

技能实训

制定如图 6.13 所示齿轮轴的装配工艺过程和装配系统图。该齿轮轴为减速器的输出轴组件。

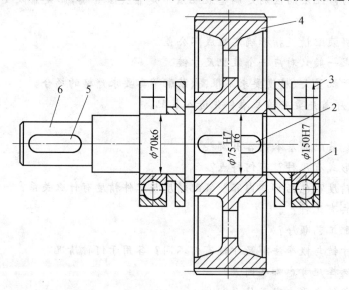

图 6.13 齿轮轴简图

1—挡油环;2—键;3—轴承;4—齿轮;5—键;6—轴

1.训练目的

通过实训,初步掌握制定装配工艺的方法和步骤,明确组件的装配工艺过程,并且可以根据自己画出的装配系统图进行装配。

2.训练要求

根据图 6.13 齿轮轴的装配关系,齿轮轴组件的装配过程如下:将挡油环 1 和键 5 装入轴 6;再将齿轮 4 和键 2 装入轴 6;将轴承油煮加热到 200 ℃ 装入轴 6 形成齿轮轴组件 001。将所有的部件、组件和零件总装成减速器。装配符合图纸要求。组件装配系统图如图 6.14 所示。

3.实训条件

(1)拆装工具:各类扳手、铜棒、铜皮等。

(2)测量工具:游标卡尺、千分表、内径千分尺。

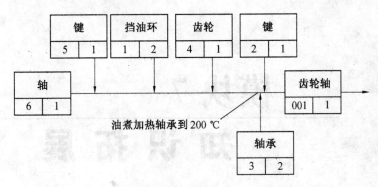

图 6.14　齿轮轴装配工艺系统图

模块 7
知识拓展

知识目标
◆ 掌握加工质量的概念。
◆ 熟悉机械加工精度的内容。
◆ 熟悉机械加工表面质量影响因素。
◆ 了解先进加工方法。

技能目标
◆ 熟知消除加工误差的工艺措施。
◆ 清楚产生加工误差的因素。

课时建议
12 课时

课堂随笔

7.1 机械加工质量分析

引言

机器的质量取决于零件的加工质量和机器的装配质量,零件机械加工质量包含零件加工精度和表面质量两大部分。

知识汇总

- 加工精度、影响因素
- 加工精度获得方法

7.1.1 机械加工精度

1. 机械加工精度的概念

机械加工精度(简称加工精度)是指零件在加工后的实际几何参数(尺寸、形状和位置)与理想几何参数的符合程度。符合程度越高,加工精度就越高。

机械加工精度包括尺寸精度、形状精度和位置精度三个方面。

(1)尺寸精度:尺寸精度是加工后的零件表面本身或表面之间的实际尺寸与理想零件尺寸之间的符合程度。

(2)形状精度:形状精度是加工后的零件表面本身的实际形状与理想零件表面形状符合的程度。理想表面的形状是指绝对准确的表面形状。

(3)位置精度:位置精度是加工后零件各表面间实际位置与理想零件表面间的位置符合的程度。理想零件各表面间的位置是指各表面间绝对准确的位置。

2. 机械加工精度获得的方法

(1)尺寸精度的获得方法:生产实践中,获得尺寸精度的方法主要有以下四种。

① 试切法:通过试切、测量、比较、调整刀具位置、再试切的反复过程来获得尺寸精度的方法。

② 调整法:根据样件或试切工件的尺寸,预先将刀具相对工件的位置调整好而获得尺寸精度的方法。在一批工件的加工过程中,保持调整好的位置不变,如需要退刀、让刀,应在退刀、让刀后使刀具或工件仍回到原来的位置。这时零件的精度在很大程度上取决于调整的精度。

③ 定尺寸刀具法:工件加工表面的尺寸精度是由刀具的尺寸来获得的方法。例如,用钻头、铰刀、拉刀加工孔,用槽铣刀加工槽等,孔的直径和槽的宽度就是由刀具的尺寸来获得的。

④ 自动控制法:通过由测量装置、进给装置和切削机构以及控制系统组成的自动控制加工系统,使加工过程中的尺寸测量、刀具调整和切削加工等工作自动完成,从而获得所要求的尺寸精度的方法。

(2)形状精度的获得方法。

① 轨迹法:零件表面的形状及其精度是由刀具切削刃相对于工件的运动轨迹获得的方法。

② 成形法:零件表面的形状及其精度是由成形刀具刀刃的几何形状和成形运动获得的方法。用成形刀具刀刃的几何形状取代了某些成形运动,可以简化机床,提高生产率。

③ 展成法:零件表面的形状及其精度是在刀具与工件的啮合运动中,由刀刃的包络面获得的方法。在展成法中,刀刃必须是被加工曲面的共轭曲面,成形运动间必须保持确定的速比关系。

(3)位置精度的获得方法。

① 一次装夹法:工件上几个加工表面(包括基准面)的位置精度是在一次装夹中而获得的方法。因为一次装夹加工出的各表面间的位置精度不受定位、夹紧的影响,只与机床精度有关,所以位置精度较高。

②多次装夹法:由于加工表面的形状、位置和加工方法等原因的限制,工件上各个表面的位置精度必须在几次装夹中才能获得的方法。

3. 影响加工精度的因素及其分析

(1)加工原理误差:原理误差即是在加工中采用近似的成形运动或近似的刀刃轮廓进行加工而产生的误差。

(2)机床误差:机床误差包括机床本身各部件的制造误差、安装误差和使用过程中的磨损。其中对加工精度影响较大的是机床本身的制造误差,包括主轴回转运动误差、机床导轨误差和机床传动链传动误差。

①主轴误差:机床主轴是工件或刀具的位置基准和运动基准,它的误差直接影响着工件的加工精度。对主轴的精度要求,最主要的就是在运转时能保持轴心线在空间的位置稳定不变,即高的回转精度。

主轴回转轴心线运动误差表现为三种形式:纯径向跳动误差、纯轴向窜动误差和纯角度摆动误差,如图7.1所示。

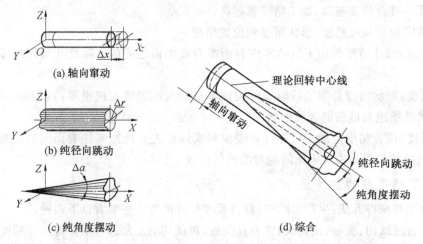

图7.1　主轴回转误差的基本形式及综合

影响主轴回转精度的因素及提高回转精度的措施:主轴回转轴线的运动误差不仅和主轴部件的制造精度有关,而且还和切削过程中主轴受力、受热后的变形有关。但主轴部件的制造精度是主要的,是主轴回转精度的基础,它包含轴承误差、轴承间隙、与轴承相配合零件的误差等。

②导轨误差:机床导轨是机床工作台或刀架等实现直线运动的主要部件。因此机床导轨的制造误差、工作台或刀架等与导轨之间的配合误差是影响直线运动精度的主要因素。导轨的各项误差将直接反映到工件加工表面的加工误差中。机床两导轨的平行度误差(扭曲)使工作台移动时产生横向倾斜(摆动),刀具相对于工件的运动将变成一条空间曲线,因而引起工件的形状误差。车削或磨削外圆时,机床导轨的扭曲会使工件产生圆柱度误差。机床导轨与主轴回转轴线的平行度误差,也会使工件产生加工误差。例如,车削或磨削外圆时,机床导轨与主轴回转轴线在水平面内有平行度误差,会使工件产生圆柱度误差,即形成了锥度。

③传动链误差:传动链误差是指传动链始末两端传动元件间相对运动的误差。传动链传动误差,一般不影响圆柱面和平面的加工精度。但在加工工件运动和刀具运动有严格内联系的表面,如车削、磨削螺纹和滚齿、插齿、磨齿时,则是影响加工精度的重要因素。

提高传动链传动精度的主要措施有:

a. 减少传动链中的元件数目,缩短传动链,以减少误差来源。

b. 采用降速传动(即传动比小于1)。对于螺纹加工机床,机床丝杠的导程应大于工件的导程。对于齿轮加工机床,应使机床蜗轮齿数远大于工件的齿数。

c. 提高传动元件,特别是末端传动元件的制造精度和装配精度。

d. 采用传动误差校正机构(如车螺纹的校正机构)以及微机控制的传动误差自动补偿装置等。

(3) 刀具的误差:刀具误差对加工精度的影响随刀具种类的不同而不同。采用定尺寸刀具(如钻头、铰刀、键槽铣刀、镗刀、圆拉刀等)加工时,刀具的尺寸误差将直接影响工件尺寸精度。采用成形刀具(如成形车刀、成形铣刀、齿轮模数铣刀、成形砂轮等)加工时,刀具的形状误差,将直接影响工件的形状精度。采用展成刀具(如齿轮滚刀、花键滚刀、插齿刀等)加工时,刀具切削刃的几何形状及有关尺寸误差也会影响工件的加工精度。对于一般刀具(如车刀、镗刀、铣刀等),其制造误差对工件的加工精度无直接影响。

(4) 夹具的误差:夹具的作用是使工件相对于刀具和机床具有正确的位置,因此夹具的制造误差对工件的加工精度(特别是位置精度)有很大的影响。

4. 提高加工精度的工艺措施

(1) 减少原始误差:零件加工的误差是由于工件与刀具在切削过程中相互位置发生变动而造成。工件和刀具安装在夹具和机床上,工件、刀具、夹具、机床构成了一个完整的工艺系统。工艺系统的种种误差,是造成零件加工误差的根源,故称之为原始误差(表 7.1)。

表 7.1　原始误差分类

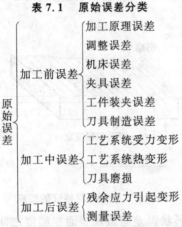

(2) 误差补偿法:误差补偿的方法就是人为地造出一种新的误差去抵消工艺系统中出现的关键性的原始误差。误差抵消的方法是利用原有的一种误差去抵消另一种误差。无论何种方法,力求使两者大小相等,方向相反,从而达到减少,甚至完全消除原始误差的目的。

(3) 转移原始误差:转移原始误差法就是把影响加工精度的原始误差转移到不影响(或少影响)加工精度方向或其他零部件上。

(4) 均分与均化原始误差:本工序的加工精度是稳定的,但由于毛坯或上道工序加工的半成品精度不高,引起定位误差或误差复映太大,因而造成本工序的加工超差。解决这类问题最好采用分组调整(即均匀误差)的方法:把毛坯按误差大小分为 n 组,每组毛坯的误差均缩小为原来的 $1/n$;然后按各组分别调整刀具与工件的相对位置或选用合适的定位元件,则缩小了整批工件的尺寸分散范围。这个办法比起提高毛坯精度或上道工序加工精度往往要简便易行。

加工过程中,机床、刀具等的误差总是要传给工件的。机床、刀具的某些误差只是根据局部地方的最大误差值来判定的。利用有密切联系的表面之间的相互比较、相互修正、互为基准进行加工,就能让这些局部较大的误差比较均匀地影响到整个加工表面,使传递到工件表面的加工误差较为均匀,工件的加工精度也相应提高。

(5)"就地加工"保证精度:在机械加工和装配中,有些精度问题牵涉到很多零件的相互关系,如果仅从提高零部件本身的精度着手,有些精度指标不但不能达到,即使达到,成本也很高。采用"就地加工"这一简捷的方法,不但能保证装配后的最终精度,而且,在零件的机械加工中也常常用来保证加工精度。

7.1.2 机械加工表面质量

机械零件的破坏,一般总是从表面层开始的。产品的性能,尤其是它的可靠性和耐久性,在很大程度上取决于零件表面层的质量。研究机械加工表面质量的目的就是为了掌握机械加工中各种工艺因素对加工表面质量影响的规律,以便运用这些规律来控制加工过程,最终达到改善表面质量、提高产品使用性能的目的。

1.机械加工表面质量的含义

机械加工表面质量的含义可以用表面完整性来概括,它包括两个方面的内容。

(1)表面的几何特征:如图7.2所示,机械加工表面的几何特征,主要由以下几部分组成。

① 表面粗糙度:指加工表面的微观几何形状误差,即加工表面上具有的较小间距和峰谷所组成的微观几何形状特性。它一般由机械加工中切削刀具的运动轨迹形成,其波高与波长的比值一般大于1:50。

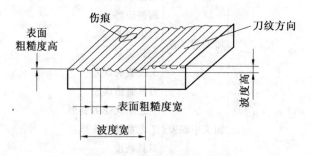

图7.2 表面几何特征的组成

② 表面波度:即介于宏观几何形状误差与微观表面粗糙度之间的周期性几何形状误差。它主要是由工艺系统的低频振动造成的,其波高与波长的比值一般为1:50至1:1 000。

③ 表面加工纹理:即表面微观结构的主要方向。它取决于表面形成过程中所采用的机械加工方法及其主运动和进给运动的关系。

④ 伤痕:在加工表面的一些个别位置上出现的缺陷。它们大多是随机分布的。例如砂眼、气孔、裂痕和划痕等。

(2)表面层力学物理性能:表面层力学物理性能,主要有以下三个方面的内容。

① 表面层加工硬化。

② 表面层金相组织的变化。

③ 表面层残余应力。

2.机械加工表面质量对机器使用性能的影响

(1)表面质量对耐磨性的影响。

① 表面粗糙度对耐磨性的影响:零件磨损一般可分为三个阶段,即初期磨损阶段、正常磨损阶段和剧烈磨损阶段。表面粗糙度对零件表面磨损的影响很大。一般说表面粗糙度值越小,其耐磨性越好。但表面粗糙度值太小,润滑油不易储存,接触面之间容易发生分子黏结,磨损反而增加,从而不耐磨。因此,接触面的粗糙度有一个最佳值,其值与零件的工作情况有关,工作载荷加大时,初期磨损量增大,表

面粗糙度最佳值也加大。

② 表面冷作硬化对耐磨性的影响：加工表面的冷作硬化使摩擦副表面层金属的显微硬度提高，故一般可使耐磨性提高。但也不是冷作硬化程度越高，耐磨性就越高，这是因为过分的冷作硬化将引起金属组织过度疏松，甚至出现裂纹和表层金属的剥落，使耐磨性下降。

(2) 表面质量对疲劳强度的影响：金属受交变载荷作用后产生的疲劳破坏往往发生在零件表面和表面冷硬层下面，因此零件的表面质量对疲劳强度影响很大。

① 表面粗糙度对疲劳强度的影响：在交变载荷作用下，表面粗糙度的凹谷部位容易引起应力集中，产生疲劳裂纹。表面粗糙度值越大，表面的纹痕越深，纹底半径越小，抗疲劳破坏的能力就越差。

② 残余应力、冷作硬化对疲劳强度的影响：残余应力对零件疲劳强度的影响很大。表面层残余拉应力将使疲劳裂纹扩大，加速疲劳破坏；而表面层残余压应力能够阻止疲劳裂纹的扩展，延缓疲劳破坏的产生。表面冷作硬化一般伴有残余应力的产生，可以防止裂纹产生并阻止已有裂纹的扩展，对提高疲劳强度有利。

(3) 表面质量对耐蚀性的影响：零件的耐蚀性在很大程度上取决于表面粗糙度。表面粗糙度值越大，则凹谷中聚集的腐蚀性物质就越多，抗蚀性就越差。表面层的残余拉应力会产生应力腐蚀开裂，降低零件的耐磨性，而残余压应力则能防止应力腐蚀开裂。

(4) 表面质量对配合质量的影响：表面粗糙度值的大小将影响配合表面的配合质量。对于间隙配合，粗糙度值大会使磨损加大，间隙增大，破坏了要求的配合性质。对于过盈配合，装配过程中一部分表面凸峰被挤平，实际过盈量减小，降低了配合件间的连接强度。

3. 表面粗糙度的形成及其影响因素

① 刀具几何形状的复映：刀具相对于工件做进给运动时，在加工表面留下了切削层残留面积，其形状近乎是刀具几何形状的复映。减小进给量、主偏角、副偏角以及增大刀尖圆弧半径，均可减小残留面积的高度。

适当增大刀具的前角可以减小切削时的塑性变形程度，合理选择润滑液和提高刀具刃磨质量以减小切削时的塑性变形和抑制积屑瘤、鳞刺的生成，也是减小表面粗糙度值的有效措施。

② 工件材料的性质：加工塑性材料时，由刀具对金属的挤压产生了塑性变形，加之刀具迫使切屑与工件分离的撕裂作用，使表面粗糙度值加大。工件材料韧性越好，金属的塑性变形越大，加工表面就越粗糙。加工脆性材料时，其切屑呈碎粒状，由于切屑的崩碎而在加工表面留下许多麻点，使表面粗糙度增大。

③ 切削用量：切削过程中切屑和加工表面的塑性变形程度越轻，表面粗糙度也越小。积屑瘤和鳞刺都在低速范围产生，此速度范围随不同的工件材料、刀具材料、刀具前角等变化。采用较高的切削速度能防止积屑瘤和鳞刺的产生。

4. 磨削加工影响表面粗糙度的因素

正像切削加工时表面粗糙度的形成过程一样，磨削加工表面粗糙度的形成也是由几何因素和表面金属的塑性变形来决定的。影响磨削表面粗糙度的主要因素有：砂轮的粒度；砂轮的修整；砂轮速度；磨削深度和进给速度。

5. 影响加工表面层物理机械性能的因素

(1) 冷作硬化及其评定参数：机械加工过程中因切削力作用产生的塑性变形使晶格扭曲、畸变，晶粒间产生剪切滑移，晶粒被拉长和纤维化，甚至破碎，这些都会使表面层金属的硬度和强度提高，这种现象称为冷作硬化。且使得表面层金属强化，会增大金属变形的阻力，减小金属的塑性，金属的物理性质也会发生变化。

被冷作硬化的金属处于高能位的不稳定状态,只要一有可能,金属的不稳定状态就要向比较稳定的状态转化,这种现象称为弱化。弱化作用的大小取决于温度的高低、温度持续时间的长短和强化程度的大小。由于金属在机械加工过程中同时受到力和热的作用,因此,加工后表层金属的最后性质取决于强化和弱化综合作用的结果。

评定冷作硬化的指标有三项,即表层金属的显微硬度 H、硬化层深度 h 和硬化程度 N。

$$N = \frac{H - H_0}{H_0} \% \tag{7.1}$$

式中 H_0——基体材料的硬度。

(2) 影响冷作硬化的主要因素。

① 刀具的影响:刀具的前角、切削刃钝圆半径增大,对表层金属的挤压作用增强,塑性变形加剧,导致冷硬增强。刀具的后角减小,后刀面磨损增大,后刀面与被加工表面的摩擦加剧,塑性变形增大,导致冷硬增强。

② 切削用量的影响:切削速度增大,刀具与工件的作用时间缩短,使塑性变形扩展深度减小,冷硬层深度减小。切削速度增大后,切削热在工件表面层上的作用时间也缩短,弱化作用降低,将使冷硬程度增加。进给量增大,切削力也增大,表层金属的塑性变形加剧,冷硬作用加强。进给量大时,切削力增大,塑性变形程度也增大,因此硬化现象也会增大。

③ 加工材料的影响:工件材料的塑性越大,冷硬现象就越严重。

(3) 表面层材料金相组织变化。

① 磨削烧伤:在磨削淬火钢时,可能产生三种烧伤,回火烧伤、淬火烧伤、退火烧伤。

② 改善磨削烧伤的途径:磨削热是造成磨削烧伤的根源,故改善磨削烧伤有两个途径,一是尽可能地减少磨削热的产生;二是改善冷却条件,尽量使产生的热量少传入工件。

6. 表面层残余应力

(1) 产生残余应力的原因:当切削与磨削过程中加工表面层相对基体材料发生形变、体积变化或金相组织变化时,在加工后表面层中将残留有应力,应力大小随深度而变化,其最外层的应力和表面层与基体材料的交界处的应力符号相反,并相互平衡。其产生原因主要有以下三点:

① 切削时在加工表面金属层内有塑性变形发生,使表面金属的比容加大。

② 切削加工中,切削区会有大量的切削热产生。

③ 不同金相组织具有不同的密度,亦具有不同的比容。

(2) 零件主要工作表面最终工序加工方法的选择:零件主要工作表面最终工序加工方法的选择至关重要,因为最终工序在该工作表面留下的残余应力将直接影响机器零件的使用性能。选择零件主要工作表面最终工序加工方法,须考虑该零件主要工作表面的具体工作条件和可能的破坏形式。在交变载荷作用下,机器零件表面上的局部微观裂纹,会因拉应力的作用使原生裂纹扩大,最后导致零件断裂。从提高零件抵抗疲劳破坏的角度考虑,该表面最终工序应选择能在该表面产生残余压应力的加工方法。

7.2 先进制造技术

引言

特种加工是指除常规切削加工以外的新的加工方法,这种加工方法利用电、磁、声、光、化学等能量或其各种组合作用在工件的被加工部位上,实现对材料的去除、变形、改变性能和镀覆,从而达到加工目的。充分融合现代电子技术、计算机技术、信息技术和精密制造技术等高新技术,使加工设备向自动化和柔性化方向发展。

知识汇总
- 数控机床加工；电火花加工；激光加工；超精密加工
- 快速成型技术

7.2.1 数控加工基础知识

1. 数控机床的组成

数控机床加工零件时，首先应编制零件的数控程序，这是数控机床的工作指令。将数控程序输入到数控装置，再由数控装置控制机床主运动的变速、启停，进给运动的方向、速度和位移大小，以及其他诸如刀具选择交换、工件夹紧松开和冷却润滑的启停等动作，使刀具与工件及其他辅助装置严格地按照数控程序规定的顺序、路程和参数进行工作，从而加工出形状、尺寸与精度符合要求的零件。

数控机床一般由控制介质、数控装置、伺服系统和机床本体组成。如图7.3所示，其中实线部分表示开环系统。为了提高加工精度，再加入测量装置，由虚线构成反馈，称闭环系统。

图7.3 数控机床的组成

（1）控制介质：数控机床是在自动化控制下工作的。数控机床工作时，所需的各种控制信息要靠某种中间载体携带和传输，这种载体称为"控制介质"。

（2）数控装置：数控装置可分为普通数控系统（NC）和计算机数控系统（CNC）两大类。前者利用专用的控制计算机，又称硬件数控；后者利用通用的小型计算机或微型计算机加软件，又称软件数控。数控装置是数控机床的核心，一般由输入装置、控制器、运算器和输出装置等组成。它根据输入的程序和数据，经过数控装置的系统软件或逻辑电路进行编译、运算和逻辑处理后，输出各种信号和指令控制机床的各个部分，进行规定的、有序的动作。这些控制信号中最基本的信号是：经插补运算决定的各坐标轴（即做进给运动的各执行部件）的进给速度、进给方向和位移量指令，送伺服驱动系统驱动执行部件做进给运动。其他还有主运动部件的变速、换向和启停信号；选择和交换刀具的刀具指令信号；控制冷却、润滑的启停、工件和机床部件松开、夹紧、分度工作台转位等辅助指令信号等。

（3）伺服系统：伺服驱动系统由伺服驱动电路和伺服驱动装置组成，并与机床上的执行部件和机械传动部件组成数控机床的进给系统。它根据数控装置发来的速度和位移指令控制执行部件的进给速度、方向和位移。每个做进给运动的执行部件，都配有一套伺服驱动系统。伺服驱动系统有开环、半闭环和闭环之分。在半闭环和闭环伺服驱动系统中，还得使用位置检测装置，间接或直接测量执行部件的实际进给位移，与指令位移进行比较，按闭环原理，将其误差转换放大后控制执行部件的进给运动。

（4）机床：数控机床的机械部件包括：主运动部件，进给运动执行部件如工作台，拖板及其传动部件和床身立柱等支承部件，此外，还有冷却、润滑、转位和夹紧等辅助装置。对于加工中心类的数控机床，还有存放刀具的刀库，交换刀具的机械手等部件。数控机床机械部件的组成与普通机床相似，但传动结构要求更为简单，在精度、刚度、抗震性等方面要求更高，而且其传动和变速系统要便于实现自动化控制。

2. 数控机床的分类

目前数控机床已发展成为品种齐全、规格繁多的大系统，可以从不同的角度进行分类。

（1）按运动方式分类。

① 点位控制系统：点位控制系统是指数控系统只控制刀具或机床工作台，从一点准确地移动到另

一点,而点与点之间运动的轨迹不需要严格控制的系统。为了减少移动部件的运动与定位时间,一般先以快速移动到终点附近位置,然后以低速准确移动到终点定位位置,以保证良好的定位精度。移动过程中刀具不进行切削。使用这类控制系统的主要有数控坐标镗床、数控钻床、数控冲床、数控弯管机等。如图7.4所示为数控钻床加工示意图。

② 点位直线控制系统:点位直线控制系统是指数控系统不仅控制刀具或工作台从一个点准确地移动到另一个点,而且保证在两点之间的运动轨迹是一条直线的控制系统。移动部件在移动过程中进行切削。应用这类控制系统的有数控车床、数控钻床和数控铣床等。如图7.5所示为数控铣床加工示意图。

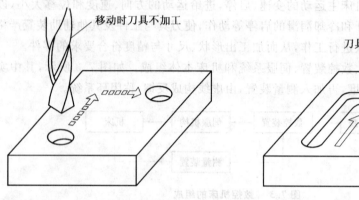
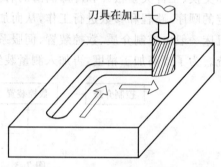

图 7.4　数控钻床加工示意图　　　　图 7.5　数控铣床加工示意图

③ 轮廓控制系统:轮廓控制系统也称连续控制系统,是指数控系统能够对两个或两个以上的坐标轴同时进行严格连续控制的系统。它不仅能控制移动部件从一个点准确地移动到另一个点,而且还能控制整个加工过程每一点的速度与位移量,将零件加工成一定的轮廓形状。应用这类控制系统的有数控铣床、数控车床、数控齿轮加工机床和加工中心等。如图7.6所示为轮廓控制系统加工示意图。

(2) 按控制方式分类。

① 开环控制系统:开环控制系统是指不带反馈装置的控制系统。它是根据穿孔带上的数据指令,经过控制运算发出脉冲信号,输送到伺服驱动装置(如步进电动机)使伺服驱动装置转过相应的角度,然后经过减速齿轮和丝杠螺母机构,转换为移动部件的直线位移。如图7.7所示为开环控制系统框图。由于开环控制系统不具有反馈装置,不能进行误差校正,因此系统精度较低(± 0.02 mm)。虽然开环控制系统具有结构简单、工作稳定、使用维修方便及成本低的优点,但它已不能满足数控机床日益提高的精度要求。

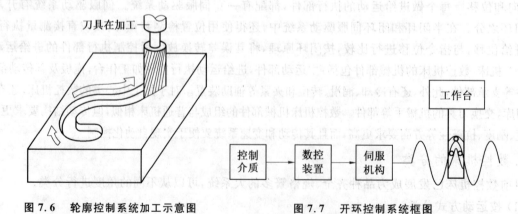

图 7.6　轮廓控制系统加工示意图　　　　图 7.7　开环控制系统框图

② 半闭环控制系统：半闭环控制系统是在开环控制系统的伺服机构中装有角位移检测装置，通过检测伺服机构的滚珠丝杠转角间接检测移动部件的位移，然后反馈到数控装置的比较器中，与输入原指令位移值进行比较，用比较后的差值进行控制，使移动部件补充位移，直到差值消除为止的控制系统。由于半闭环控制系统将移动部件的传动丝杠螺母机构不包括在闭环之内，所以传动丝杠螺母机构的误差仍然会影响移动部件的位移精度。如图7.8(a)所示为半闭环控制系统框图。

半闭环控制系统调试方便，稳定性好，目前应用比较广泛。

③ 闭环控制系统：如图7.8(b)所示为闭环控制系统框图，闭环控制系统是在机床移动部件位置上直接装有直线位置检测装置，将检测到的实际位移反馈到数控装置的比较器中，与输入的原指令位移值进行比较，用比较后的差值控制移动部件做补充位移，直到差值消除时才停止移动，达到精确定位的控制系统。

闭环控制系统定位精度高（一般可达±0.01 mm，最高可达0.001 mm），一般应用在高精度数控机床上。由于系统增加了检测、比较和反馈装置，所以结构比较复杂，调试维修比较困难。

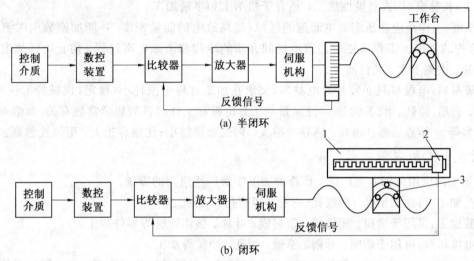

图 7.8　半闭环和闭环控制系统框图

7.2.2　电火花加工

1. 电火花加工基本原理

电火花加工是利用工具电极与工件电极之间脉冲性的火花放电，产生瞬时高温将金属蚀除，又称为放电加工、电蚀加工、电脉冲加工。如图7.9所示是电火花加工原理图，为正极性接法，即工件接阳极，工具接阴极，由直流脉冲电源提供直流脉冲。工作时，工具电极和工件电极均浸泡在工作液中，工具电极缓缓进给，与工件电极保持一定的放电间隙。电火花加工是电力、热力、磁力和流体动力等综合作用的过程，一般可分为如下四个连续的加工阶段：

(1) 介质电离、击穿、形成放电通道。

(2) 火花放电产生熔化、气化、热膨胀。

(3) 抛出蚀除物。

(4) 间隙介质消除电离。

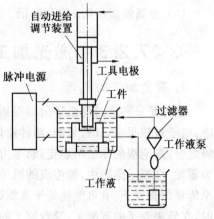

图 7.9　电火花加工原理图

2. 电火花加工的特点

电火花加工可加工任何导电材料，不论其硬度、脆性、熔点如何。现已研究出加工非导体材料和半导体材料。由于加工时工件不受力，适于加工精密、微细、刚性差的工件，如小孔、薄壁、窄槽、复杂型孔、型面、型腔等零件。加工时，加工参数调节方便，可在一次装夹下同时进行粗、精加工。电火花加工机床结构简单，现已几乎全部数控化。

3. 影响电火花加工的因素

(1) 极性效应：单位时间蚀除工件金属材料的体积或重量，称之为蚀除量或蚀除速度。由于正负极性的接法不同而蚀除量不一样，称之为极性效应。将工件接阳极为正极性加工，将工件接阴极为负极性加工。在脉冲放电的初期，由于电子质量轻、惯性小，很快就能获得高速度而轰击阳极，因此阳极的蚀除量大于阴极。随着放电时间的增加，离子获得较高的速度，由于离子的质量大，轰击阴极的动能较大，因此阴极的蚀除量大于阳极。控制脉冲宽度就可控制两极蚀除量的大小。短脉宽时，选正极性加工，适合于精加工；长脉宽时，选负极性加工，适合于粗加工和半精加工。

(2) 工作液：工作液应能压缩放电通道的区域，提高放电的能量密度，并能加剧放电时流体动力过程，加速蚀除物的排出。工作液还应加速电极间介质的冷却和消除电离过程，防止电弧放电。常用的工作液有煤油、去离子水、乳化液等。

(3) 电极材料：电极材料必须是导电材料，要求在加工过程中损耗小，稳定，机械加工性好，常用的材料有紫铜、石墨、铸铁、钢、黄铜等。蚀除量与工具电极和工件材料的热学常数有关，如熔点、沸点、热导率和比热容等。熔点、沸点越高，热导率越大，则蚀除量越小；比热容越大，耐蚀性越高。

4. 电火花加工的应用范围

电火花加工的应用范围非常广泛，是特种加工中最广泛应用的方法。

(1) 穿孔加工：可加工型孔、曲线孔（弯孔、螺旋孔）、小孔。

(2) 型腔加工：可用于锻模、压铸模、塑料模、叶片、整体叶轮等零件加工。

(3) 线电极切割：可用于切断、开槽、窄缝、型孔、冲模等加工。

(4) 回转共轭加工：将工具电极做成齿轮状和螺纹状，利用回转共轭原理，可分别加工相同模数不同齿数的内外齿轮和相同螺距、齿形的内外螺纹。

(5) 电火花回转加工：加工时工具电极回转，类似钻削和磨削，可提高加工精度。这时工具电极可分别做成圆柱形和圆盘形。

(6) 金属表面强化、打印标记、仿形刻字等。

7.2.3 激光加工

1. 激光加工的机理

激光是一种通过受激辐射而得到放大的光。原子由原子核和电子组成，电子绕原子核转动，具有动能；电子被核吸引，具有势能，两种能量总称为原子的内能。原子因内能大小而有低能级、高能级不同能级之分，高能级的原子不稳定，总是力图回到低能级去，称之为跃迁，原子从低能级到高能级的过程，称为激发，在原子集团中，低能级的原子占多数。氦原子、氖原子、氩原子、钛离子和二氧化碳分子等在外来能量的激发下，有可能使处于高能级的原子数大于低能级的原子数，这种状态称为粒子数的反转。这时，在外来光子的刺激下，导致原子的跃迁，将能量差以光的形式辐射出来，产生原子发光，称为受激辐射发光，这些光子通过共振腔的作用产生共振，受激辐射越来越强，光束密度不断得到放大，形成了激光。由于激光是以受激辐射为主的，故具有不同于普通光的一些基本特性：

(1) 强度高、亮度大。

(2) 单色性好,波长和频率确定。

(3) 相干性好,相干长度长。

(4) 方向性好,发散角可达 0.1 mrad,光束可聚到 0.001 mm。

当能量密度极高的激光束照射在加工表面上时,光能被加工表面吸收,转换成热能,使照射斑点的局部区域温度迅速升高、熔化、汽化而形成小坑,由于热扩散,使斑点周围的金属熔化,小坑中的金属蒸气迅速膨胀,产生微型爆炸,将熔融物高速喷出,并产生一个方向性很强的反冲击波,这样就在被加工表面上打出一个上大下小的孔,因此激光加工的机理是热效应。

2. 激光加工设备

激光加工设备主要由激光器、电源、光学系统和机械系统等组成。激光器的作用是把电能转变为光能,产生所需要的激光束。激光器分为固体激光器、气体激光器、液体激光器和半导体激光器等。固体激光器由工作物质、光泵、玻璃套管、滤光液、冷却水、聚光器及谐振腔等组成,如图 7.10 所示。常用的工作物质有红宝石、钕玻璃和掺钕钇铝石榴石(YAG)等。光泵是使工作物质产生粒子数反转,目前多用氙灯作光泵,因它发出的光波中,有紫外线成分,对钕玻璃等有害,会降低激光器效率,故用滤光液和玻璃套管来吸收。

聚光器的作用是把氙灯发出的光能聚集在工作物质上。谐振腔又称光学共振腔,其结构是在工作物质两端各加一块相互平行的反射镜,其中一块做成全反射,另一块做成部分反射,激光在输出轴方向上多次往复反射,正确设计反射率和谐振腔长度,就可得到光学谐振,从部分反射镜一端输出单色性和方向性很好的激光。气体激光器有氦—氖激光器和二氧化碳激光器等。电源为激光器提供所需能量,有连续和脉冲两种。光学系统的作用是把激光聚焦在加工工件上,它由聚集系统、观察瞄准系统和显示系统组成。机械系统是整个激光加工设备的总成。先进的激光加工设备已采用数控系统。

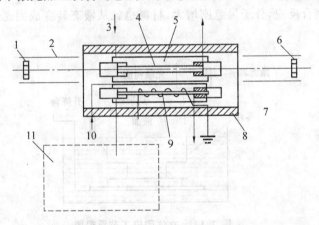

图 7.10　固体激光器结构示意图

1—全反射镜;2—谐振腔;3,10—冷却水;4—工作物质;5—玻璃套管;
7—激光束;8—聚光器;9—氙灯;11—电源

3. 激光加工特点和应用范围

(1) 加工精度高:激光束斑理论直径可达 1 μm 以下,可进行微细加工,它又是非接触方式,力、热变形小。

(2) 加工材料范围广:可加工陶瓷、玻璃、宝石、金刚石、硬质合金、石英等各种金属和非金属材料,特别是难加工材料。

(3) 加工性能好:可以将工件离开加工机进行加工,可透过透明材料加工,不需要真空。可进行打孔、切割、微调、表面改性、焊接等多种加工。

(4) 加工速度快、效率高。

(5) 价格比较昂贵。

7.2.4 快速成形技术

快速成形/零件制造(RPM)技术是综合利用CAD技术、数控技术、材料科学、机械工程、电子技术及激光技术等各种技术集成以实现从零件设计到三维实体原型制造一体化的系统技术。

快速成形的基本过程如图7.11所示。

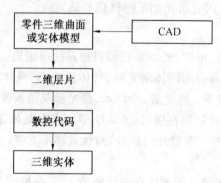

图7.11 快速成形基本过程

快速成形技术的特点有：高度柔性；技术的高度集成；设计制造一体化；快速性；自由成形制造(Free Form Fabrication, FFF)；材料的广泛性。

1. 立体印刷(SL)

SL工艺是基于液态光敏树脂的光聚合原理工作的。这种液态材料在一定波长和强度的紫外光的照射下能迅速发生光聚合反应，分子量急剧增大，材料也就从液态转变成固态。如图7.12所示为SL工艺原理图。

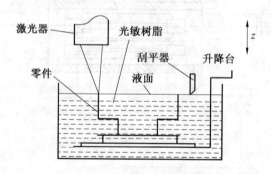

图7.12 立体印刷工艺原理图

SL方法是目前快速成形技术领域中研究得最多的方法，也是技术上最为成熟的方法。SL工艺成形的零件精度较高。多年的研究改进了截面扫描方式和树脂成形性能，使该工艺的加工精度能达到0.1 mm。但这种方法也有自身的局限性，比如需要支承，树脂收缩导致精度下降，光固化树脂有一定的毒性等。

2. 分层实体制造(LOM)

LOM工艺采用薄片材料，如纸、塑料薄膜等作为材料，工艺如图7.13所示。

LOM工艺只需在片材上切割出零件截面的轮廓，而不用扫描整个截面。因此成形厚壁零件的速度较快，易于制造大型零件。工艺过程中不存在材料相变，因此不易引起翘曲变形，零件的精度较高。工件外框与截面轮廓之间的多余材料在加工中起到了支承作用，所有LOM工艺无需加支承。

一般应为最小极限背吃刀量 a_{pmin} 值的 $1/5 \sim 1/10$。

(2) 精密切除原理：具有微量切除能力只是实现超密加工的必备条件，还必须具有能进行精密切除的设备条件和环境条件，实现精密切除总的要求是：由机床加工系统不准确引起的静态误差，连同由于力作用、热作用和外界环境干扰引起的动误差，必须小于超精密加工规定的制造公差要求。影响精密切除能力的主要因素有：

① 机床加工系统的几何精度：主要是机床主轴的回转精度、床身导轨的平直度以及导轨相对于机床主轴的位置精度。

② 机床加工系统的静刚度、动刚度和热刚度：提高机床加工系统的静刚度和热刚度可以减少由于力作用和热作用引起的加工误差；提高机床加工系统的动刚度，可以降低由于动态力作用引起的振动响应幅值。

③ 加工环境条件：主要指空气的洁净度、机床加工环境的温度和湿度变化及外界振动的干扰。超精密加工要求每立方英尺的空气中大于 $0.5~\mu m$ 的灰尘不得超过 $10 \sim 100$ 个；机床加工环境温度要求达到 (20 ± 0.01) ℃。

2. 金刚石超精密切削

天然单晶金刚石质地坚硬，其硬度高达 $6\,000 \sim 10\,000$ HV，是已知材料中硬度最高的。金刚石刀具有很高的耐磨性，它的耐用度是硬质合金的 $50 \sim 100$ 倍。表 7.3 列出了几种硬质材料的硬度对比数据，表 7.4 列出了金刚石的物理力学性能数据。金刚石刀具的弹性模量大，切削刃钝圆半径可以磨得很小，不易断裂，能长期保持刀刃的锋利程度；金刚石刀具的热膨胀系数小，热变形小；佀金刚石不是碳的稳定状态，遇热易氧化和石墨化，开始氧化的温度为 900 K，开始石墨化的温度为 $1\,000$ K，故用金刚石刀具进行切削时需对切削区进行强制风冷或进行酒精喷雾冷却，务必使刀尖温度降至 650 ℃ 以下。此外，由于金刚石是由碳原子组成的，它与铁族元素的亲和力大，故不能用金刚石刀具切削黑色金属。

表 7.3 材料硬度对比

硬质材料	金刚石	CBN	SiC	TiC	WC	Al_2O_3	高碳马氏体
硬度 /HV	$6\,000 \sim 10\,000$（随晶面、晶向和温度而异）	$6\,000 \sim 8\,500$	3 500	3 200	2 400	2 200	1 000

表 7.4 金刚石的物理力学性能

硬度 /HV	抗弯强度 /MPa	抗压强度 /MPa	弹性模量 /(N·m²)	导热系数 /(W·m⁻¹·K⁻¹)	比热 /(J·g⁻¹·℃⁻¹)	开始氧化温度 /K	开始石墨化温度 /K	摩擦系数（与 Al,Cu）
$6\,000 \sim 10\,000$	$210 \sim 490$	$1\,500 \sim 2\,500$	$(9 \sim 10.5) \times 10^{11}$	$(2 \sim 4) \times 418.68$	0.516	$900 \sim 1\,000$	1 800（在惰性气体中）	$0.06 \sim 0.13$（随晶面、晶向而异）

用金刚石刀具进行超精密切削，刀具的刃磨质量是关键，刀刃必须磨得极其锋利、切削刃钝圆半径 ρ 值要小，国际上目前能达到的最小 ρ 值约为 $0.01~\mu m$。

为实现超精密切削，除了有高质量的金刚石刀具外，还应有金刚石超精密机床作支撑。我国目前已能生产主轴的回转精度为 $0.05~\mu m$、定位精度为 $0.1~\mu m/100$ mm、数控系统最小输入量为 5 nm、主轴最大回转直径为 800 mm 的超精密车床。

用天然金刚石刀具进行超精密切削有许多优点，主要是：

① 加工精度高，加工表面质量好，加工表面形状误差可控制在 $0.1 \sim 0.01~\mu m$ 范围内，表面粗糙度 Ra 为 $0.01 \sim 0.001~\mu m$。

② 生产效率高，Cu、Al 材料的光学镜面可以通过金刚石超精密车削直接制取。

③ 加工过程易于实现计算机自动控制。

④ 它不仅可以加工平面、球面,而且可以很方便地通过数控编程加工非球面和非对称表面。

3. 超精密磨削

(1) 使用超硬磨料:精密磨削的磨削深度极小,磨屑极薄,磨削行为通常在被磨削材料的晶粒内进行(普通磨削的磨削行为通常在晶粒间进行,主要是利用晶粒周界处缺陷和材料内部其他缺陷来实现材料切除的,磨削抗力相对较小),只有在磨削力超过了被磨削材料原子(或分子)间键合力的条件下才能从加工表面磨削去一薄层材料,磨削所承受的切应力极大,温度亦很高,要求磨粒材料必须具有很高的高温强度和高温硬度。超精密磨削一般多用人造金刚石、立方氮化硼等超硬磨料。使用金属结合剂金刚石砂轮可以磨削玻璃、单晶硅等,使用金属结合剂 CBN 砂轮可以磨削钢铁等黑色金属。

(2) 所用机床精度高:超精密磨床是实现超精密磨削的基本条件。为实现精密切除,数控系统最小输入增量要小(例如 $0.1 \sim 0.01\ \mu m$);机床加工系统的几何精度要高,还需有很高的静刚度、动刚度和热刚度;为实现微量切除,在横进给(背吃刀量)方向应配置微量进给装置;为降低由于砂轮不平衡质量引起的振动,超精密磨床应配置精密动平衡装置和防振、隔振装置;为获得光洁表面,超精密磨床需配置砂轮精密修整装置。

目前超精密磨削所能达到的水平为:尺寸精度 $\pm 0.25 \sim 5\ \mu m$;圆度 $0.25 \sim 0.1\ \mu m$;圆柱度 $25\ 000:0.25 \sim 50\ 000:1$;表面粗糙度 $Ra\ 0.006 \sim 0.01\ \mu m$。

超精密磨削常用于玻璃、陶瓷、硬质合金、硅、锗等硬脆材料零件的超精密加工。

4. 纳米级加工技术

纳米技术是一个涉及范围非常广泛的术语,它包括纳米材料、纳米摩擦、纳米电子、纳米光学、纳米生物、纳米机械等,这里只讨论与纳米级加工有关的问题。

纳米级加工的材料去除过程与传统的切削、磨削加工的材料去除过程有原则区别。为加工具有纳米级加工精度的工件,其最小极限背吃刀 a_p 必须小于 1 nm,而加工材料原子间间距为 10^{-1} nm,这表明,在纳米级加工中材料的去除(增加)量是以原子或分子数计量的。

纳米级加工是通过切断原子(分子)间结合进行加工的,而这只有在外力对去除材料做功产生的能量密度超过了材料内部原子(分子)间结合能量密度(约为 $102 \sim 108\ J/cm^3$)时才能实现。传统的切削、磨削加工所能产生的能量密度较小,用传统的切削、磨削加工方法切断工件材料原子(分子)间结合是无能为力的。纳米级加工方法种类很多,此处仅以扫描隧道显微加工为例,介绍纳米加工原理和方法,并用以展示近年来人们在研究发展纳米级加工方面所达到的水平。

扫描隧道显微镜 STM(Scanning Tunneling Microscope)是 1981 年由两位在瑞士苏黎士实验室工作的科学家 C. Binning 和 H. Rohrer 发明的,STM 可用于测量三维微观表面形貌,也可用作纳米加工。STM 的工作原理主要基于量子力学的隧道效应。当一个具有原子尺度的探针针尖足够接近被加工表面某一原子 A 时如图 7.17 所示,探针针尖原子与 A 原子的电子云相互重叠,此时如在探针与被加工(测量)表面之间施加适当电压,即使探针针尖与 A 原子并未接触,也会有电流在探针与被加工材料间通过,这就是隧道电流。

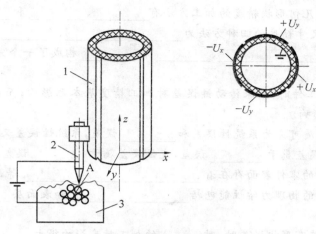

图 7.17　扫描隧道显微加工原理图
1—压电陶瓷；2—探针；3—工件

重点串联

拓展知识
- 机械加工精度
  - 机械加工精度的概念
  - 机械加工精度的获得方法
  - 影响机械加工精度的因素
  - 提高加工精度的工艺措施
- 机械加工表面质量
  - 机械加工表面质量的含义
  - 机械加工表面质量对机器使用性能影响
- 先进制造技术
  - 数控机床加工特点
  - 电火花加工特点
  - 激光加工特点及分类
  - 快速成形工艺加工特点及分类
  - 超精密加工特点

拓展与实训

基础训练

1. 填空题

(1) 残余应力产生的原因是_____、_____和_____。

(2) 机床主轴回转误差的三种基本形式为_____、_____和_____。

(3) 精密主轴加工以支承轴颈为定位基准来修研_____，再以其为基准来加工_____，符合基准选择的_____原则，从而获得较高的加工精度。

(4) 工艺系统受力变形会引起加工误差，用两顶尖装夹加工轴类零件，当车床刚性较差时，工件刚性较好时，加工后工件呈_____形误差，反之，工件呈_____形误差。

(5) 误差统计分析中常用的方法有两种：_____法和_____法。

(6) 机械加工中,获得几何形状精度的加工方法有_____、_____和_____。
(7) 机械加工中获得尺寸精度的四种方法为_____、_____、_____和_____。
(8) 在机械加工时_____、_____、_____和_____构成了一个完整的系统,称之为工艺系统。
(9) 加工_____类工件时,车床传动链误差对加工精度基本无影响;而在加工_____类零件时,需考虑传动链误差的影响。
(10) 加工误差按其性质可分为系统性误差和_____误差,系统性误差又可分为_____误差和_____误差,加工原理误差属于_____误差,定位误差属于_____误差。
(11) 经过机械加工后的零件表面存在着_____、_____、_____等缺陷。
(12) 机械加工表面层的物理力学性能包括_____、_____和表面层_____的变化。

2. 选择题

(1) 主轴轴承外环滚道有形状误差时,对( )的加工精度影响很大。
A. 镗床　　　　　　B. 车床　　　　　　C. 刨床

(2) 加工误差的性质可分为系统性误差和随机性误差,( )属于随机性误差。
A. 刀具磨损　　　　B. 工件热变形　　　C. 材料硬度变化

(3) 为了减少切削加工中的振动,选用刀具的前角应( )。
A. 略大些　　　　　B. 略小一些　　　　C. 负前角

(4) 主轴存在轴向窜动误差时,对( )的加工精度影响很大。
A. 外圆　　　　　　B. 内孔　　　　　　C. 端面

(5) 在磨床上采用死顶尖夹持,磨削外圆时,由于热变形的影响,加工后的工件呈( )误差。
A. 鞍形　　　　　　B. 鼓形　　　　　　C. 无影响

(6) 在车床上车削工件端面,由外向中心走刀,加工表面粗糙度明显变粗,其主要的原因是( )。
A. 切削热增加　　　B. 刀具磨损　　　　C. 切削速度变小

(7) 加工误差的性质可分为系统性误差和随机性误差,刀具磨损是属于( )误差。
A. 随机性　　　　　B. 变值系统性　　　C. 常值系统性

(8) 在车床的两顶尖间装夹一长工件,当机床刚性较好时,工件刚性较差时车削外圆后,工件呈( )误差。
A. 鞍形　　　　　　B. 鼓形　　　　　　C. 无影响

(9) 加工( )类工件时,机床传动链误差对加工精度影响很大。
A. 内孔　　　　　　B. 外圆　　　　　　C. 丝杆

(10) 为了减小切削内孔时的振动,车刀刀尖安装位置应( )工件的回转轴心线水平面。
A. 通过　　　　　　B. 略低于　　　　　C. 略高于

(11) ( )加工是一种易引起工件表面金相组织变化的加工方法。
A. 车削　　　　　　B. 铣削　　　　　　C. 磨削　　　　　　D. 钻削

(12) 增大( )对降低表面粗糙度有利。
A. 进给量　　　　　B. 主偏角　　　　　C. 副偏角　　　　　D. 刃倾角

(13) 用细粒度的磨具对工件施加很小的压力,并做往复振动和慢速纵向进给运动,以实现微微磨削的加工方法称( )。
A. 超精加工　　　　B. 珩磨　　　　　　C. 研磨　　　　　　D. 抛光

(14) 造成已加工表面粗糙的主要原因是( )。
A. 前角小　　　　　B. 切削深度大　　　C. 速度低　　　　　D. 积屑瘤

(15) 消除工件内部残余应力的方法有（　　）。
A. 淬火　　　　　　B. 磨削　　　　　　C. 时效热处理　　　　D. 退火

3. 判断题
(1) 对于外圆磨床，影响加工精度的导轨误差是导轨在水平面内的直线度和垂直面内的直线度。　　　　　　　　　　　　　　　　　　　　　　　　　　　　　　（　　）
(2) 车削外圆时，机床传动链误差对加工精度基本无影响。　　　　　　　　（　　）
(3) 加工过程中，误差复映系数的大小与工艺系统的刚性无关。　　　　　　（　　）
(4) 主轴的纯轴向窜动对于尺寸精度要求较高的孔加工影响很大。　　　　　（　　）
(5) 用两顶尖装夹加工细长轴时，由于受力变形的影响，工件加工后呈腰鼓形误差。（　　）
(6) 工艺能力系数大于1时，表明工艺能力足够，加工不会产生废品。　　　（　　）
(7) 原理误差是指采用近似的加工方法所引起的误差，加工中存在原理误差时，表明这种加工方法是不完善的。　　　　　　　　　　　　　　　　　　　　　　　　　（　　）
(8) 加工误差综合分析中，分布曲线的形状只与随机性误差有关，而与系统性误差无关。（　　）
(9) 主轴轴承内滚道有形状误差内，对镗床的加工精度影响很大。　　　　　（　　）
(10) 表面粗糙度对零件的耐磨性、配合质量有着重要的影响，所以设计零件时，制定的表面粗糙度越细越好。　　　　　　　　　　　　　　　　　　　　　　　　　　（　　）
(11) 为减轻磨削烧伤，可加大磨削深度。　　　　　　　　　　　　　　　　（　　）
(12) 加工表面层产生的残余应力，能提高零件的疲劳强度。　　　　　　　　（　　）
(13) 砂轮的粒度越大，硬度越低，则自砺性越差，磨削温度越高。　　　　　（　　）
(14) 工艺系统几何误差是产生加工误差的原因之一。　　　　　　　　　　　（　　）
(15) 磨削只能加工一般刀具难以加工甚至无法加工的金属材料。　　　　　　（　　）

4. 问答题
(1) 叙述加工精度和加工误差的概念及它们之间的区别。
(2) 表面质量包括哪几方面的含义？
(3) 机床几何误差有哪几项？各项误差对加工精度有何影响？
(4) 工艺系统受力变形对加工精度有何影响？
(5) 工艺系统受热变形对加工精度有何影响？
(6) 表面质量对产品使用性能有何影响？
(7) 什么是表面硬化？什么是磨削烧伤？有哪些措施可以减少或避免？
(8) 数控加工有何工艺特点？
(9) 数控机床的组成部分有哪些？
(10) 电火花加工中有哪些特点？
(11) 电火花成型加工的应用范围有哪些？
(12) 数控线切割有哪些特点？
(13) 数控线切割加工中，如何确定切割线路？

▶ 技能实训

在卧式镗床上加工箱体孔，若只考虑镗杆刚性的影响，试分析如图7.18所示的四种镗孔方式下加工后孔的形状。

1. 训练目的
(1) 通过实际镗削加工操作，加深对孔类零件加工工艺过程的理解。
(2) 进一步熟练机床的基本操作及机床附件的装夹方法。

(3)掌握镗内孔的基本操作步骤及操作方法,培养学生实际动手能力。

2.训练要求

(1)按照图7.18所示四种类型内孔镗削加工,观察加工结果。

(2)根据自己观察结果,分析每种加工形状产生的原因。

3.实训条件

(1)设备:普通镗床。

(2)刀具:内孔镗刀、75°内孔偏刀等。

(3)测量工具:游标卡尺、千分表、内径千分尺。

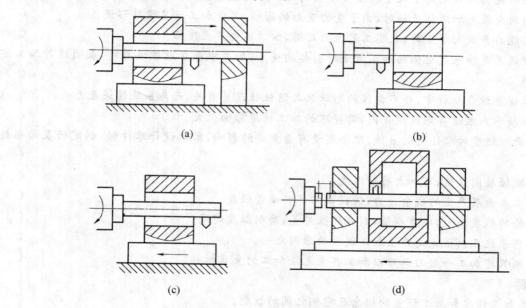

图 7.18 四种类型内孔镗削加工

附录1 实训练习

实 训 1

【1.1】刨削操作训练

1. 实训目的

（1）了解刨床各部分传动机构。

（2）熟练掌握各手柄操作方法及滑枕行程的调整。

（3）懂得机床维护、保养及安全文明生产知识。

（4）正确掌握工件的装夹方法及要领。

2. 操纵训练

（1）用专用扳手，将手柄调到空挡位置，使啮合的锥齿轮结合子脱开，再转动手柄来选择工作台的进给方向，然后用曲柄摇动手柄进行手动操作。

（2）滑枕行程长度的调整（见附图1.1）。先将滑枕上的手柄（12）旋松开，用曲柄摇把摇动手柄12，即可调动额定行程之内所需要的行程长度，调整好后必须将滑枕旋紧。

（3）调节滑枕行程的起始位置时，先将手柄9旋松，用曲柄摇把转动手柄7，即可随意调节需要的位置，之后将手柄9重新旋紧固定。

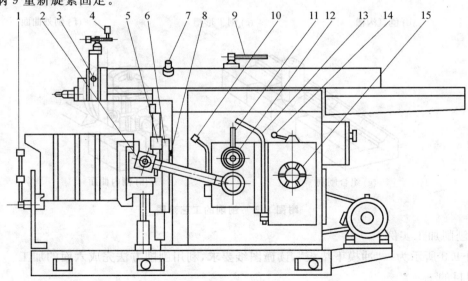

附图 1.1 B6065 牛头刨床

1—工作台锁紧手柄；2—工作台移动轴；3—刀架锁紧螺钉；4—进刀手柄；
5,6—工作台垂直或水平换向；7—滑枕前后调节；8—锁紧螺钉；9—滑枕锁紧螺钉；
10—快速移动手柄；11—走刀量调节手柄；12—滑枕冲程调节；
13—离合手柄；14—变速手柄；15—调速手柄

3. 实训步骤

(1) 将工件按要求装夹在工作台上的平口钳上。

(2) 按所要加工工件的要求选择所需刀具。

(3) 调整滑枕行程的长度。调整好后必须将滑枕旋紧。

(4) 调节滑枕行程的起始位置。调整好后将手柄重新旋紧固定。

(5) 调整滑枕的运行速度。

(6) 调节工作台在滑枕往复一次内的移动量(或走刀量)。

(7) 缓慢对刀。让刀具在工件上划上一点很浅的痕迹,然后将刀退至工件之外,转动刀架调好切削深度。

(8) 用自动走刀进行加工。

(9) 工作结束后,各操作手柄放到"空挡"位置,切断电源,清理工作场所。

按上述要求训练完后,请同学们看如附图1.2所示刨削的工艺范围,思考一下自己能否刃磨相应的刀具,工件应该如何装夹,以及运用怎样的加工方法。

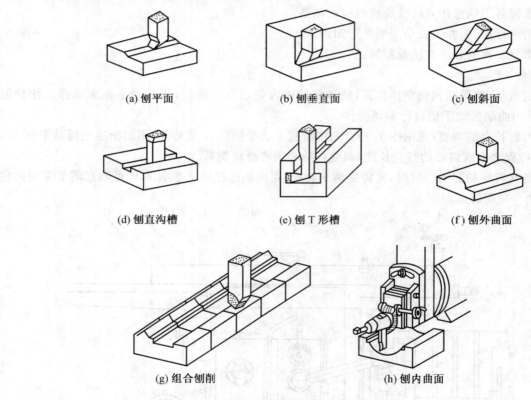

附图1.2 刨削的工艺范围

【1.2】刨削加工实例

如附图1.3所示为一"冲模下垫板",读懂图纸要求,利用刨削方法完成六面的加工。

1. 实训目的

(1) 掌握工件的装夹方法。

(2) 掌握刨削前的对刀方法,以及刨床的一般加工方法。

(3) 要求准确测量工件的尺寸。

2. 实训器材

刨床、平行钳、钢材(45#)、游标卡尺、直角尺、平面刨刀等。

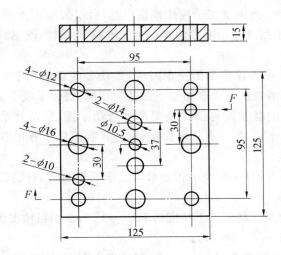

技术要求：1.表面光滑无毛刺，上、下面平行度为0.02。
　　　　　2.热处理 HRC54～58。
　　　　　3.外轮廓全部倒角 1.5×45°。

附图 1.3　冲模下垫板（材料：T8A）

3.实训步骤

(1) 先将工件装夹在工作台上的平口钳上（紧固）。
(2) 按所要加工工件的要求选择所需刀具。
(3) 启动电源，将滑枕调到工件所需要的行程。
(4) 转动进给操纵手柄来调节工作台在滑枕往复一次内的移动量和走刀量。
(5) 缓慢对刀加工。
(6) 对好刀后，将刀退至工件之外，转动刀架调好切削深度。
(7) 启动操纵手柄，按工件要求进行加工。
(8) 刨削两垂直面时，要用直角尺进行检查，须校正后才能继续加工。
(9) 工件刨削好后，清理机床，关闭机床电器。

4.注意事项

(1) 刨削时注意力要集中，先作模拟切削。
(2) 在刨削过程中，如果需要测量尺寸时，一定要停机。
(3) 加工时人不能离开机床，确保安全。

实　训　2

【2.1】磨削操作训练

1.实训目的

(1) 了解磨床各部分传动机构。
(2) 熟练掌握各手柄操作方法及滑枕行程的调整。
(3) 懂得机床维护、保养及安全文明生产知识。
(4) 正确掌握工件的装夹方法及要领。

2.磨削加工的工艺范围和加工特点

磨削加工是以砂轮的高速旋转作为主运动，与工件低速旋转和直线移动（或磨头的移动）作为进给运动相配合，切去工件上多余金属层的一种切削加工。

(1)磨削加工的工艺范围。磨削加工的应用范围广泛,可以加工内外圆柱面、内外圆锥面、平面、成形面和组合面等。磨削可加工用其他切削方法难以加工的材料,如淬硬钢、高强度合金、硬质合金和陶瓷等材料。

砂轮是一种特殊工具,每颗磨粒相当于一个刀齿,整块砂轮就相当于一把刀齿极多的铣刀。磨削时,凸出的且具有尖锐棱角的磨粒从工件表面切下细微的切屑;磨钝了或不太凸出磨粒只能在工件表面上划出细小的沟纹;比较凹下的磨粒则与工件表面产生滑动摩擦,后两种磨粒在磨削时产生细尘。因此,磨削加工和一般切削加工不同,除具有切削作用外,还具有刻划和磨光作用。

(2)磨削加工的工艺特点。

① 切削刃不规则。切削刃的形状、大小和分布均处于不规则的随机状态,通常切削时有很大的负前角和小后角。

② 加工余量小、加工精度高。磨削加工精度为IT7～IT5,表面粗糙度值 Ra 为 $0.8 \sim 0.2~\mu m$。采用高精度磨削方法,Ra 为 $0.1 \sim 0.006~\mu m$。

③ 磨削速度高。一般磨削速度为35 m/s左右,高速磨削时可达60 m/s。目前,磨削速度已发展到120 m/s。但磨削过程中,砂轮对工件有强烈的挤压和摩擦作用,产生大量的切削热,在磨削区域瞬时温度可达1 000 ℃左右。在生产实践中,降低磨削时切削温度的措施必须加注大量的切削液,减小背吃刀量,适当减小砂轮转速及提高工件转速。

④ 适应性强。就工件材料而言,不论软硬材料均能磨削;就工件表面而言,很多表面质量都能加工;此外,还能对各种复杂的刀具进行刃磨。

⑤ 砂轮具有自锐性。在磨削过程中,砂轮的磨粒逐渐变钝,作用在磨粒上的切削抗力就会增大,致使磨钝的磨粒破碎并脱落,露出锋利刃口继续切削,这就是砂轮的自锐性,它能使砂轮保持良好的切削性能。

3.砂轮调整静平衡

(1)砂轮调整静平衡的方法如附图2.1所示。

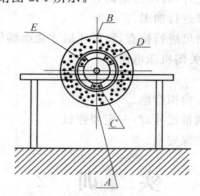

附图2.1 砂轮调整静平衡示意图

① 找出砂轮的重心点 A。

② 在 A 点同一直径的对应点作一记号 B。

③ 调整平衡块 C,使 A 和 B 两点位置不变。

④ 调整平衡块 D、E,并使 A 和 B 两点位置不变;如有变动,可以上下调整平衡块 D、E,使 A 和 B 两点恢复原位。

⑤ 将砂轮转动 $90°$,如果不平衡,则将平衡块 D、E 同时向 A 或 B 点移动,直到 A、B 两点平衡为止。

⑥ 如此调整,使砂轮能在任何方位上稳定下来。砂轮就平衡好了。

(2)砂轮调整平衡时注意事项。

① 平衡架要放水平。
② 将砂轮中的切削液甩净。
③ 砂轮要紧固,法兰盘、平衡块要洗干净。
④ 法兰盘内锥孔与平衡心轴配合要紧凑,心轴不应弯曲。
⑤ 砂轮平衡后,平衡块要紧固。
⑥ 平衡架最好采用刀口式,与心轴接触面越小,反映越灵敏。

4.实训步骤

以平面磨床磨削平面为例,安排以下实训:

(1) 启动机床液压系统,依次打开工作台、砂轮架纵、横向操纵手柄,使其导轨得到充分润滑。
(2) 启动砂轮,用金刚笔对砂轮进行修整。对刀时需用金刚笔缓慢进行。
(3) 停止以上操作,将工作台擦拭干净。
(4) 以工作台上电磁吸盘的平面为基准,打开电磁吸盘开关,吸住工件的大平面。
(5) 对刀。
(6) 退出工件表面,进刀,每次进两小格。

垂直面的磨削:精密平口钳的制造很精确。当磨削垂直面时,磨好大平面,按附图2.2(a)的方法装夹,先磨削平面5,然后将平口钳连同工件一起转过90°,将平口钳侧面吸在电磁吸盘上,磨削垂直面6(见附图2.2(b))。

另外磨削垂直面时,可以用精密角铁装夹磨削垂直面(见附图2.3),或用导磁直角铁装夹,以及用精密V形架装夹,如附图2.4、附图2.5所示。

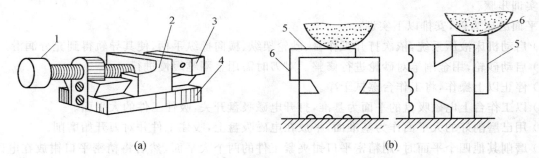

附图2.2　用精密平口钳装夹,磨削垂直面
1—螺杆;2—活动钳口;3—固定钳口;
4—底座;5—平面;6—垂直面

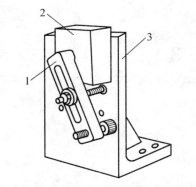

附图2.3　用精密角铁装夹,磨削垂直面
1—压板;2—工件;3—精密角铁

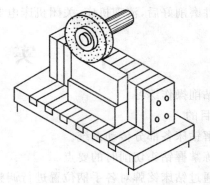

附图2.4　用导磁直角铁装夹,磨削垂直面

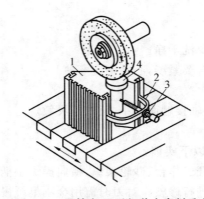

附图2.5　用精密V形架装夹磨削垂直面
1—V形架；2—弓架；3—夹紧螺钉；4—工件

【2.2】磨削加工实例

1. 实训目的

(1) 掌握工件的装夹方法。

(2) 掌握刨削前的对刀方法。

(3) 要求准确测量工件的尺寸。

2. 实训器材

平面磨床、金刚笔、金属材料、游标卡尺、精密平口钳、活络扳手。

3. 实训步骤

以平面磨床为例,安排以下实训:

(1) 启动机床液压系统,依次打开工作台、砂轮架纵、横向操纵手柄,使其导轨得到充分润滑。

(2) 启动砂轮,用金刚笔对砂轮进行修整。对刀时需用金刚笔缓慢进行。

(3) 停止以上操作,将工作台擦拭干净。

(4) 以工作台上电磁吸盘的平面为基准,打开电磁吸盘开关,吸住工件的大平面。

(5) 用已磨削好的大平面作为基准面,平放在电磁吸盘上,吸住工件并对刀开始磨削。

(6) 磨削其他四个平面时,用精密平口钳夹紧工件的两个大平面,然后将精密平口钳放在电磁吸盘的平面上,打开电磁吸盘开关。

(7) 对刀。依次磨削其他四个平面。

(8) 退出工件表面,进刀,每次进两小格。

(9) 工件磨削好后,清理机床,关闭机床电器。

实　训　3

【3.1】钻削操作练习

1. 实训目的

(1) 了解钻床各部分传动系统。

(2) 熟练掌握钻头切削时的要点。

(3) 能通过钻床铭牌对各手柄位置进行调整。

(4) 懂得钻床维护、保养、安全及文明生产的知识。

2. 实训器材

钻床、钻头、毛刷、钢板、游标卡尺、钢直尺。

3. 实训步骤

(1) 将工件装夹在工作台上的平面钳上(装夹牢固)。

(2) 选择适当的钻头(如果是孔的直径较大,首先用小钻头引用)。

(3) 按钻头直径大小选择适当的转速和进给量。

(4) 钻孔时找正中心点缓慢进给,并及时排屑,如果是采用自动起刀时进给,当工件快钻透时,即改为手动进给。

4. 钻斜孔

修理小批量、单件配制作更换工件时,会遇到所要加工的孔与孔端面不垂直的情况,如在平面上钻斜孔、在斜面上钻孔或在曲面上钻孔即所谓加工斜孔。

(1) 钻斜孔时存在的主要问题:由于钻头开始接触工件时,单面受力,作用在钻头切削刃上的径向力,必然会把钻头推抽一边,从而造成起钻时钻头偏斜,滑移而钻不进工件。同时钻孔中心容易离开所要求的位置,难以保证孔轴线正直。或者破坏了孔端面的平整,以致钻头崩刃或折断。

(2) 钻斜孔的方法和步骤:钻斜孔时常采用以下几种方法。

第一种方法:先校正工件欲钻孔中心位置,使之与钻头回转轴线重合,然后在工件位置不变的情况下,用样冲打一个较大的中心孔,或凿出一个小平面,使钻头的切削刃不受工件倾斜面的影响,而能正确起钻。

第二种方法:将工件置于水平位置装夹,在钻孔位置中心锪一个浅坑,然后在端面略倾斜一些装夹,将浅锥坑钻成一个过渡口,以利于钻头钻进。

第三种方法:以上两种方法只适于钻孔位置精度要求不高的工件,而对于钻孔精度要求较高的工件钻斜孔可采用下述方法,先找正工件欲钻孔中心和钻头的相对位置,并固定,然后用中心钻钻中心孔,如附图3.1(a)用与孔相同的立铣刀或短的平刃钻头加工一个平面后如附图3.1(b)所示,再用钻头钻至规定深度或钻通,如附图3.1(c)所示。

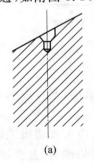  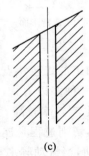

(a)　　　　　　　　　(b)　　　　　　　　　(c)

附图3.1　钻斜孔的方法和步骤

实 训 4

【4.1】铣削操作训练

1. 实训目的

(1) 了解铣床各部分传动系统。

(2) 熟练掌握工作台的纵、横向和升降的运动方向。

(3) 能熟练运用各手柄进行各方向机动进给。

(4) 掌握铣床对刀方法,并能运用所学知识进行一般性加工。

(5) 了解铣床的加工零件的工艺过程。

(6) 懂得铣床的维护、保养、安全生产及操作方法。

2.相关工艺知识

铣床加工就是以铣刀的旋转运动作为主运动,与工件或铣刀的进给运动相配合,切去工件上多余材料的一种切削加工。

(1)铣削加工的工艺范围。

铣削加工之所以在金属切削加工中占有较大的比重,主要是因为在铣床上配以不同的配件及各种各样的刀具,可以加工形状各异、大小不同的多种表面。如平面、斜面、阶台面、特形面、沟槽、键槽、螺旋槽以及齿形加工等,如附图4.1所示。

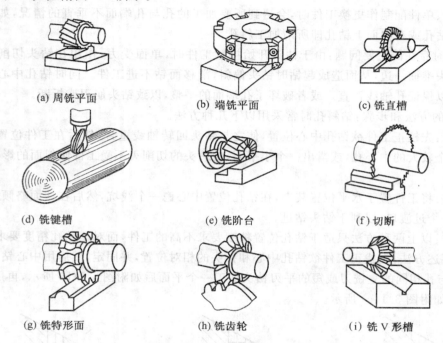

(a)周铣平面　　　　(b)端铣平面　　　　(c)铣直槽

(d)铣键槽　　　　(e)铣阶台　　　　(f)切断

(g)铣特形面　　　　(h)铣齿轮　　　　(i)铣V形槽

附图4.1　铣削加工的工艺范围

(2)铣削加工的工艺特点。

①铣刀是一种多刃刀具,加工时,同时切削刀齿较多,既可以采用阶梯铣削,又可以采用高速铣削,故铣削加工的生产效率较高。

②铣削时,切削过程是连续的,但每个刀齿的切削都是断续的。在刀齿切入或切出工件的瞬间,会产生冲击和振动,当振动频率与机床自振频率一致时,振动就会加剧,造成刀齿崩刃,甚至损坏机床零部件。另外,由于铣削厚度周期性的变化,可导致切削力的周期性变化,也会引起振动,从而使加工表面的表面粗糙度值增大。

③铣削加工主要用于零件的粗加工和半精加工,其精度范围一般在IT11～IT8之间,表面粗糙度值 Ra 在 $12.5\sim0.4~\mu m$ 之间。

④铣削时,每个刀齿都是短时间的周期性切削,虽然有利于刀齿的散热和冷却,但周期性的热变形将会引起切削刃的热疲劳裂纹,造成切削刃剥落和崩碎。

⑤铣刀每个刀齿的切削都是断续的,切屑比较碎小,加之刀齿之间又有足够的容屑空间,故铣削加工排屑容易。

综上所述,铣削加工具有较高的生产效率,适应性强、排屑容易,但冲击振动较大。

3.铣削操作训练

实训步骤:

(1)空刀训练。

① 手动进给工作台的纵、横向和升降各自来回运动数次。
② 手动进给工作台的纵、横向和升降，每次进给 2 mm 各数次。
③ 双手进给工作台的纵、横向，使工作台呈圆形运动，力求进给均匀。
④ 机动进给工作台的纵、横向和升降，将操纵手柄按所需要移动方向从中间位置向外或向里推或上下扳动，使工作台能按所需要的移动方向运动，并能及时停止。

（2）实操训练。
① 将工件装夹在工作台上的平面钳上。
② 用百分表校正工件平面度、平行度并装夹牢固。
③ 选择适当的铣刀装夹在铣头上。
④ 启动电机调整主轴转速，用手动进给到工件的边缘对刀。
⑤ 手动进给工作台的纵、横向和升降。根据加工工件的需要，将操纵手柄按所需要移动方向从中间位置向外或向里推或上下扳动，使工作台能按所需要移动方向运动，在加工到位之前能及时停止。
⑥ 在测量时，必须停机并清理被测工件表面的切屑后方可。

附录 2　模拟试题

《机械制造技术Ⅰ》模拟试题一（A）卷

题号	一	二	三	四	五	总分
得分						

一、填空题（每空 1 分，共 30 分）

1. 在切削加工中_____的运动称为切削运动，按其功用可分为_____运动和_____运动。其中_____运动消耗功率最大。

2. 切削用量三要素是指_____、_____和_____。

3. 在正交平面内度量的前刀面与基面之间的夹角称为_____，后刀面与切削平面之间的夹角称为_____。

4. 通用机床主要适用于单件_____生产，专门化机床适用于_____生产。而专用机床主要适用_____生产。

5. 传动链可以分为_____和_____两类。前者不要求运动源和执行件之间有严格的_____关系，后者所联系的执行件之间必须具有严格的_____关系。

6. 工件的夹紧是指在已定好的位置上将工件_____以保持工件在加工过程中稳定不变。以工件的某一表面或按划线找正工件相对于机床的_____，然后把工件_____的方法称为_____。

7. 机械加工顺序的安排一般为_____、_____、_____。

8. 选择定位基准时，粗基准主要解决_____、_____。

9. 机械加工中获得尺寸精度的四种方法为_____、_____、_____和_____。

二、判断题（每空 1 分，共 10 分）

1. 在切削加工中，进给运动只能有一个。　　　　　　　　　　　　　　　　　　　　（　　）

2. 背平面是指通过切削刃上选定点，平行于假定进给运动方向，并垂直于基面的平面。（　　）

3. 其他参数不变，主偏角减少，切削层厚度增加。　　　　　　　　　　　　　　　　（　　）

4. 其他参数不变，背吃刀量增加，切削层宽度增加。　　　　　　　　　　　　　　　（　　）

5. 主切削刃与进给运动方向间的夹角为主偏角。　　　　　　　　　　　　　　　　　（　　）

6. CA6140型车床主轴轴向力可由后轴承来承受。（　）

7. 互锁机构的作用是保证开合螺母合上后，机动进给不能接通，反之，机动进给接通时，开合螺母能合上。（　）

8. 如果一个工序中只有一个工步，则一定是工序分散。（　）

9. 工艺尺寸链计算中，凡间接保证的尺寸精度必然低于直接获得的尺寸精度。（　）

10. 加工过程中，误差复映系数的大小与工艺系统的刚性无关。（　）

三、选择题（每题2分，共20分）

1. 纵车外圆时，不消耗功率但影响工件精度的切削分力是（　）。
   A. 进给力　　B. 背向力　　C. 主切削力　　D. 总切削力

2. 切削用量对切削温度的影响程度由大到小排列是（　）。
   A. $v_c \rightarrow a_p \rightarrow f$　　B. $v_c \rightarrow f \rightarrow a_p$　　C. $f \rightarrow a_p \rightarrow v_c$　　D. $a_p \rightarrow f \rightarrow v_c$

3. 刃倾角的功用之一是控制切屑流向，若刃倾角为负，则切屑流向为（　）。
   A. 待加工表面　　B. 已加工表面　　C. 无关

4. 数控机床的伺服系统分为开环伺服系统、闭环伺服系统和半闭环伺服系统，其控制精度高低情况是（　）。
   A. 开环精度最高　　B. 半闭环精度最高　　C. 闭环精度最低　　D. 开环精度最低

5. 车床上车削螺纹的进给传动链中，应采用（　）。
   A. 带传动　　B. 链传动　　C. 摩擦传动　　D. 齿轮传动

6. 工件以平面定位时，一般可认为（　）为零。
   A. 定位误差　　B. 基准不符误差　　C. 基准位移误差

7. 主要夹紧力方向应朝向（　）。
   A. 主要定位基准　　B. 导向定位基准　　C. 工序基准　　D. 导向定位

8. 在机械加工中，完成一个工件的一道工序所需的时间，称为（　）。
   A. 基本时间　　B. 劳动时间　　C. 单件时间　　D. 服务时间

9. 自为基准是以加工面本身作为精基准，多用于精加工或光整加工工序中，这是由于（　）。
   A. 符合基准统一原则　　　　　　　B. 符合基准重合原则
   C. 能保证加工面的余量最小而均匀　　D. 能保证加工面的形状和位置精度

10. 加工过程中刀具磨损将导致（　）。
    A. 常值系统性误差　　B. 变值系统性误差　　C. 随机性误差　　D. 粗大误差

四、简答题（每题5分，共15分）

1. 刀具磨损有哪几种形式？

2. 什么叫粗基准和精基准？它们的选择原则是什么？

3. 加工阶段是怎样划分的？这样划分的理由是什么？

五、综合题（第1题10分，第2题15分，共25分）

1. 用如图所示定位方式在阶梯轴上铣槽，V形块的角度为90°，试计算加工尺寸(74 ± 0.1)mm的定位误差。

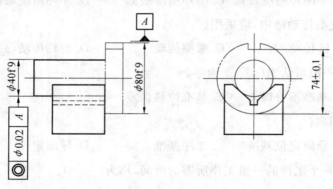

2. 车削一批小轴，其外圆尺寸为$\phi20_{-0.10}^{0}$mm。根据测量结果，尺寸分布曲线符合正态分布，已求得均方差$\sigma=0.025$，尺寸分散中心大于公差带中心，其偏移量为0.025 mm。求：(1)试指出该批工件的常值系统误差。(2)计算废品率及工艺能力系数。(3)判断这些废品可否修复及工艺能力是否满足加工要求？

《机械制造技术 I》模拟试题一(B)卷

题号	一	二	三	四	五	总分
得分						

一、填空题(每空1分,共30分)

1. 在正交平面参考系中,能确定切削平面位置的角度是_____,应标注在_____平面内。
2. 常用的切削刃剖切平面有_____、_____、_____和_____,它们可分别与基面和切削平面组成相应的参考系。
3. 刀具静止角度参考系的假定条件是_____和_____.
4. 切削力的来源主要是_____和_____两方面。
5. 夹具总装图上,工件轮廓用_____线画且把工件想象为_____体,工件后面的结构用_____线画出。
6. 定心夹紧机构中与工件接触的元件既是_____元件又是_____元件。
7. 影响加工余量的因素有_____、_____、_____、_____。
8. 生产类型可分为_____、_____和_____三种类型。
9. 划分工序的主要依据:工艺内容是否_____和工作地是否_____。
10. 在普通车床上加工轴类零件的外圆,若刀架移动对主轴中心线在水平内不平行,则加工后工件呈_____误差,若在垂直面内不平行,则加工后工件呈_____误差。
11. 工艺能力系数的计算式为_____,它是指工序的工艺能力能否满足产品精度的程度。若 C_p _____时,说明工序的工艺能力能_____加工精度要求,当 c_p _____时,表示不能保证加工精度。

二、判断题(每空1分,共10分)

1. 其他参数不变,背吃刀量增加,切削层宽度增加。 ( )
2. 主切削刃与进给运动方向间的夹角在基面内投影为主偏角。 ( )
3. 车削外圆时,若刀尖高于工件中心,则实际工作前角增加。 ( )
4. 使用夹具可扩大机床的工艺范围。 ( )
5. 机床的主参数用主轴直径表示,位于组、系代号之后。 ( )
6. 开合螺母的功用是接通或断开光杆传来的运动。 ( )
7. 工件的装夹包括定位和夹紧两个过程。 ( )
8. 大批大量生产中的自动化程度较高,因而对操作工人的技术水平要求也高。 ( )
9. 尺寸链计算中,加工中直接获得的尺寸称增环,间接获得的尺寸称减环。 ( )
10. 车削外圆时,机床传动链误差对加工精度基本无影响。 ( )

三、选择题(每空 2 分,共 20 分)

1. 在粗加工铸铁时,选用( )。
   A. YG3   B. YG8   C. YT5   D. YT30

2. 为了减小切削时的切削力,应( )。
   A. 减小刀具前角   B. 增大刀具前角   C. 增大切削深度

3. $v-T$ 关系式中的 m 代表的是 v 对 T 的影响程度( )。
   A. m 越大,影响越大   B. m 越小,影响越大   C. 无影响

4. 变速机构可在主动轴转速( )时,使从动轴获得不同的转速。
   A. 由小变大   B. 由大变小   C. 改变   D. 不改变

5. CA6140 型卧式车床的主轴反转有( )级转速。
   A. 21   B. 24   C. 12   D. 30

6. 数控车床加工不同零件时,只需更换( )即可。
   A. 计算机程序   B. 凸轮   C. 毛坯   D. 车刀

7. 主轴加工采用两中心孔定位,能在一次安装中加工大多数表面,符合( )原则。
   A. 基准统一   B. 基准重合   C. 自为基准

8. 为了提高生产率,用几把刀具同时加工几个表面的工步称为复合工步,在工艺文件上,复合工步应当作( )。
   A. 一道工序   B. 一个工步   C. 一次走刀

9. 一种加工方法的经济精度是指( )。
   A. 这种方法的最高加工精度   B. 这种方法的最低加工精度
   C. 在正常情况下的加工精度

10. 工艺能力系数 $C_p = T/6\sigma$,当 $C_p \geqslant 1$ 时,( )。
    A. 不会产生废品   B. 质量稳定   C. 调整不当,也有废品

四、简答题(每题 5 分,共 15 分)

1. 什么是误差复映?

2. 机械加工工艺规程设计的步骤主要有哪些?

3. 当工件被夹紧后,其位置就不会再变动了,因此就定位了。所以夹紧就是定位。简述这个观点为什么不对?

五、综合题(第1题6分,第2题4分,第3题15分,共25分)

1. 如图是在车床上采用三爪及顶尖装夹一阶梯轴,分析三爪及顶尖各限制了工件的哪些自由度?

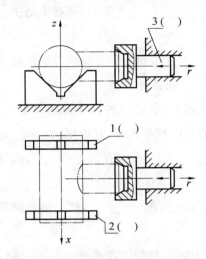

1,2— 固定短V形块;3— 可移动内锥套

2. 试判别图中各尺寸链中哪些是增环?哪些是减环?

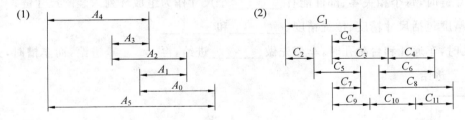

3. 有一批套筒工件以内孔在心轴上定位,要求在外圆上铣一个平面,保证尺寸 $39_{-0.2}^{0}$ mm。心轴直径为 $\phi 20_{-0.020}^{-0.007}$ mm,工件内孔直径为 $\phi 20_{0}^{+0.021}$ mm,工件外圆直径为 $\phi 45_{-0.16}^{0}$ mm,计算定位误差为多少?是否合格?

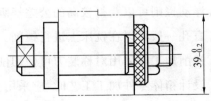

《机械制造技术 Ⅱ》模拟试题一（A）卷

题号	一	二	三	四	五	总分
得分						

| 本题 |
| 得分 |

一、填空题（每空 1 分，共 30 分）

1. 轴按刚性进行分类时，当_____时，称为挠性轴，当_____时为刚性轴。

2. 磨削时出现多角形是由于_____产生的，螺旋形是由_____，拉毛是由砂轮的_____所造成的。

3. 高速钢铰刀铰孔时一般会发生_____，而硬质合金铰刀铰孔时会出现_____，因而在选择铰刀的上下偏差时就考虑_____、_____及备磨量。

4. 若加工位于同一表面上的一组孔时，当孔心距的尺寸公差小于 0.05 mm，加工中宜选用_____钻夹具，而当公差大于 0.15 mm 时的中小型零件时，宜选用_____钻夹具。

5. 箱体类零件的主要技术要求有：_____、孔与孔的_____、孔与平面的_____、主要平面的精度及_____。

6. 互相啮合的齿轮其非工作面间应有一定的_____，便于储藏润滑油，减少磨损，补偿齿轮_____，以防止传动中发生_____现象。

7. 铰削时加入合适的切削液，可增大铰刀与加工表面的_____和_____，提高孔的_____，钢件材料选用_____，铸铁用_____。

8. 查找装配尺寸链时，每个相关零、部件能有_____个尺寸作为组成环列入装配尺寸链。

9. 产品的装配精度包括尺寸精度、位置精度、_____和_____。

10. 车床上车孔时，车通孔和台阶孔时，车刀先做_____进给，再_____进给，而车槽时，先_____进给，再_____进给。

| 本题 |
| 得分 |

二、判断题（每空 1 分，共 10 分）

1. 当砂轮的宽度大于工件的宽度时，常采用纵磨法。（　　）
2. 在无心磨中，为保证工件的几何形状精度，常将工件砂轮导轮的中心线安装在同一高度。（　　）
3. 浮动镗削可以获得较高的公差等级。（　　）
4. 盲孔一般可以在铣床上进行镗削。（　　）
5. 镗削加工时采用对称装刀可使切削力相互抵消。（　　）
6. 设计箱体零件加工工艺时，应采用基准统一原则。（　　）
7. 齿面的插削与滚削同样具有高精度、高生产率。（　　）
8. 滚直齿圆柱齿轮，滚刀须有一定的安装角度，其倾斜方向视所用滚刀的螺旋方向而定。（　　）

9. 一般在装配精度要求较高,而环数又较多的情况下,应用极值法来计算装配尺寸链。（　　）
10. 修配法主要用于单件、成批生产中装配组成环较多而装配精度又要求比较高的部件。（　　）

|本题得分| |

三、选择题（每题2分,共20分）

1. 在磨削加工中,当工件或砂轮振动时常产生(　　)的缺陷。
   A. 多角形　　　　B. 螺旋形　　　　C. 拉毛　　　　D. 烧伤
2. 在滚压加工中,常会在工件表面产生(　　)。
   A. 残余拉应力　　B. 残余压应力　　C. 压痕　　　　D. 位置误差
3. 对局部要求表面淬火来提高耐磨性的轴,需在淬火前进行(　　)处理。
   A. 调质　　　　B. 正火　　　　C. 回火　　　　D. 退火
4. 加工韧性材料时,一般不需刃磨麻花钻的(　　)。
   A. 主切削刃　　B. 横刃　　　　C. 前刀面　　　D. 棱边
5. 油缸上 $\Phi60H7$ 铜套孔,可选用下列哪种方法作为孔的终加工?(　　)
   A. 精细镗　　　B. 铰　　　　　C. 磨　　　　　D. 研磨
6. 采用对刀块对刀时,其加工精度一般不超过(　　)精度。
   A. 6级　　　　B. 7级　　　　C. 8级　　　　D. 9级
7. 在夹具总图上标注对刀块尺寸时,其公差常取工件公差的(　　)。
   A. 1/2　　　　B. 1/2～1/3　　C. 1/3～1/5　　D. 二者无关系
8. 单线滚刀实质上可以看成一个齿数为1的(　　)。
   A. 铣刀　　　　B. 螺旋齿轮　　C. 齿条
9. 同模数的齿轮齿形不是固定不变的,所以会发生变化,是因随齿轮的(　　)而变化。
   A. 齿数　　　　B. 齿厚　　　　C. 齿高　　　　D. 周节
10. 不作任何修配或调整就能满足装配要求时,其封闭环的公差与各组成环的公差关系为(　　)。
    A. 各组成环公差之和　　B. $\sqrt{n-1}$ 倍　　C. 各组成环公差平方之和

|本题得分| |

四、简述题（每题5分,共15分）

1. 试述车床夹具的设计要点。

2. 铰削时主要会产生什么误差？如何消除？

3. 从结构上看，镗套有哪些种类？各有什么特点？如何选用？

五、综合题（第1题10分，第2题15分，共25分）

1. 加工一个模数 $m=5$ mm，齿数 $z=40$，螺旋角 $\beta=15°$ 的斜齿圆柱齿轮，应选何种刀号的盘形齿轮铣刀？

2. 如图所示为一主轴部件，为保证弹性挡圈能顺利装入，要求保持轴向间隙 $A_0 = 0^{+0.42}_{+0.05}$ mm。已知 $A_1 = 33$ mm，$A_2 = 36$ mm，$A_3 = 3$ mm，试计算确定各组成零件尺寸的上、下偏差。

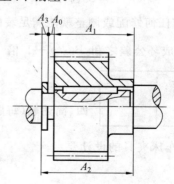

《机械制造技术 Ⅱ》模拟试题一（B）卷

题号	一	二	三	四	五	总分
得分						

本题得分

一、填空题（每空1分，共30分）

1. 轴类零件在材料的选择时，常选用_____，对精度要求较高的轴，可选用_____，因为_____。
2. 无心磨中贯穿法需满足的条件是：_____。
3. 刀片型号是由_____和_____组成，_____表示刀片的形状，_____表示刀片的主要尺寸。
4. 零件内圆表面磨削方法有_____、_____及_____三种，当磨削孔和孔内台阶面可使用_____砂轮。
5. 盖板式钻模一般多用于加工_____工件上的_____。因夹具在使用过程中要经常搬运，故其重量不宜超过_____。
6. 箱体上一系列有_____要求的孔称为孔系。孔系一般可分为_____、_____和_____。
7. 中批生产齿坯时，常采用_____的工艺方案；以_____定位车内孔，以_____定位拉内孔或花键孔，以内孔定位精车_____。
8. 中心孔在轴类零件加工中的作用：_____，在热处理工序后必须_____。
9. 机器的质量主要取决于机器设计的正确性、零件加工质量和_____。
10. 分组选配法装配时，其分组数应_____公差的放大倍数，通常适用在_____生产、_____要求很高而_____较少的情况中。

本题得分

二、判断题（每题1分，共10分）

1. 工件以平面定位时，主要定位面上的三个支承点应组成尽可能大的支承三角形面积。（　　）
2. 轴的精度要求越高，其热处理次数也相应地增多。（　　）
3. 镗孔加工可提高孔的位置精度。（　　）
4. 铸铁油缸，在大批量生产时，为了使其内孔粗糙度进一步降低，可采用生产率较高的滚压工艺。（　　）
5. 在镗床上镗孔时，镗床主轴的轴颈圆度误差对工件镗孔后的圆度影响不大。（　　）
6. 硬质合金浮动镗刀能修正孔的位置误差。（　　）
7. 为提高齿轮的运动精度，齿轮齿形加工时一般选用插齿 — 剃齿 — 珩齿。（　　）
8. 为节约刀具成本，设计成形铣刀时可按加工齿轮的平均齿数来设计刀齿形状。（　　）
9. 在装配尺寸链中，封闭环是在装配过程中最后形成的一环。（　　）
10. 协调环是根据装配精度指标确定组成环公差。（　　）

三、选择题(每题2分,共20分)

1. 轴的毛坯选择时,常选用( )作为毛坯。
   A. 锻件　　　　B. 圆棒料　　　　C. 焊接件　　　　D. 铸件

2. 工件材料较硬,进行粗磨时常选用( )砂轮。
   A. 粗粒度硬砂轮　　B. 粗粒度软砂轮　　C. 细粒度硬砂轮　　D. 细粒度软砂轮

3. 精度要求较高的中空轴加工时常选用的定位元件为( )。
   A. 圆柱心轴　　B. 锥堵　　C. 定位销　　D. 长心轴

4. 钻削塑性材料时,应选择( )的螺旋角。
   A. 较大　　B. 较小　　C. 无关

5. 套筒外圆对内孔的径向跳动要求在0.01 mm内,可选用下列哪种定位元件来进行装夹?( )
   A. 三爪卡盘　　B. 软卡爪　　C. 定心套　　D. 自定心弹簧夹筒

6. 下列哪种找正方法易存在累积误差?( )
   A. 划线找正法　　　　　　　B. 心轴和块规找正法
   C. 样板找正法　　　　　　　D. 定心套找正法

7. 在镗孔过程中,当切削力 F_q ( )镗杆的自重力 G 时,导套内孔的圆度误差将引起被加工孔的圆度误差。
   A. 大于　　B. 小于　　C. 等于

8. 滚刀轴线必须倾斜,用以保证( )。
   A. 刀具螺旋升角与工件螺旋角相等　　B. 刀齿切削方向

9. 分度齿轮对于传动要求较高,在对其检测时主要要求( )。
   A. 传递运动的准确性　　　　B. 传递运动平稳性
   C. 载荷分布均匀性　　　　　D. 传动侧隙合理性

10. 由 n 环组成的尺寸链,各组成环都呈正态分布,则组成环的平均公差采用概率法计算比极值法计算放大( )倍。
    A. n　　B. $n-1$　　C. $\sqrt{n-1}$

四、简述题(每题5分,共15分)

1. 中心孔在轴类零件加工中起什么作用?为什么在每一加工阶段都要进行中心孔的研磨?

2. 设计钻模板应注意哪些问题?

3. 选择齿坯毛坯制造形式主要考虑哪些问题?

本题	
得分	

五、综合题(第 1 题 10 分,第 2 题 15 分,共 25 分)

1. 销的尺寸为 $\phi 30_{-0.0025}^{0}$,为保证间隙 $0_{+0.0100}^{+0.0150}$,求孔尺寸应为多少?若各将制造公差放大到 0.01 mm,则销和孔的直径各为多少?

2. 在坐标镗床上加工镗模的三个孔,其中心距如图所示,各孔的加工次序为先镗孔 I,然后以孔 I 为基准,分别按坐标尺寸镗孔 II 和孔 III。试按等公差法计算,确定各孔间的坐标尺寸及其公差。

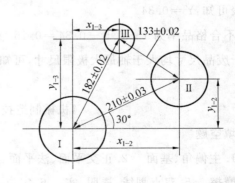

《机械制造技术 I》模拟试题一（A）卷答案

一、填空题

答：1.刀具相对工件、主、进给、主   2.切削速度、进给量、背吃刀量   3.前角、后角   4.小批量、大批量、专门化   5.外联传动链、内联传动链、运动、运动   6.定位、位置、固定、装夹   7.先面后孔、先粗后精、先主后次、基准先行   8.不加工面与加工面间位置关系、加工余量分配   9.试切法、调整法、定尺寸刀具法、使用夹具

二、判断题

答：1.错   2.错   3.对   4.错   5.对   6.错   7.对   8.错   9.错   10.错

三、选择题

答：1.B   2.B   3.B   4.D   5.D   6.C   7.A   8.C   9.C   10.B

四、简答题

1.答：前刀面磨损、后刀面磨损、前后刀面同时磨损

2.答：以未加工过的表面作为定位基面为粗基准。选择原则为：一是保证不加工表面与加工表面之间位置精度要求；二是合理分配各加工表面的加工余量。 以加工过的表面作为定位基面为精基准。选择原则为：基准统一原则、基准重合原则、自为基准原则、互为基准原则。

3.答：分为粗加工、半精加工、精加工、光整加工阶段。原因：(1)有利于保证加工质量；(2)便于合理使用设备；(3)便于安排热处理工序和检验工序；(4)便于及时发现缺陷及避免损伤已加工表面。

五、综合题

1.解：$\Delta_B/\mathrm{mm} = 0.5 * 0.074 = 0.037$ $\Delta_y/\mathrm{mm} = 0.707 * 0.062 = 0.044$ $\Delta_D/\mathrm{mm} = \Delta_B + \Delta_y + 0.02 = 0.037 + 0.044 + 0.02 = 0.101$

2.解：如图，$\Delta_{系统} = 0.025$ mm，$C_p = T/6\sigma = 0.1/1.5 = 0.67$

查表可知：工艺能力系数不足；不满足加工要求。

$X = 0.025, Z = X/\sigma = 1$

查表可知：$Y = 0.34$

则：不合格品率为 $1 - 0.5 - 0.34 = 0.16$

由于废品尺寸均大于轴最大极限尺寸，可知：可修复。

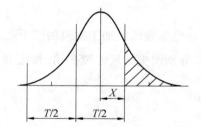

《机械制造技术 I》模拟试题一（B）卷答案

一、填空题

答：1.主偏角、基面   2.正交平面、法平面、进给平面、背平面   3.假定运动条件、假定安装条件   4.变形、摩擦   5.双点划线、透明、实   6.定位、夹紧   7.前工序的表面质量、前工序的工序尺寸公差、前工序的位置误差、本工序的安装误差   8.单件、成批、大量   9.连续、变动   10.圆柱度、圆度
11.$C_p = T/6\sigma$、大于1、满足、小于1

二、判断题

答：1.错   2.对   3.对   4.对   5.错   6.错   7.对   8.错   9.错   10.对

三、选择题

答:1. B　2. B　3. B　4. D　5. C　6. A　7. A　8. B　9. C　10. C

四、简答题

1.答:由于毛坯的原始形状误差和材料硬度不均匀,造成了加工过程中的切削力和背吃刀量的变化,因而引起了零件的加工形状误差的现象。

2.答:(1)计算零件的生产纲领,确定生产类型　(2)分析产品装配图样和零件图样　(3)确定毛坯的类型、结构形状、制造方法　(4)拟定工艺路线　(5)确定各工序的加工余量,计算工序尺寸及公差　(6)选择设备及工艺装备　(7)确定切削用量及计算时间定额　(8)填写工艺文件

3.答:因为夹紧和定位不是同一个概念,定位是为了满足加工过程中刀具与工件间的相对正确位置,而夹紧是为了保证工件在夹具中保持正确位置不发生变动的措施。

五、综合题

1.答:(1)限制了 X、Y 两个方向移动;(2)限制了 Y、Z 两个方向移动;(3)限制了 X、Z 方向移动。三个定位元件组合限制了全部六个自由度。

2.答:(1)增环为:$A_1 A_3 A_5$　减环为:$A_2 A_4$

(2)增环为:$C_1 C_7 C_8 C_4 C_3$　减环为:$C_2 C_5 C_9 C_{10} C_{11} C_6$

3.答:$\Delta_B/\mathrm{mm} = 0.5 * 0.16 = 0.08$

$\Delta_Y/\mathrm{mm} = 0.5 * (D_{\max} - d_{\min}) = 0.5 * (20.021 - 19.98) = 0.020\ 5$

$\Delta_D/\mathrm{mm} = \Delta_B + \Delta_Y = 0.08 + 0.020\ 5 = 0.100\ 5 > 0.5 * 0.2 = 0.1$

勉强合格,可提高心轴及孔的配合精度。

《机械制造技术 Ⅱ》模拟试题一(A)卷答案

一、填空题

答:1. $L/D \geqslant 12.5$、$L/D < 12.5$　2.工件或砂轮的振动、砂轮的不等高、自锐性　3.扩张、收缩、扩张量、收缩量　4.固定式、滑柱式　5.孔径精度、位置精度、位置精度、表面粗糙度　6.间隙、误差和变形、卡死或烧蚀　7.挤压、摩擦、表面质量、乳化液、煤油　8.一　9.相对运动精度、接触精度　10.纵向、横向、横向、纵向

二、判断题

答:1.错　2.错　3.对　4.错　5.对　6.对　7.错　8.对　9.错　10.对

三、选择题

答:1. A　2. B　3. A　4. C　5. A　6. C　7. C　8. B　9. A　10. A

四、简答题

1.答:(1)设计定位装置时应使加工表面的回转轴线和车床主轴的回转轴线重合　(2)夹紧装置一定要可靠、安全　(3)根据夹具不同的径向尺寸可选择与主轴不同的连接方式　(4)夹具的悬伸长度不宜过大　(5)夹具体上的各种元件不允许突出在夹具体的圆形轮廓之外,并使结构平衡　(6)尺寸应标注齐全,尤其是定位、安装和调整尺寸

2. 答:在车床上铰孔,若尾座中铰刀轴线不与工件回转轴线一致,将造成孔径扩大;而在钻床上铰孔,若铰刀轴线不与原孔轴线重合,将引起孔的形状误差;刀具本身误差会造成工件被加工表面的表面粗糙度值高。应提高刀具本身制造和刃磨精度,采用浮动连接,这样铰刀可自动调心,可提高孔的加工精度。

3. 答:镗套的结构形式和精度直接影响到被加工孔的精度和表面粗糙度,常用的镗套有以下两类:(1)固定式镗套;其加工时不随镗杆运动,可在镗杆或镗套的工作表面上加工油槽,以减少镗套的磨损。其结构简单,精度高,但易磨损,只适用于低速镗孔。 (2)回转式镗套;它又可分为滑动式和滚动式两种。它在加工时随镗杆一起转动,镗杆与镗套间只有轴向相对移动,无相对转动,减少了摩擦,同时不会因为摩擦发热出现"卡死"现象,适用于高速镗孔。

五、综合题

1. 答:选择刀号为 6 的盘形铣刀,因为当加工斜齿圆柱齿轮时,可以借用加工直齿圆柱齿轮的铣刀,但此时铣刀的号数应按照法向截面内的当量齿数 z_d 来选择。斜齿圆柱齿轮的当量齿数 z_d 的计算式:$z_d = \frac{z}{\cos^3 \beta}$。

2. 解:$T/mm = 0.37/3 = 0.123$

$T_1 = 0.10$ mm, $T_2 = 0.02$ mm, $T_3 = 0.07$ mm

$A_1 = 33_{-0.1}^{0}$ mm, $A_2 = 36_{0}^{+0.20}$ mm

$0.42 = 0.20 - (EI_3 - 0.10)$, $EI_3 = -0.12$ mm

$0.05 = 0 - (ES_3 + 0)$, $ES_3 = -0.05$ mm

$A_3 = 3_{-0.12}^{+0.05}$ mm

《机械制造技术 Ⅱ》模拟试题一-(B)卷试题答案

一、填空题

答:1. 45♯ 钢、40CR(20CR)、其热处理脆性低,变形小 2. 倾斜角,导轮的摩擦系数要大于砂轮的摩擦系数,工件中心高 H。 3. 一个字母、一个或两个数字、字母、数字 4. 纵磨法、切入法、磨端面、内凹锥面 5. 大型、小孔、100 N 6. 相互位置精度、平行孔系、同轴孔系、交叉孔系 7. "车—拉—车"、外圆、端面支承、外圆及端面 8. 定位基准、修磨中心孔 9. 装配方法 10. 等于、成批(大量)、装配精度、组成环

二、判断题

答:1. 对 2. 对 3. 对 4. 错 5. 错 6. 对 7. 错 8. 错 9. 对 10. 对

三、选择题

答:1. A 2. C 3. B 4. A 5. D 6. B 7. A 8. A 9. A 10. C

四、简答题

1. 答:中心孔在轴类零件的加工中主要起定位作用,并可以做到基准统一来保证轴类零件的各部的相互位置精度,因而为了保证在加工过程中不出现加工误差,在每一加工阶段都要对中心孔进行研磨以保证中心孔本身的精度,进而保证轴类零件的定位精度。

2. 答:主要根据工件的外形大小、加工位置、结构特点、生产规模及机床类型等条件而定。(1)能稳定保

证加工件的加工精度,有足够的刚性和强度及合理的使用寿命。 (2)提高机械加工生产率,降低工件制造成本。 (3)结构简单,制造容易,有良好的工艺性。 (4)操作方便、安全及省力。 (5)便于排屑、清理。

3.答:齿坯毛坯制造形式取决于齿轮的材料、结构形状、尺寸大小、使用条件及生产类型等因素。对于尺寸较小、结构简单且对强度要求不高的钢质齿轮可采用轧制棒料;对于强度、耐磨性和耐冲击要求较高的齿轮多采用锻钢,生产批量小或尺寸大的齿轮可采用自由锻,批量大的中小齿轮可采用模锻。对于尺寸较大且结构复杂的齿轮,可采用铸造,小尺寸且形状复杂的齿轮用精密铸或压铸。

五、综合题

1. $X_{max} = D_{max} - d_{min}$

$D/\text{mm} = X_{max} + d_{min} = 0.015 + \phi 30 - 0.0025 = \phi 30.0125 \text{ mm}$

$D/\text{mm} = X + d = 0.01 + \phi 30 = \phi 30.01 \text{ mm}$

孔为 $\phi 30^{+0.0125}_{+0.0100}$ mm

若增大到 0.01 mm,即公差增大 4 倍,则轴为 $\phi 30^{\ 0}_{-0.01}$ mm

同方向增大,$T_D = 0.01$ mm

$T_D = ES - EI$, $EI/\text{mm} = ES - T_D = 0.0125 - 0.01 = 0.0025$

则孔为 $\phi 30^{+0.0125}_{+0.0025}$ mm

2.答:由图三角关系可知:$X_{1-2} = 181.9$ mm,$Y_{1-2} = 105$ mm,$\angle_{3-1-2} = \cos^{-1} \dfrac{L_{1-3}^2 + L_{1-2}^2 - L_{2-3}^2}{2 \times L_{1-3} \times L_{1-2}} = 30°$,所以可得:$Y_{1-3} = 157.6$ mm,$X_{1-3} = 91$ mm。$X_{2-3} = 90.9$ mm,$Y_{2-3} = 52.6$ mm。由于孔 Ⅱ 和孔 Ⅲ 间的距离是间接保证的,应先以此两孔间距来计算(运用等公差法);$\varepsilon = \dfrac{L_{2-3} \times \Delta L_{2-3}}{X_{2-3} + Y_{2-3}} = 0.019$ mm,再次运用等公差法可得:$X_{1-2} = (181.9 \pm 0.095)$ mm,$Y_{1-2} = (105 \pm 0.095)$ mm,$X_{1-3} = (91 \pm 0.095)$ mm,$Y_{1-3} = (157 \pm 0.095)$ mm。

参 考 文 献

[1] 熊良山,严晓光,张福润. 机械制造技术基础[M]. 武汉:华中科技大学出版社,2007.
[2] 尹成湖. 机械制造技术基础[M]. 北京:高等教育出版社,2008.
[3] 于骏一,邹青. 机械制造技术基础[M]. 北京:机械工业出版社,2009.
[4] 于兆勤,郭钟宁,何汉武. 机械制造技术训练[M]. 武汉:华中科技大学出版社,2010.